Albert Ribas

BIOGRAFÍA DEL VACÍO

Albert Ribas Massana

BIOGRAFÍA DEL VACÍO

Su historia filosófica y científica desde la Antigüedad a la Edad Moderna

Barcelona, Editorial Sunya
Quinta edición, 2026

BIOGRAFÍA DEL VACÍO
Su historia filosófica y científica desde la Antigüedad a la Edad Moderna

Albert Ribas Massana

979-13-991664-0-8

PREFACIO

El título Biografía del vacío se inspira en Jorge Luis Borges. En una de sus incursiones sobre las paradojas de Zenón se refiere a una necesaria Biografía del infinito. Esta expresión borgiana remite en cierto modo a su concepción de la historia como "historia de la diversa entonación de algunas metáforas".* La Biografía del vacío sería el levantar acta de los hitos más significativos de esa "metáfora". El vacío es metáfora, concepto, y símbolo. Lo podemos llamar también 'emblema', como referencia que rige todo un conjunto de encadenamientos simbólicos y conceptuales.

El ámbito temático elegido tiene como núcleo la discusión en términos científicos y filosóficos de la "realidad" del vacío. El ámbito cronológico abarca desde los antecedentes premodernos hasta el alumbramiento de la moderna aceptación del vacío físico –en virtud de la cosmología newtoniana– y se centra en las polémicas que rodean ese alumbramiento.

Se ha desechado una presentación que obviara tales antecedentes y se centrara –como es habitual– en la supuesta demostración empírica del vacío que la primera mitad del siglo XVII ofrece. Empezar por Torricelli y acabar en Newton era la tentación a desechar. Por otra parte, limitarse únicamente al pensamiento científico iba a introducir un peligroso sesgo en la interpretación de los avatares de la discusión.

* Cf. Jorge Luis Borges: "Avatares de la tortuga", en *Discusión* (1932); "La esfera de Pascal", en *Otras inquisiciones* (1952).

Dos razones avalan a nuestro entender la elección. Primera: que la propia discusión científica en estos períodos es inseparable de la discusión más general (metafísica, teológica, etc). Segunda: que el estudio del vacío nos sugiere inmediatamente una reflexión sobre el contraste entre la secular tendencia del pensamiento occidental a negarlo o menospreciarlo y la tendencia –propia de otras tradiciones de pensamiento– a aceptarlo y exaltarlo.

La investigación se desarrolla, pues, en el sentido de ofrecer unos datos y unas interpretaciones que van al encuentro de un momento que llamamos de clímax de la polémica. Este clímax se produce en el umbral de los siglos XVII y XVIII. En él coinciden la polémica Leibniz-Clarke, la condena del quietismo, el encuentro con el pensamiento oriental. De este modo, se quiere subrayar varias de las facetas que concurren en la génesis contradictoria de la moderna aceptación del vacío. Explican el por qué esa aceptación se circunscribe a una sola dimensión del vacío, el vacío físico; mientras otras dimensiones del vacío siguen sujetas al viejo esquema de la aversión.

Tal es el propósito y el alcance de esta obra. Se cierra con unas conclusiones abiertas: abiertas a lo que supone el vacío en el pensamiento científico más reciente; y abiertas a una necesaria tarea de contraste entre tradiciones de pensamiento.

El autor quiere hacer constar su agradecimiento a las siguientes personas: Miguel Morey, Raimon Panikkar, Montserrat Prat, Alfons Mengual, Javier Echeverría, Agustín González, Jaume Mascaró, Jacobo Muñoz, Begoña Usobiaga, Mariano Hormigón, Rafael Argullol, Eugenio Trías, Amador Vega. También al Ministerio de Cultura por la Ayuda recibida en el año 1994.

Abreviaturas y Normas seguidas en las citas bibliográficas

BCG = *Los filósofos presocráticos*. 3 vols., col. Biblioteca Clásica Gredos, Madrid: Gredos, 1979-1980.

DHGE = *Dictionnaire d'Histoire et de Géographie Ecclésiastiques*. Ed. A. Baudrillart - A. Vogt - U. Rouziès - R. Aubert, París : Letouzey et Ané, 1912-1990 ... [han aparecido 23 vols.].

DHI = *Dictionary of the History of Ideas*. 5 vols, ed. Philip P. Wiener, Nueva York: Scribner's, 1968-1974.

Dictionnaire = BAYLE, Pierre. *Dictionnaire historique et critique*. 16 tomos, París, 1820-1824 (reimp. Ginebra : Slatkine reprints, 1969). [incluye los añadidos de la 2ª ed. de 1702; la 1ª ed. Rotterdam, 1697].

DK = DIELS, H. - KRANZ, W. (eds.). *Die Fragmente der Vorsokratiker*. 3 vols., Berlín, 1934-1937 (5ª ed.). [1ª ed. de Diels, 1903].

DS = *Dictionnaire de Spiritualité*. 16 vols., ed. M. Viller - A. Solignac [et al.]. París : Beauchesne, 1937-1994.

DSB = *Dictionary of Scientific Biography*. 16 vols., ed. Charles C. Gillispie, Nueva York : Scribner's, 1970-1980.

DThC = *Dictionnaire de Théologie Catholique*. 15 vols., ed. A. Vacant - E. Mangenot - E. Amann, París : Letouzey et Ané, 1909-1950; 1960-1967 (3 vols. de índices).

Duhem = DUHEM, Pierre. *Le système du monde: Histoire des doctrines cosmologiques de Platon à Copernic*. 10 vols., París : Hermann, 1913-1917 (5 vols.) y 1954-1960 (5 vols.).

Dutens = LEIBNIZ, G.W. *Gothofredi Guillelmi Leibnitii Opera omnia.* 7 vols., ed. Ludovicus Dutens, Ginebra : Tournes, 1768.

Encyclopédie = *Encyclopédie ou dictionnaire raisonné des sciences, des arts et des métiers, par une société de gens de lettres* [1751-1772]. 28 vols. (17 vols. de texto + 11 vols. de planchas). Hay dos reimpresiones modernas: Stuttgart-Bad Cannstatt : Frommann, 1966; París: Pergamon, 1984. También son útiles las selecciones, por ejemplo: ed. A. Soboul - P. Goujard, París, 1984; ed. A. Pons, París : Flammarion / CNRS, 1986.

Gernet = GERNET, Jacques. *Primeras reacciones chinas al cristianismo.* México : FCE, 1989. [ed. orig. *Chine et christianisme. Action et réaction.* París : Gallimard, 1982].

Grant = GRANT, Edward. *Much Ado about Nothing. Theories of space and vacuum from the Middle Ages to the Scientific Revolution.* Cambridge University Press, 1981.

Pinot = PINOT, Virgile. *La Chine et la formation de l'esprit philosophique en France (1640-1740)*. París : Paul Geuthner, 1932.

Rada = RADA, Eloy (ed.). *La polémica Leibniz-Clarke.* Madrid : Taurus, 1980.

Robinet = ROBINET, André (ed.). *Correspondance Leibniz-Clarke présentée d'après les manuscrits originaux des bibliothèques de Hanovre et de Londres*. París : CNRS/PUF, 1957.

SCC = NEEDHAM, Joseph. *Science and Civilisation in China.* 6 vols. en 13 tomos, Cambridge University Press, 1956-1984. [ver esp. *II: History of scientific thought*, 1956; *III: Mathematics and the science of the heavens and the earth*, 1959].

Shapin-Schaffer = SHAPIN, Steven & SCHAFFER, Simon. *Leviathan and the air-pump. Hobbes, Boyle, and the experimental life*: including a translation of Thomas Hobbes, *Dialogus Physicus de Natura Aeris*, by Simon Schaffer. Princeton University Press, 1985.

SVF = ARNIM, Ioannes ab (ed.). *Stoicorum Veterum Fragmenta.* 4 vols., Leipzig/ Stuttgart, 1903-1924 (reimpr. facs. Stuttgart : Teubner, 1964).

Taton = TATON, René, (dir.). *Historia general de las ciencias.* 4 vols., Barcelona : Destino, 1971-1975 [reimp. Barcelona : Orbis, 1988]. [ed. orig. *Histoire générale des sciences*. París : PUF, 1957-1959].

Normas seguidas en las citas bibliográficas

En los casos pertinentes se utilizan las abreviaturas listadas anteriormente. En la mayoría de casos, la referencia bibliográfica se limita a autor y título: autor indicado generalmente sólo por apellido –si éste basta para su identificación en la Bibliografía–; título en cursiva o entrecomillado. Modelos: Autor, *Título*; Autor, "Título". [en ocasiones el título puede aparecer truncado. Ejemplo: Koyré, "Le vide et l'espace infini au XIVe siècle", también como Koyré, "Le vide..."].

En la citación de artículos de diccionarios, enciclopedias y similares, generalmente se indica esta característica. Modelo: Autor, art. "Título" en *Obra*.

En unos pocos casos, la referencia bibliográfica en el texto podrá ser más completa si el contexto así lo demanda.

Por lo tanto, todas las citaciones remiten a las referencias bibliográficas completas que aparecen listadas en la Bibliografía. Tanto las citas como la bibliografía vienen referidas a las ediciones utilizadas (por ejemplo si son traducciones), y es la ficha bibliográfica la que da cuenta de los títulos y ediciones originales.

PRIMERA PARTE

ANTECEDENTES PREMODERNOS

CAPÍTULO I.I.

LAS OPINIONES CLÁSICAS

I.I.1. *El atomismo*

La cuestión polémica del vacío recorre toda la historia del pensamiento filosófico y científico de Occidente, y siempre remite directa o indirectamente a las fuentes del atomismo clásico. Decir vacuista –o sea, partidario del vacío– es prácticamente decir atomista, y viceversa. Así pues, la corriente atomista es la gran valedora del vacío, y la principal responsable de su introducción en el debate filosófico y científico.

Ese atomismo clásico tiene tres grandes protagonistas: Demócrito, Epicuro y Lucrecio.[1] De las diversas noticias sobre su doctrina pueden extraerse éstas:

> Demócrito refuta en ocasiones las apariencias sensibles y dice que nada en ellas se muestra conforme a la verdad sino sólo conforme a la opinión y que la verdad de las cosas radica en que ellas sean átomos y vacío.[2]
>
> [Demócrito afirma que] «el algo no existe en mayor medida que la nada», denominando 'algo' al cuerpo y 'nada' al vacío, por pensar que este último posee una cierta naturaleza y realidad propia.[3]

---

[1] Para las noticias sobre Demócrito se sigue la recopilación de los filósofos presocráticos de Diels-Kranz (DK) y la de la Biblioteca Clásica Gredos (BCG). Para Epicuro, las numerosas ediciones de sus cartas, por ejemplo la ed. bilingüe griega-catalana de M. Jufresa (Epicur. *Lletres*). Para Lucrecio, la ed. de A. García Calvo del *De Rerum Natura* (Lucrecio. *De la naturaleza de las cosas*).

[2] DK 68 B 9 = Sexto Empírico, *Adversus Mathematicos* VIII 135 [=BCG III 307].

[3] DK 68 B 156 = Plutarco, *Adversus Colotem* 1108F [=BCG III 309].

Átomos (ἄτομοι) y vacío (τὸ κενόν) son, pues, los elementos últimos y verdaderos de lo existente. Corresponden a esos genéricos 'algo' (δὲν) y 'nada' (μηδὲν); y también a la oposición pleno / vacío. Lo existente se divide, pues, radicalmente entre unos corpúsculos que son totalmente plenos –o sea, sólidos– y la más absoluta ausencia de plenitud; las texturas visibles o perceptibles en una gradación diversa no son más que el resultado de la combinación de átomos y vacío, de su número, de sus formas, de su movimiento.

La naturaleza de estos átomos ya viene señalado en su propio nombre, ἄ-τομος[4], o sea 'in-divisible'. Esta indivisibilidad es condición de la inalterabilidad de estos elementos últimos, y va de la mano de otras características: están formados sin fisuras, son perfectamente plenos, son sólidos –o sea, indeformables– e impenetrables. De hecho, los átomos "son de idéntica naturaleza y están constituidos por una misma sustancia"[5], lo cual traducido a terminología moderna significa que están hechos de una misma materia, de una idéntica densidad o peso específico. Lo que les diferencia es únicamente su figura (contorno y tamaño) y las características de interrelación con los restantes átomos (orden y posición); en una palabra, características relativas a su extensión y a su localización en su incesante movimiento. Pues, efectivamente, la movilidad es otra de sus cualidades primarias.

El vacío es, por una parte, la conclusión lógica y complementaria del postulado de los átomos –o sea del límite impuesto a la divisibilidad de las cosas, de la imposibilidad de una división llevada al infinito–, y, por otra parte, constituye el necesario intervalo entre los átomos, es la condición de su movilidad. En este punto los atomistas retoman el argumento de Meliso sobre la mutua implicación entre movimiento y vacío: de la evidente constatación de la existencia del movimiento se concluye la necesaria existencia del vacío.[6] Este argumento, como se verá en lo sucesivo, será una

---

[4] Cf. BCG III, p.188 n.63, acerca del término ἄτομος como término técnico introducido por Leucipo y Demócrito. La condición de indivisibilidad (τὸμος significa parte) es condición de la inalterabilidad de los átomos, inalterabilidad exigida en cuanto elementos últimos.

[5] Simplicio, *Física* 43, 26 (=BCG III 315).

[6] El argumento de Meliso (que el movimiento implica el vacío) por ejemplo en DK 30 B 7 (= BCG II 181 = Simplicio, *Física* 40, 91-12 y 112, 6-15); sólo que Meliso, al no admitir el vacío, concluye la inexistencia del movimiento. El argumento atomista (que sí admite el

referencia constante en el debate vacuista, empezando por la refutación de Aristóteles.

Este sería el apretado resumen de los fundamentos del sistema atomista. Como ya puede adivinarse, éste es un sistema que puede calificarse de mecanicista: todo se reduce a la interacción mecánica entre átomos (con sus intervalos vacíos), o sea a sus choques y a las disposiciones espaciales que resulten de estos choques. Dicho en términos aristotélicos, todo tipo de cambio (κίνησις) –que Aristóteles clasifica en cuatro tipos: de sustancia, de magnitud, de cualidad, de lugar– se reduce a un único tipo, el cambio de lugar (φορά), o sea de los lugares que ocupen los átomos. Las cualidades sensibles son, pues, la traducción de las disposiciones atómicas, de los efluvios (que son también átomos en movimiento) que se desprenden de los cuerpos.

Estos fundamentos del sistema atomista siguen en pie en los sucesores de Demócrito, Epicuro y Lucrecio, aunque conviene también referir algunas nuevas precisiones por parte de éstos últimos.

Epicuro, por ejemplo, establece explícitamente la identificación entre vacío y espacio, precisión que va algo más allá de la concepción del vacío como simple intervalo entre átomos. Dice así en su *Carta a Heródoto*:

> Si no existiera lo que llamamos vacío, espacio y naturaleza impalpable, los cuerpos no tendrían dónde estar ni dónde moverse, cuando aparecen en movimiento.[7]

Es decir, el vacío (τὸ κενόν) es espacio (χώρα). Y además Epicuro dice que es naturaleza impalpable (ἀναφής οὐσία), lugar (τόπος), y que su cualidad es incorpórea (ἀσώματον) –o sea que no ofrece resistencia al movimiento–. A llamarlo ἀναφής οὐσία, quiere decirse que se lo concibe con una cierta entidad o sustancia, que no es simple nada (μηδέν). Con ello se asiste a la prefiguración del muy disputado problema acerca de la concepción del espacio como entidad independiente o no de los cuerpos, problema que ya había sido abordado por Aristóteles, con una respuesta distinta, y que seguirá discutiéndose hasta hoy mismo. El pasaje clave en la anterior cita de Epicuro es el que dice que sin vacío (sin espacio) "los

movimiento y, por lo tanto, el vacío) por ejemplo en la noticia aristotélica, *Física* IV 6, 213a (= DK 67 A 19 = BCG III 377).

7 Epicuro, *Carta a Heródoto* , 40.

cuerpos no tendrían dónde estar". Lo cual significa que el vacío o espacio ya no es simple intervalo, sino además algo que está simultáneamente presente en los cuerpos: los cuerpos están en el espacio. En el futuro, y partiendo de este antecedente epicúreo, uno de los argumentos vacuistas consistirá en señalar la posibilidad de concebir el espacio como sustancia a parte, con independencia de si en todos o en ciertos lugares está ocupado por cuerpos. El espacio así concebido es propiamente vacío: tal será el argumento.

Otra cuestión, la de la declinación de los átomos (παρέγκλισις, en latín *clinamen*), también es una importante novedad respecto a los antecedentes democríteos. La declinación o desviación atómica es una especie de 'espontaneidad interna' de los átomos, un desviarse del rígido determinismo, el cual justificaría el azar y la libertad de los agregados atómicos. De hecho, la solución del *clinamen* es el complemento obligado de otras novedades introducidas por Epicuro y Lucrecio: atribuir peso a los átomos y entender que ese peso es la causa de la "caída hacia abajo" de los átomos.[8] Al privilegiar esa dirección de caída –cosa que no hace Demócrito– se rompe la concepción de un espacio homogéneo sin direcciones privilegiadas; la "caída hacia abajo" determina una dirección y el *clinamen* es la desviación espontánea respecto a esa determinación, algo que pretende obviar la acusación de determinismo. Sin embargo, al introducir el peso y la caída debida al peso, la concepción del movimiento atómico en los epicúreos restringe de hecho la libertad de los átomos.

Y esa libertad todavía se restringe más al obligarse Epicuro y sus seguidores a postular idéntica velocidad para todos los átomos en cualquiera de sus desplazamientos –que son desplazamientos en el vacío, evidentemente–.[9] Esa igualdad de las velocidades atómicas y la caída hacia abajo debida al peso son, pues, dos importantes restricciones a la libertad de los átomos, restricciones que no están documentadas en Demócrito. Parece

---

[8] Epicuro, por ejemplo en *Carta a Heródoto*, 61: "... el movimiento [...] de caída hacia abajo, causado por los propios pesos..." Un texto esclarecedor es esta noticia de Cicerón: "El átomo, dice Epicuro, se desvía. ¿Por qué? Porque, según Demócrito, los átomos están dotados de una fuerza indeterminada de movimiento impulsivo, a la que llama 'choque' (πλαγὰ); para ti, Epicuro, poseen, en cambio, una fuerza de gravedad y peso." (Cicerón, *De fato* 20,46 = DK 68 A 47 = BCG III 422). Sobre la cuestión del peso de los átomos, ver el correspondiente apartado en BCG III, p.228-235.

[9] Así lo afirma Epicuro, *Carta a Heródoto*, 61 y 62.

más bien que la concepción de Demócrito del movimiento impulsivo o choque –sin direcciones privilegiadas ni igualdad de velocidades– permite preservar el azar y la libertad que, de otro modo, ha de buscarse con el *clinamen.*

De todos modos, la igualdad de las velocidades atómicas es una concepción que parece tener la virtualidad de anticipar los conceptos de la física moderna –de Galileo y de Newton– cuando ésta afirmó que todos los cuerpos, independientemente de sus pesos, caen en el vacío a idéntica velocidad.[10]

En resumen, el atomismo –con su principio de 'átomos y vacío'– es el principal valedor del vacuismo. Este principio permanece inalterable en la doctrina atomista estricta. En cuanto a los argumentos asociados a la doctrina atomista, han de destacarse especialmente dos: uno, que el movimiento implica el vacío; dos, que vacío y espacio se confunden, que el espacio considerado como entidad independiente es propiamente vacío. Estos dos argumentos van a ser referencias constantes en el debate vacuista.

Finalmente habría que añadir los aspectos cosmológicos del atomismo. Esencialmente éstos se refieren a la concepción de la pluralidad de mundos, una concepción que difiere muy radicalmente de las concepciones cosmológicas más habituales desde la Antigüedad hasta bien entrada la Revolución científica moderna. Esta concepción de la pluralidad de mundos será influyente a partir de mediados del siglo XVII y en cierto modo desemboca en el popular modelo de los torbellinos.[11]

I.I.2. *Platón y Aristóteles*

Platón se pronuncia claramente contra el vacío. Uno de los argumentos más explícitos lo hallamos en el *Timeo.*[12] Pero también en este diálogo platónico se aborda el problema del espacio (χώρα), y en relación a éste hay ciertos pronunciamientos que pueden tomarse a modo de afirmación del carácter independiente del espacio. De hecho, la discusión secular sobre la entidad del espacio se inicia prácticamente en estas concepciones de Platón y en las

---

10 Para un primer examen de esta cuestión de la caída de los cuerpos en el vacío, ver apartado I.II.2.

11 Ver cap.II.III. Sobre la pluralidad de mundos, ver Dick, *Plurality of Worlds.*

12 Cf. *Timeo*, 79a y ss.

consecuentes réplicas de Aristóteles, y su influencia alcanza hasta el debate filosófico moderno. Es por ello que, aunque aquí no se trata específicamente del problema del espacio[13], ha de retenerse que la cuestión vacuista sigue un curso muy relacionado con la cuestión del espacio.

La concepción de Platón sobre el espacio consiste en considerarlo un intermedio entre el ser absoluto –el que no está sujeto a cambio– y el ser relativo –el devenir, el mundo sensible de la generación y la corrupción–[14], intermedio que participa de la inmutabilidad del ser y que simultáneamente acoge la mutabilidad del mundo sensible.

Ya puede adivinarse que este espacio, como principio simultáneo de permanencia y de cambio, apunta a dos conceptos aparentemente contradictorios: el vacío y la materia. Pues tanto el vacío como la materia, efectivamente, participan de esta doble condición de permanencia y mutabilidad: el vacío permanece invariable mientras acoge cuerpos diversos, la materia (la ὕλη especialmente en el sentido aristotélico) es el substrato único y común a todos los cuerpos. Por eso Aristóteles, al tratar su teoría del espacio –en la que refuta el vacío–, acusará a Platón de confundir el espacio con la materia: dirá que unos –los atomistas– confunden el espacio y el vacío, y que otros –Platón– confunden el espacio y la materia.[15]

En cualquier caso, Platón al tratar la cuestión estricta del vacío se pronuncia en contra, pues rechaza el argumento atomista relativo a la implicación entre movimiento y vacío: entiende que el movimiento consiste en un desplazamiento de cuerpos que van desalojándose sucesivamente sin necesidad de intervalos vacíos en este proceso.[16]

Pero al margen de esta observación, que no hace más que confirmar a los atomistas como principales valedores del vacuismo, ha de retenerse sobre todo que la inmensa influencia platónica se cifra –por lo que se refiere a la cuestión del vacío– en la apuntada concepción del espacio. En el futuro, toda apelación a la consideración de una entidad independiente llamada

---

13 Para seguir esta cuestión, consúltese por ejemplo: Jammer, *Concepts of space*; Čapek (ed.), *The concepts of space and time*.

14 "Existe el ser absoluto, el lugar en que nace o es engendrado el ser relativo, y lo que nace, tres términos que existen en tres maneras distintas" (*Timeo*, 52d).

15 En Aristóteles hay que hablar propiamente de 'lugar' (τόπος). La crítica a Platón se desarrolla en el lib. IV de la *Física*, especialmente en 209b 11-17, 209b 33-210a 2, 214a 13-16; y también en *Metafísica* I, 7, 988a 23-26.

16 El argumento en el citado *Timeo*, 79.

espacio, entidad diferenciada de los cuerpos o de la materia y como tal vacía, se apoyará directa o indirectamente en la referencia platónica. Análogamente, toda consideración del espacio como entidad homogénea y geométrica –y como tal vacía– también tendrá en el geometrismo de Platón una fuente de autoridad.

Evidentemente, la otra gran autoridad de referencia es Aristóteles. Su plenismo coherente y consecuente ofrece el principal foco en que se articula la gran corriente del antivacuismo dominante en la tradición del pensamiento occidental. Durante muchos siglos la opinión de Aristóteles conforma el corpus del saber escolástico, aquél que deberá ser rechazado y sometido para alumbrar la Revolución científica moderna. La influencia, pues, de la física aristotélica es enorme. Esta influencia determina en gran medida la prevalencia de la opción antivacuista.

Aunque es imposible resumir aquí la física de Aristóteles y señalar su alcance, debe entenderse que la cuestión del vacío es una parte de ese todo. El rechazo o refutación aristotélica del vacío deriva de un conjunto sistemático, en el que ha de mencionarse su doctrina del espacio (Aristóteles utilizará el término τόπος, 'lugar'), su concepción del movimiento, del tiempo, de la naturaleza, de sus principios o elementos, su teoría cosmológica. Para una breve noticia sobre esa refutación basta remitirse a su *Física*, especialmente el libro IV que trata de "El lugar, el vacío, el tiempo". Ahí Aristóteles apunta contra la confusión entre lugar –o sea, espacio– y vacío. Y plantea la cuestión así:

> No hay una extensión diferente de los cuerpos, sea como separable o como realizada en acto, extendiéndose a través del conjunto de la naturaleza corporal y dividiéndola de modo que rompa su continuidad, como dicen Leucipo, Demócrito y otros muchos fisiólogos, o estando en el exterior del conjunto de la naturaleza corporal, que permanecería siendo continua.[17]

Aquí se resume el programa de la refutación aristotélica. Supone la consideración de lo que vendrá en clasificarse –luego, en las discusiones medievales y modernas– en tres tipos de vacío:

---

[17] *Física* IV 6, 213a 31-213b 2.

1) el vacío separable o continuo
2) el vacío intersticial
3) el vacío extracósmico

Esta triple clasificación sirve como criterio orientativo en las sucesivas discusiones del vacío. Puede avanzarse que la compleja historia de la admisión del vacío empieza por admitir el vacío intersticial, luego sigue planteándose el vacío continuo, y finalmente culmina con Newton en la afirmación del vacío cósmico; y también ha de advertirse que no siempre los vacuistas –ni siquiera los atomistas– aceptan simultáneamente esos tres tipos de vacío.

Entendiendo que el vacío es la extensión en la que no se halla ningún cuerpo[18], se trata, según Aristóteles, de demostrar que ese concepto no es sostenible. No lo es por sí mismo, o sea porque extensión y cuerpo no son separables –ni en potencia ni en acto–. No lo es en potencia, porque no hay coexistencia entre el cuerpo y el vacío, es decir no hay un vacío interno a los cuerpos (vacío difuso). No lo es en acto, porque no hay un vacío que rompa la continuidad del cuerpo, es decir no hay un vacío como el interatómico defendido por los atomistas (vacío intersticial). Y no hay vacío externo a los cuerpos, o sea no hay vacío exterior al conjunto corporal (vacío extracósmico) ni exterior a los cuerpos (vacío continuo).[19]

La argumentación de Aristóteles se explaya en la crítica a los partidarios del vacío y a sus argumentos[20], pero sobre todo consiste en vincular su propia concepción del movimiento, del lugar, de la materia, a esa refutación del vacío. Por ejemplo, el lugar, según Aristóteles, no es un espacio –en el sentido que los cuerpos ocupen tal espacio, ni en el sentido

18 Es la definición del propio Aristóteles –aunque calificándola de vulgar–: *Física* IV 6, 213a 28.

19 Como se ve, la clasificación propiamente aristotélica de los tipos de vacío sería ésta: 1) vacío externo a los cuerpos (que incluiría lo codificado luego como vacío extracósmico y vacío continuo o separable); 2) vacío interno a los cuerpos, que se subdivide en: 2a) vacío difuso (que se relaciona con la discusión sobre la coexistencia entre cuerpo y espacio), 2b) vacío intercorpuscular (o intersticial).

20 Se cita a los atomistas (Leucipo y Demócrito), a Anaxágoras, a Meliso, a los pitagóricos. Cuatro son los argumentos de los partidarios del vacío retenidos por Aristóteles: 1) que el movimiento implica el vacío; 2) los fenómenos de condensación; 3) los fenómenos de crecimiento, la alimentación; 4) el vacío de los pitagóricos (como delimitador y separador). Cf. *Física* IV 6-7, 213b-214b.

de intervalo–; el lugar es propiamente una superficie envolvente del cuerpo (el límite interno de esa envolvente)[21] y es inmóvil; es decir, un cuerpo en movimiento se sitúa en una colección sucesiva de lugares.[22] Según esto, el lugar es una especie de referencia, pero no al modo de una neutra referencia geométrica, pues Aristóteles concibe los lugares como una colección ordenada: por ejemplo, el arriba y el abajo –correspondiendo a la gradación grave / ligero–. Lo grave (así tierra, agua) tiende hacia su lugar natural, el abajo; lo ligero (así, aire, fuego) tiende hacia su lugar natural, el arriba.

Como se ve en este apretado resumen[23], hay una coherente correspondencia entre los lugares, la disposición de los elementos y la disposición cosmológica. El todo del mundo se divide en una región esférica sublunar (donde rige el cambio, donde se ordenan los cuatro elementos) y una región sobrelunar (la de las esferas planetarias y de la última esfera o cielo, también llamada firmamento). Es un todo pleno, sin fisuras o intersticios vacíos, donde no cabe hablar de un supuesto espacio ocupado por ese mundo; dicho en términos modernos: el espacio de Aristóteles es un 'espacio relativo'[24], una colección de lugares, que no puede concebirse como espacio vacío separable de sus contenidos –propiamente porque ese espacio no contiene–.

Hay que reseñar además otro argumento de gran interés: es la refutación de que el movimiento implique el vacío, razonamiento que, como se recordará, fue defendido por los atomistas tomándolo de Meliso. Tal refutación consiste en señalar que en el vacío no habría 'arriba' y 'abajo', es decir no habría lugares naturales (una orientación), ni habría medio en el que se produjera el movimiento (pues el vacío es ausencia de medio).[25] Y justamente según la concepción de Aristóteles, el movimiento local (o

---

21 Definición, por ejemplo, en *Física* IV 4, 212a 21-22.

22 Aristóteles reconoce la dificultad de comprender esta concepción del lugar, y en base a esa dificultad explica la confusión entre lugar y espacio (vacío). Así en *Física* IV 4, 212a 7-19.

23 Para una ampliación, ver Duhem I, cap. IV ("La physique d'Aristote"), p.130-234.

24 Con una diferencia suplementaria: en Aristóteles el 'espacio relativo' no es neutra referencia geométrica sin direcciones privilegiadas. En cierto modo, el espacio aristotélico se aproxima al espacio curvo de la teoría einsteiniana de la relatividad (tal como subraya Koyré, "De l'influence des conceptions philosophiques sur l'évolution des théories scientifiques").

25 El conjunto de la argumentación aristotélica se desarrolla en *Física* IV 8, especialmente 215a-216a. Sobre esta cuestión ver Grant, "Motion in the Void and the Principle of Inertia..."; y Duhem I, p.192-197.

transporte) depende de esos lugares naturales y de ese medio: es el resultado de la disposición del cuerpo para dirigirse a su lugar natural, o sea de su δύναμις (*potentia*, 'potencia'); y la celeridad de ese movimiento depende también del medio, de la resistencia que opone ese medio. En el vacío no se daría, pues, ni jerarquía de lugares naturales ni medio en el que desplazarse.

Dicho en términos matemáticos, el movimiento depende de esta fórmula: $v=f(P / R)$,[26] o sea la velocidad sería directamente proporcional a la potencia e inversamente proporcional a la resistencia del medio. En el vacío esa resistencia se anula, por lo tanto la velocidad se hace infinita. De este modo se subraya la conclusión contraria al argumento pretendido por los atomistas: mientras éstos afirman que el movimiento exige el vacío resulta que, según la demostración de Aristóteles, el vacío provocaría movimientos instantáneos, lo cual es propiamente lo contrario del movimiento; por lo tanto, el vacío conduce a lo opuesto del movimiento.

Esta pequeña digresión es importante porque el modelo aristotélico ejercerá una poderosa influencia en todas las discusiones post-aristotélicas sobre el carácter y la determinación del movimiento. La velocidad de caída de graves y ésta en el caso imaginario de la caída en medio vacío serán temas derivados del modelo aristotélico –a veces, contra su punto de vista.[27]

Resumiendo: la crítica aristotélica al vacío es radical y exhaustiva. Considera los distintos conceptos implicados en el vacío, rebate cada uno de ellos y asimismo los argumentos aducidos en favor del vacío. En particular se fija en la concepción del espacio como entidad independiente de los cuerpos y en el argumento sobre la implicación entre movimiento y vacío.

Finalmente, destaquemos nuevamente el rechazo aristotélico al vacío extracósmico. Aunque su modelo cosmológico se atiene a un cosmos esférico y limitado, no cabe imaginarlo como una especie de bola plena en medio de un espacio infinito y vacío. Para Aristóteles no cabe siquiera la pregunta por lo exterior al mundo, ni por el vacío en ese exterior. La posición opuesta, o sea la admisión del vacío extracósmico, será defendida por los estoicos.

---

26 Cf.*Física* IV 8, 215b 12 - 216a 10.

27 Son cuestiones que serán ampliadas en el apartado I.II.2.

I.1.3. *La doctrina estoica*

Efectivamente, la doctrina estoica concibe ese vacío extracósmico a la par que niega el vacío en el interior de los límites del mundo. El siguiente pasaje de Diógenes Laercio lo ilustra:

> [Dicen] que el mundo es único, finito y de forma esférica, que es la más cómoda para el giro. [...] Que fuera del mundo se extiende en derredor un vacuo inmenso e incorpóreo; siendo incorpóreo aquello que, pudiendo estar ocupado por cuerpos, no lo está. Que dentro del mundo no hay ningún vacuo, y está todo él unido en sí mismo, pues a ello obliga la conspiración y conformidad de tendencia (σύμπνοιαν καὶ συντονίαν) de los cielos hacia la tierra.[28]

La doctrina estoica del vacío podría resumirse, pues, en esta doble afirmación: que el mundo es un pleno, que un vacío inmenso (infinito) lo rodea. Pero ese resumen sería incompleto ya que esa doctrina no puede reducirse a este único aspecto cosmológico. En realidad, las razones estoicas para referirse al vacío no son puramente cosmológicas, parten esencialmente de la teoría de los incorporales.[29] Estos incorporales no son propiamente constituyentes reales de lo existente –por lo tanto, tampoco el vacío propiamente lo es–, pues uno de los principios básicos de los estoicos es la identificación entre lo real (llámese causa o sustancia) y el cuerpo: todo lo real es corporal.

Así pues, ese vacío extracósmico no ha de imaginarse con un estatuto equivalente al del mundo (que es cuerpo). En último término, el vacío es la ausencia de cuerpo; como el cuerpo es determinado, finito, el vacío es indeterminado, infinito. De este modo, las razones para la plenitud del mundo se proyectan hacia la noción de un vacío exterior al mundo (en un sentido no estrictamente espacial). El no-cuerpo o no-mundo es vacío.

---

28 Diógenes Laercio, VII, 140. Otras referencias a este aspecto de la doctrina estoica se hallarán especialmente en *SVF* II, 170-172 (n.534-546 bajo le epígrafe "§4. Finitum esse mundum et unitum, sed circumdatum inani infinito").

29 El vacío es uno de los cuatro incorporales por ellos considerados: lo expresable, el lugar, el tiempo son los restantes. Sobre esta teoría, véase el definitivo estudio de Bréhier, *La théorie des incorporels dans l'ancien stoïcisme*.

En cuanto a las razones de la plenitud del mundo, la cita anterior de Diógenes Laercio ya daba la clave: el mundo es uno, completo, determinado, está unido por la conspiración y la conformidad (σύμπνοιαν καὶ συντονίαν), o sea es un mundo cohesionado que vibra al unísono, y, por ello, no ha lugar al vacío que interrumpiría esa sintonía.

Esta concepción de la cohesión mundana es inseparable de la doctrina física estoica en un sentido general. En ésta se distingue dos clases de cuerpos, los sutiles y los groseros, o sea los que corresponden a los elementos aire–fuego y a los elementos agua–tierra; o, dicho de otro modo, se distingue entre pneuma y materia (πνεῦμα y ὕλη) –con un concepto de la materia distinto al aristotélico.[30] Los cuerpos concretos, los realmente existentes en su individualidad, son mezcla (κρᾶσις) e interpenetración de una parte material y una parte pneumática, siendo ésta última la que da la particular cualidad y cohesión al cuerpo concreto. En cierto modo, el pneuma estoico juega el papel de la forma aristotélica –la que cualifica a la materia–, pero no ha de olvidarse que el pneuma es cuerpo. El mundo es el conjunto corporal que es uno, o sea unido, en la medida que la interpenetración del pneuma lo mantiene en esa unidad y cohesión.[31]

La negación del vacío es consecuencia, pues, del principio de que todo es cuerpo, y corolario de esta concepción de la cohesión mundana. Por otra parte, al admitirse la penetrabilidad de los cuerpos, la doctrina estoica queda eximida de la necesidad de una refutación del argumento sobre el movimiento y el vacío, argumento –atomista– y refutación –aristotélica– basados ambos en el axioma de la impenetrabilidad de los cuerpos. La penetrabilidad sí permite el movimiento sin vacío.

Eliminado el vacío de la constitución del mundo (el todo corporal), el vacío como incorporal es el contrapunto del mundo, es sólo el vacío exterior o extracósmico. En favor de tal vacío los estoicos aportan, además, un

---

30 La materia estoica es sólo la parte corporal pasiva, la que se asocia a los elementos agua y tierra. Quiere decirse que, aún siendo todo cuerpo –por ejemplo, el pneuma o el éter–, no todo cuerpo es materia. En cambio, en Aristóteles la materia es substrato común a todo cuerpo (de la esfera sublunar), y el éter o quinta esencia no es propiamente materia. Para los atomistas, explícitamente en Lucrecio, cuerpo y materia son prácticamente sinónimos.

31 Como ha señalado Sambursky, *Physics of the Stoics*, esta teoría física se atiene a modelos de fluidez, de flexibilidad, de transmisión vibratoria. Como los efectos no se transmiten según el modelo de la traslación y el choque (que es el modelo atomista), es una física que supera los límites del mecanicismo. Esta diferencia es crucial en la física moderna.

argumento: consideran que el mundo pasa por fases de contracción y dilatación, fases de un proceso de renovación continua que culmina y arranca en la conflagración universal por el fuego (que llaman ἐκπύρωσις). El vacío es, pues, el que acoge la dilatación del mundo y el resultante de su contracción.[32]

Otro argumento, compartido por los epicúreos y por otros críticos de Aristóteles sobre este aspecto del vacío extracósmico, consiste en imaginarse en el límite del mundo y entonces denunciar el "absurdo" de no considerar un espacio vacío tras ese límite. Este argumento –que ya arranca de Arquitas de Tarento–, siguiendo distintas versiones, se convertirá en un clásico. Por ejemplo Simplicio lo reseña así:

> Si estoy a la extremidad del cielo de las estrellas fijas, ¿podré alargar la mano o un bastón? Es absurdo pensar que no puedo; y si puedo, lo que se encuentra más allá es, sea un cuerpo, sea un espacio. Podremos por tanto ir más allá de eso todavía y así sucesivamente; y si siempre hay un nuevo espacio hacia el que se puede tender el bastón, eso implica claramente una extensión sin límites.[33]

Naturalmente, la experiencia aducida aquí es puramente imaginaria, es una simple intuición racional. Consiste en explotar las dificultades que derivan de toda consideración de un límite: si hay un límite es imaginable un más allá del límite. Pero, como es de suponer, este argumento siguió siendo rechazado por la tradición aristotélica, pues su rechazo del vacío extracósmico se fundamenta en la inconsistencia de la pregunta por el exterior. Además, si este "cielo de las estrellas fijas" se imagina como un firmamento, o sea como un límite rígido –y esa es la imagen más difundida en la Antigüedad–, difícil es admitir que pueda alargarse la mano en el seno de un medio rígido. Sólo una concepción cosmológica como la estoica, con su dilatación y contracción, que implica considerar un firmamento de tipo maleable y fluido, autoriza tal especulación.

---

32 Véase para este argumento: Cleomedes, *Circul. doctr.* I, I (= *SVF* II, 171, 25); Aecio, *Plac.*, II 9, 2 (= *SVF* II, 186, 27).

33 Simplicio, *Commentaria in quatuor libros De celo Aristotelis*, 44v, 2 (según la versión de De Mora Charles, *Ciencia y apocalipsis*, p.73; cf. *SVF* II, 171, 14). Este 'argumento del bastón' –conocido también en otras versiones como 'argumento de la flecha'– será un tópico muy repetido contra la idea de la limitación del espacio. Lo retoman, entre otros: Eudemo, Cicerón, Lucrecio, Patrizzi, Giordano Bruno, Gassendi, Henry More, Locke.

En realidad, la cuestión del vacío extracósmico va más allá del problema de la imagen cosmológica; es una cuestión que compromete al estatuto del vacío (y al estatuto del espacio). Como ya se ha dicho, el vacío no es propiamente un componente de lo real, no tiene una entidad separada, ni siquiera es una parte de un todo[34]; su infinitud es sólo el contrapunto lógico de la finitud de lo corporal-mundano. No cabe entonces representarse el mundo y el vacío en una relación de contenido a continente.

De las dificultades que plantea el problema del estatuto del vacío[35], se extraen sin embargo unas muy interesantes derivaciones: la que conducirá a la idea del llamado espacio 'imaginario' extracósmico; y la que conduce a una aproximación entre divinidad y vacuidad.

En cuanto a la primera, el espacio 'imaginario', la solución a las dificultades mencionadas se dirige a considerar el vacío como una noción racional, como la relación entre el cuerpo y la ausencia de cuerpo, relación ideal pero no real. El vacío no sería, pues, una entidad real sino algo concebible; y es en esta línea donde hallamos por ejemplo la solución de Filópono, filósofo cristiano a medio camino de la influencia estoica y de la influencia peripatética. Filópono admite que el vacío en acto no puede existir, pero advierte que la razón sí puede distinguir entre cuerpo y vacío; análogamente se resiste a reconocer un explícito vacío extracósmico, pero sí admite que hay más allá de los límites del mundo un espacio concebible por la razón.[36] Ese espacio, infinito y vacío pero propiamente no real, es el que luego –en la tradición escolástica medieval– se conocerá por espacio 'imaginario', concepción que va a tener una larga e intensa influencia.

En cuanto a la segunda, la aproximación entre divinidad y vacuidad, la clave reside en la distinción entre universo-mundo (τὸ ὅλον) y el todo (τὸ πᾶν), y en la dificultad de considerar la divinidad como una suma de partes. Se abre así camino la concepción de un Dios que es "impasible e indiferente, infinito, que, como el vacío, no es propiamente nada, al que no se le pueden asignar atributos como tampoco los asignamos al todo (τὸ πᾶν),

---

34 De ahí la distinción –algo enigmática, al decir de Bréhier, *La théorie des incorporels dans l'ancien stoïcisme*, p.50–, entre el universo-mundo (τὸ ὅλον) y el todo (τὸ πᾶν). Pero además ese todo no es la suma de mundo y vacío (*SVF* II 167, 19), pues "no hay síntoma común entre cuerpos e incorporales" (*SVF* II 126, 24).

35 Perfectamente analizadas por Bréhier, *La théorie des incorporels ...* , p.50-51.

36 Cf. Filópono, *Ioannis Philoponi in Aristotelis Physicorum libros quinque posteriores commentaria*; Duhem I, p.313-320.

que no es nada porque es más que la suma y que la realidad".[37] De este modo, la divinidad concebida supraontológicamente viene a expresarse a través de la vacuidad (o sus metáforas adyacentes, como el abismo), entendida ésta también como estando más allá de la determinación.

En resumen, la doctrina estoica del vacío sólo admite el vacío extracósmico y rechaza tanto el vacío continuo como el vacío intersticial. Con ello la opción estoica viene a promover la imagen de un mundo pleno y esférico, colocado a modo de bola compacta en el seno de un espacio infinito y vacío. Pero este vacío extracósmico tiene una entidad distinta a la del mundo, pues el vacío es un incorporal. De ahí surgirá la importante cuestión del espacio 'imaginario', un espacio sólo concebible por la razón. Se ha destacado, por último, la cuestión del 'todo' (τὸ πᾶν) y cómo de las dificultades de este concepto surgía el apunte sobre las relaciones entre divinidad y vacuidad. La divinidad, concebida al modo supraontológico, va a tener en la vacuidad una buena aproximación.

[37] Bréhier, *La théorie des incorporels dans l'ancien stoïcisme*, p.52.

CAPÍTULO I.II.

APORTACIONES AL FINAL DEL MUNDO ANTIGUO

Hasta aquí se han tratado los antecedentes de la cuestión vacuista desde el punto de vista de las doctrinas, de los grandes posicionamientos. Falta considerarlos desde el punto de vista empírico; éste, aunque subsidiariamente, ya fue tomado en cuenta en las discusiones reseñadas, pero es sobre todo a partir del período helenístico cuando entra en escena. Esta inflexión viene a coincidir con el desplazamiento desde Atenas a Alejandría del centro cultural del mundo antiguo. El traslado a Alejandría, a inicios del siglo III a.c., de Estratón de Lámpsaco –sucesor de Aristóteles en la dirección del Liceo e impulsor de una física más empírica– puede tomarse como el signo de esta inflexión.

La aportación alejandrina comprende, pues, una serie de opiniones sobre el vacío que tienen un carácter más marcadamente empírico. Esta serie arranca con el propio Estratón y culmina en los llamados ingenieros, que son básicamente Herón de Alejandría y Filón de Bizancio. Por otra parte, en el contexto helenístico y luego bizantino se prolonga la discusión sobre el movimiento y el vacío. Por último, en el mismo contexto, hay que sumar el impacto del neoplatonismo, corriente que aporta nuevas precisiones al concepto de espacio.

Estos son los tres aspectos novedosos que van a estudiarse en este capítulo, advirtiendo, sin embargo, que estas corrientes coexisten con la herencia de las opiniones ya estudiadas –muy particularmente con las opiniones estoicas. Son, eso sí, los aspectos novedosos.

I.II.1. *Los ingenieros Herón y Filón*

Los aspectos empíricos del vacío ya fueron considerados en cierta medida por los clásicos. Recordemos, por ejemplo, el reproche de Aristóteles hacia Anaxágoras al menospreciar la supuesta prueba empírica contra el vacío aducida por éste último. Quiere decirse que contra el vacío ya se aportaban pruebas "empíricas".[1]

En el contexto de esta tradición se inscribe la discusión de algunos casos interesantes: son los fenómenos de succión de líquidos que aparecen al manipular clepsidras, ventosas; luego en artilugios como el sifón o las bombas aspirantes. Son fenómenos que conectarán, casi sin solución de continuidad, con las observaciones que dan lugar a los experimentos barométricos del siglo XVII.

El caso de la clepsidra (κλεψύδρα, literalmente 'ladrón de agua') es uno de los más clásicos en esta secular discusión sobre los fenómenos de succión de líquidos. Respecto a ellos, la intención de Anaxágoras y otros presocráticos no es tanto la de demostrar la imposibilidad del vacío cuanto la de mostrar la consistencia del aire –aunque subsidiariamente, de la consistencia del aire se deduzca lo impropio de llamar vacío a un recipiente que como mínimo está lleno de aire–.[2] Esta idea de la consistencia (ἀντιτυπία) del aire es importante porque apunta hacia una idea general de lo corpóreo –que incluye lo más aparentemente incorpóreo como el aire–, una idea que es distinta a la clasificación aristotélica entre lo liviano y lo pesado.[3] En último término, apunta a la que es hoy la evidencia de la asociación entre cuerpo y masa (o peso). Esa evidencia no lo es en Aristóteles ni lo fue para el pensamiento antiguo en general. Si el aire es corpóreo (o sea consistente y resistente) puede actuar sobre otros cuerpos y padecer la

---

1 La crítica a Anaxágoras en *Física* IV 6, 213a 31-213b 2, ya citado en apartado I.I.2. Por otra parte, el mismo Aristóteles, en 213b-214b, recuerda los cuatro argumentos de los vacuistas. El segundo (los fenómenos de condensación) y el tercero (los fenómenos de crecimiento, la alimentación) son claramente de carácter empírico.

2 Las referencias a la clepsidra en Anaxágoras son básicamente tres noticias aristotélicas: *Del cielo* II 13, 294b (= BCG II 727); *Física* IV 6, 213a (= DK 59 A 68 = BCG II 729); y sobre todo *Problemas* XVI 8, 914b-915a (= DK 59 A 69 = BCG II 730).

3 Ejemplo sintomático es este pasaje de Aristóteles: "Algunos de los que niegan que exista el vacío no se han pronunciado con precisión acerca de lo liviano y lo pesado, como Anaxágoras y Empédocles" (*Del Cielo* IV 2, 309a = DK 59 A 68 = BCG II 728).

acción de éstos. La clepsidra sería la manifestación palpable de esta acción y reacción.

La interpretación aristotélica de la clepsidra[4] se atiene, sin embargo, a sus concepciones de lo corpóreo, a la tendencia del aire en virtud de su liviandad, a la obligada continuidad de la materia, a la impropiedad del concepto de vacío.

Por contra, la interpretación de Estratón parte del carácter corporal de las cosas en general (incluido, pues, el aire), y se permite considerar el vacío como posibilidad –aunque sea una posibilidad inestable, en los límites de lo habitual para la naturaleza–. Según esto, la clepsidra ilustra la formación de ese vacío inestable, especie de momento de tránsito entre dos plenitudes sucesivas. La succión sería el efecto de ese tránsito.

Estratón admite, pues, el vacío en ciertas condiciones. Esta concepción es la que adoptan luego los ingenieros alejandrinos Herón y Filón, y se resume en estas dos proposiciones:

1) el vacío continuo (κενόν ἄθρουν) existe, pero sólo producido contra la naturaleza;
2) hay un vacío conforme a la naturaleza, que es un vacío diseminado y en intervalos separados (κενόν κατὰ λεπτὰ παρεσπαρμένον) [vacío intersticial].[5]

Ya puede observarse que la primera afirmación es sumamente ambigua, pues por un lado se admite el vacío continuo pero por otro lado se dice que tal vacío es contrario a la naturaleza. Tal ambigüedad es la base de una matizada discrepancia entre Herón y Filón. Por lo tanto, la admisión del vacío intersticial es el aspecto principal de esta concepción.

Esta admisión del vacío intersticial es lógicamente correlativa de una concepción corpuscular de los cuerpos. Particularmente, el aire en tanto que cuerpo está formado también por corpúsculos; y los fenómenos de compresión del aire serían pruebas empíricas de esa composición del aire (corpúsculos y vacío intersticial). Por otra parte se considera que hay una

---

4 Esencialmente en el citado *Problemas* XVI 8, 914b-915a (= DK 59 A 69 = BCG II 730).

5 Estratón, *De vacuo* = prefacio a la *Pneumatica* de Herón [según la transcripción de Farrington, *Ciencia griega*, p.162]. La atribución del prefacio de la *Pneumatica* de Herón a Estratón –como transcripción de su obra *De vacuo*– fue establecida por Diels, *Antike Technik* (1893).

continuidad de naturaleza entre aire y agua, que es la que explica los fenómenos de acción y reacción mutua entre ambos.

Tal sería el fundamento de los fenómenos de la clepsidra y otros similares de succión. En general, a esos fenómenos en que aparece la consistencia –hoy decimos, presión– del aire y la interrelación con los líquidos se les agrupa como objetos de estudio de la llamada 'Pneumática', ciencia tratada en las obras de Herón y Filón. Aunque, hablando propiamente, la Pneumática no es una ciencia (en el sentido de ἐπιστήμη), sino más bien un conjunto de conocimientos empíricos basados en una pericia técnica (ἐμπειρία), con un fundamento teórico hecho de la mezcla ecléctica entre las principales corrientes en presencia (la influencia peripatética, la atomista y la estoica).[6] En los tratados de Herón y Filón se trata sobre todo de máquinas, entendidas éstas más como artificios mecánicos que como fuente de teorías, más como maravillas (θαύματα) y astucias tendidas a la naturaleza que como modos de mostrar esa naturaleza en su regularidad. Se trata la excepción y no la regla. Y el vacío es una de estas excepciones. Y por ello también, la ambigüedad y la debilidad teórica de esta tradición empírica se refleja en la discrepancia entre Herón y Filón.

Esta discrepancia consiste, en realidad, sólo en un distinto énfasis sobre la posibilidad de un vacío continuo: ambos coinciden en que es contrario a la naturaleza, pero Herón parece admitir que en ciertas condiciones –al fin y al cabo, las condiciones en que actúan las máquinas maravillosas– puede producirse, mientras Filón dice de modo más explícito que no es posible un espacio vacío de dimensiones notables, o sea un vacío separado (χωριστόν κενόν). O dicho de otro modo, aunque ambos coinciden en admitir el vacío intersticial, Filón pone mayor énfasis en la continuidad entre aire y agua, mientras Herón enfatiza más el vacío intersticial en la explicación de los fenómenos de succión.

Esta doble y matizada explicación se aplica al caso de la clepsidra y a toda una serie de otras pruebas empíricas (ventosa, sifón, fuelle, presión por calentamiento del aire) que componen el objeto de la Pneumática. Este conjunto de experimentos van a ser una referencia central en las discusiones medievales y renacentistas.

---

6 Sobre este contraste entre ciencia (ἐπιστήμη) y pericia técnica (ἐμπειρία), véase Vernant, "Observaciones sobre las formas y los límites del pensamiento técnico en los griegos". Similares observaciones en: Koyré, "Les philosophes et la machine"; Schuhl, *Machinisme et philosophie*.

Estas referencias, prácticamente siempre las mismas, constituyen el contrafondo sobre el que se construirá el tópico del *horror vacui* y a partir del que se transmitirá la preocupación por las pruebas empíricas del vacío. Transmisión en la que pervive la ambigüedad ya alumbrada en origen: por una parte, el *horror vacui* podrá interpretarse en términos absolutos como imposibilidad del vacío en la naturaleza; y, por otra parte, podrá interpretarse en términos relativos como los modos en que la naturaleza actúa –a veces contra su propia regularidad– para evitar la constitución de vacíos estables.

Esta ambigüedad está servida no sólo por la matizada discrepancia entre Herón y Filón sino también por los comentaristas de la doctrina aristotélica –como Alejandro de Afrodisias, Temistio, Simplicio[7]– que son conocedores también de las pruebas aducidas por los ingenieros alejandrinos. Estos comentaristas se apoyan fundamentalmente en la explicación dada en los *Problemas* de la compilación peripatética, o sea en una explicación que no admite el vacío y ni siquiera lo considera como posibilidad transitoria. De este modo, un mismo tipo de experimentos se interpretará en clave de la tradición alejandrina y en clave de la tradición aristotélica; y, como dice Duhem, se establecerá, a través del vericueto de las transmisiones fragmentarias de las fuentes, una confusión entre una y otra línea interpretativa.[8] Esta será la confusa herencia de los alejandrinos.

En resumen, la discusión empírica acerca del vacío parte de la consideración de la consistencia del aire. Esta ya estaba apuntada en Anaxágoras y luego es retomada por Estratón y por los ingenieros Herón y Filón. Esta idea de la consistencia del aire, junto a la afirmación de una cierta naturaleza común al aire y al agua, rompe con el esquema aristotélico de lo liviano y lo pesado. Son concepciones que se corresponden con la nueva idea de los corpúsculos como componentes de los cuerpos –idea menos rigurosa que la estrictamente atomista–. Corpúsculos y vacíos intersticiales (o intercorpusculares) serían los componentes de los cuerpos, al menos de los cuerpos aéreos y de los cuerpos líquidos.

Esta novedad se apoya en una serie de pruebas y experimentos que se agrupan bajo el nombre de 'Pneumática'. Según los ingenieros alejandrinos estos casos muestran que hay un vacío intersticial y que puede haber un

---

7 Consúltese Duhem I, p.328-332.

8 Cf. Duhem I, p.328-9.

vacío continuo pero contrario a la naturaleza. Esta segunda afirmación se hace con énfasis diversos y con una evidente ambigüedad, ambigüedad que es la que luego se hará presente en la idea del *horror vacui*.

Finalmente hay que recalcar que esta tradición empírica no aporta en realidad un nuevo corpus científico; es eso, un aporte empírico, visto muchas veces al modo de un conjunto de artilugios maravillosos que presentan las excepciones de la Naturaleza. Pero, pese a todo, tiene la virtud de ofrecer un caudal de casos prácticos que resultarán ser clásicos en la discusión de la cuestión del vacío desde el punto de vista empírico.

I.II.2. *El movimiento y el vacío*

Ya se dijo en el anterior capítulo que la discusión de esta cuestión del movimiento y el vacío es un tópico muy importante en el debate vacuista desde la Antigüedad hasta la Edad Moderna. Las dos posiciones enfrentadas son lógicamente la que entiende que el movimiento implica al vacío, y la contraria, que entiende que el movimiento no precisa en absoluto del vacío. La primera parte del argumento clásico de Meliso –ya comentado[9]– y es apropiado por la corriente atomista; la segunda viene representada básicamente por Aristóteles.

Pero no sólo los atomistas estrictos defienden esta implicación entre movimiento y vacío. Estratón, por ejemplo, imagina el movimiento como una sucesión sincopada de desplazamientos: un cuerpo al percutir sobre otro –por ejemplo, en la caída de una piedra en el agua– produce un momentáneo vacío –posible gracias a los vacíos intersticiales del agua– que será el que lo acogerá inmediatamente, y así sucesivamente. Y esto se concibe así porque se supone que si el agua fuera un medio sin vacíos intersticiales, o sea perfectamente compacto, no podría acoger el movimiento.

La importancia del argumento de Estratón está en que resulta también implícito en las explicaciones de los ingenieros alejandrinos sobre el proceso de succión de líquidos. Ahí también la succión se entiende como un proceso sincopado en cuyo intermedio se produce un inestable vacío. Y resulta implícito en lo que será la idea del *horror vacui*: el inestable vacío es

9 Cf. DK 30 B 7 (= BCG II 181), ya citado en apartado I.I.1.

una excepción a las reglas de la naturaleza, de modo que el vacío acaba siendo como una especie de lugar que atrae hacia así los cuerpos. Es lo que en Galileo se llamará *forza del vuoto*.[10] Lo cual es incompatible con la característica del vacío como ausencia, como medio que ni sufre ni actúa: ¿cómo podría ejercer una atracción?, ¿cómo podría la ausencia de ser atraer al ser?

Esta incongruencia de la tradición de los ingenieros alejandrinos servirá, sin embargo, para dar carta de naturaleza al vacío intersticial y al vacío continuo –aunque sea inestable–, al menos como hipótesis imaginables y como foco de reflexión en la elucidación del problema del movimiento.

Ciertamente, ni Aristóteles ni los atomistas caen en el error de considerar el vacío como medio capaz de acciones o reacciones.[11] El vacío (en Aristóteles como hipótesis falsa, en los atomistas como hipótesis cierta) es por definición un medio impasible, la ausencia de resistencia. El siguiente aspecto importante en la discusión del problema del movimiento y el vacío parte justamente de esta cuestión del vacío como ausencia de resistencia.

Se recordará que Aristóteles había argumentado contra la posibilidad, o mejor dicho, contra la concepción del movimiento en el vacío a partir de la consideración de los "absurdos" que se derivan de la idea de un medio vacío.[12] Estos argumentos van de la mano del modelo dinámico aristotélico que formalmente puede resumirse en la fórmula $v = f(P/R)$, o sea que la velocidad (v) del móvil es función directamente proporcional a su potencia (P) e inversamente proporcional a la resistencia (R) del medio. Según este modelo, en el vacío –que es un medio de resistencia nula– la velocidad sería

[10] Sobre la *forza del vuoto* en Galileo, ver: Taton I, p.277-280; Grant, p.60-66, 98-100. Esta idea será discutida en el contexto de los experimentos italianos (ver apartado II.I.2.).

[11] Aunque Lucrecio sí parece influido por esa idea de que la naturaleza aborrece el vacío. Por ejemplo en *De Rerum Natura* I, 508s: "*el vacío repugna todo cuerpo, la materia al vacío de sí aleja*: luego sólidos son y sin vacío los elementos, los primeros cuerpos." (el subrayado es nuestro). Influencias similares pueden hallarse en I, 329-417, versos que dan cuenta de las diversas pruebas y argumentos a favor del vacío. Estas pruebas y argumentos serán una referencia clásica en el debate vacuista a partir del siglo XV, tras la recuperación de la obra de Lucrecio (ver apartado I.IV.1.).

[12] El conjunto de la argumentación aristotélica se desarrolla en *Física* IV 8, especialmente 215a-216a. Sobre esta cuestión, ver Grant, "Motion in the Void and the Principle of Inertia"; y Duhem I, p.192-197.

infinita (movimiento instantáneo), o habría igualdad de velocidades para cualesquiera móviles, o se darían otras conclusiones absurdas.[13]

Este modelo será una referencia central en las discusiones futuras, proyectándose hasta los albores de la Revolución científica moderna. Aunque gozará del prestigio debido a su autor, también será objeto de discusiones, objeciones y críticas. Entre los críticos es obligado citar a Juan Filópono, pues en él se apunta un modelo dinámico distinto al aristotélico, modelo que es prácticamente el mismo que el conducirá a Galileo.[14] Según Filópono la ausencia de resistencia no tiene porqué unificar las velocidades de cuerpos distintos ni tiene porqué implicar una velocidad infinita; entiende que la resistencia del medio es un factor en la determinación de la velocidad del móvil, pero su importancia no puede ser tanta como para anular las diferencias en las potencias de los móviles. Por ejemplo en el caso más simple de la caída de un cuerpo grave, Filópono entiende que la velocidad de caída en un hipotético vacío es justamente un índice particular de la gravedad de ese cuerpo. No es que afirme que ese vacío existe (de hecho no lo admite en la constitución real y dada del mundo), sino que el vacío –como caso límite en la rarificación de un medio– da una medida verdadera de la potencia (esto es gravedad, hoy decimos peso) del cuerpo; la da porque se produce en ausencia del factor perturbador que introduce el medio al frenar la caída.[15] Esta concepción puede representarse formalmente de un modo muy simple: $v = f\,(P\text{-}R)$, o sea la velocidad es función del exceso de la potencia sobre la resistencia. Y por ello en un medio vacío $(R=0)$, la velocidad resultante es indicio característico y exclusivo de la potencia del cuerpo $[v = f(P)]$; es decir, en el vacío se darían las velocidades características de las gravedades particulares de cada cuerpo.

En último término, la solución de Filópono, como otras de la línea crítica hacia el modelo aristotélico, se inspira en el modelo que arranca del

13 Son otras dos: que el móvil no tendría porqué moverse en una dirección determinada (*Física* IV 8, 215a 22-23); que ese movimiento no tendría fin al no hallar obstáculo que lo detuviera (*Física* IV 8, 215a 19-21).

14 Por ejemplo a través de Benedetti: cf. Koyré, “Jean-Baptiste Benedetti, critique d’Aristote”. Para una visión general de esta crítica a Aristóteles ver las siguientes obras de Koyré: *Études galiléennes. II: La loi de la chute des corps*; “A documentary history of the problem of fall from Kepler to Newton”; “Le ‘De motu gravium’ de Galilée”.

15 Una explicación detallada se encuentra en Duhem I, p.351-371.

principio de Arquímedes.[16] Según este principio, la fuerza de empuje a que está sometido un cuerpo flotante (por ejemplo madera en agua) viene determinado por la diferencia entre su peso y el peso correspondiente al volumen desalojado en el líquido. Es decir, formulado en términos modernos, esa fuerza depende del exceso de peso específico (o densidad) del medio líquido sobre el peso específico (o densidad) del cuerpo flotante. Traducido en términos de potencia y resistencia, la densidad del cuerpo correspondería a la potencia y la densidad del líquido correspondería a la resistencia del medio. Con lo que se tiene la correspondencia entre el principio de Arquímedes y el modelo dinámico expresado en $v = f(P\text{-}R)$.

El principio de Arquímedes sirve además para poner en crisis los conceptos aristotélicos de gravedad y liviandad. Según la concepción aristotélica, no todos los cuerpos son graves, es decir no todos los cuerpos (por ejemplo aire y fuego) poseen peso; en cambio, en la línea inspirada por el principio de Arquímedes los cuerpos que son livianos –o sea que tienden hacia arriba– lo son, no en virtud de su inclinación inscrita en su naturaleza, sino por estar en relación con cuerpos de mayor densidad. El empuje de los cuerpos aéreos e ígneos hacia arriba está, pues, en relación a sus menores densidades con respecto a los cuerpos terrestres y líquidos que por eso tienden hacia abajo; de ahí se deduce la clásica disposición cosmológica tierra-agua-aire-fuego.

Esta concepción tiene claramente el atractivo de simplificar y generalizar el concepto de gravedad, aplicándose a toda clase de cuerpos sin excepciones; y representa un atisbo de la concepción moderna –tan obvia para nosotros– que vincula de modo unívoco cuerpo (o materia) con masa y peso.[17] Es la expresión del ideal mecanicista de reducción de la materia a unas características mínimas, que son extensión y peso.

Todas estas consideraciones valen para el examen del problema de la caída en el vacío, problema que, aunque planteado como experimento hipotético, forma parte de la historia del vacío en su aspecto científico.

---

16 El principio de Arquímedes se formula en *Sobre los cuerpos flotantes* (ver su edición en Arquímedes, *Archimedis opera omnia cum commentariis Eutocii*, ed. Heiberg).

17 Para una visión histórica de este problema, ver Jammer, *Concepts of mass* (ed. it. *Storia del concetto di massa*). Esta discusión sobre la masa y el peso como unívocamente determinados para cada porción de materia todavía estará viva en la polémica entre Leibniz y Clarke (ver cap. III.III.)

Recordemos las soluciones dadas al problema: Aristóteles (evidentemente con un vacío sólo a título de hipótesis absurda) opina que el movimiento en el vacío iguala sus velocidades en virtud de la igualdad de la ausencia de resistencia; Filópono opina que estas velocidades de caída son diversas según las diversas potencias de los cuerpos; y los atomistas afirman que la caída en el vacío se produce con igualdad de velocidades.

Como se ve, la solución atomista coincide en este punto con la aristotélica –con una evidente diferencia: que los atomistas toman el vacío por cierto–. Y conviene detenerse en la solución atomista porque se la ha tomado como una anticipación de la solución correcta, pues efectivamente en el vacío todos los cuerpos (sea una pluma o una bola de plomo) caen sobre tierra a la misma velocidad. En realidad los atomistas aciertan con la solución correcta, pero por casualidad.[18] Su argumento en favor de la igualdad de velocidades en el vacío es claramente dependiente de la opinión aristotélica.

Pero junto a esta evidente filiación aristotélica [el modelo v=f (P/R)], también los atomistas se adhieren a la filiación de Arquímedes (que conduce al modelo v = f (P-R)); y en la indecisión o el eclecticismo entre ambos modelos se mueve la propuesta atomista. En realidad el "error" atomista consiste, entre otros, en realizar una generalización a partir de la caída de los átomos y aplicarla a la caída de cuerpos compuestos. Y esa generalización no es consistente.[19] En último término, los problemas de la solución atomista provienen del eclecticismo mencionado.

Por eso, la solución de Filópono, aunque aparentemente "incorrecta", es más fecunda. En esta concepción el énfasis ya no está puesto en el 'lugar

---

18 En realidad la igualdad de velocidades (o más precisamente, de la aceleración) de caída no depende propiamente del vacío. El vacío hace que la pluma no encuentre la resistencia que le opondría el aire, pero lo que iguala las caídas es que todos los cuerpos están sometidos a la misma aceleración de la gravedad terrestre (9,8 m/seg^2). En la Tierra todos los cuerpos caen con esa aceleración; pero en la Luna, por ejemplo, todos los cuerpos caerían también a igual velocidad pero distinta a la terrestre: caerían según la aceleración característica de la gravedad lunar (que es seis veces menor a la terrestre). Así pues, el vacío por sí mismo no unifica las velocidades de caída.

19 Se observará que, para la caída de los átomos –y supuesto, como es así, que todos los átomos son de igual naturaleza, o sea de idéntica densidad o peso específico–, el modelo v= f (P - R) conduce a la identidad de velocidades de caída, tomando la P (potencia) indicada por el peso específico (que es idéntico para todos los átomos). Pero eso deja de ser así para los cuerpos compuestos (de átomos y vacío), pues sus pesos específicos son diversos: entonces el modelo v = f (P - R) conduce a velocidades diversas para cuerpos de densidad diversa.

natural' al que supuestamente se dirige el cuerpo sino en una virtud que le es propia, o sea en algo que va a conducir a los conceptos unívocos de masa y peso. La línea fecunda es, pues, la inspirada por el principio de Arquímedes.

Esa y otras dificultades marcarán la historia de este tópico de la caída en el vacío –hasta Galileo y Newton–. En todo caso es un tópico muy importante en la historia de la mecánica, aún entendiéndolo como una experiencia imaginaria. Junto a Filópono (transmitido a la Edad Media latina a través de Avempace y Averroes), la autoridad de la referencia aristotélica y el contrapunto de la solución atomista serán las tres fuentes principales en que beberá esa historia.

En resumen, el problema del movimiento y el vacío parte de las dos concepciones contrapuestas: o el movimiento exige el vacío o, al contrario, no lo exige en absoluto. Atomismo y aristotelismo son las corrientes principales al expresar estos puntos de vista.

Junto a estas posiciones de principio se abre paso una visión más empírica y ecléctica del problema. Es la que partiendo de Estratón y siguiendo en los ingenieros alejandrinos justifica el movimiento de un cuerpo sólido en el seno de un medio fluido gracias a los vacíos intersticiales del medio. En esta concepción no se trata en ningún caso del movimiento de un cuerpo en el seno de un vacío extenso y continuo. Pues propiamente nadie piensa (ni siquiera los atomistas) en la realidad del vacío como medio posible en el que se desplacen cuerpos agregados. Por ello, el movimiento de cuerpos en un vacío extenso es un problema que se plantea únicamente como experiencia imaginada.

Para concebir esa experiencia, se parte de la situación general del desplazamiento en un medio pleno (por ejemplo aire o agua) y se imagina cómo será el movimiento a medida que el medio se rarifica hasta el caso límite del vacío como rarificación superlativa. Tal situación general venía descrita con el modelo aristotélico $v = f(P/R)$: ahí la hipótesis del vacío ($R=0$) conduce a la conclusión de velocidades infinitas o al "absurdo" de velocidades idénticas para móviles cualesquiera. La alternativa al modelo aristotélico es aportada por Filópono y toda la línea de pensamiento que se apoya en el principio de Arquímedes: es el modelo $v = f(P-R)$. Aquí la hipótesis del vacío ($R=0$) conduce a velocidades diversas según las diversas potencias de los móviles.

Estas consideraciones se aplican al caso particular de la caída en el vacío, uno de los experimentos imaginarios más decisivos en la historia de la mecánica. Así pues, a la pregunta ¿caerán todos los cuerpos a igual velocidad en el vacío?, Aristóteles –si pudiera admitirla– dice sí; Filópono dice no; y los atomistas dicen sí. El aparente acierto de los atomistas esconde, sin embargo, algunas importantes inconsistencias, entre las que cabe destacar su eclecticismo entre el modelo aristotélico y el modelo arquimideano acerca de la relación entre potencia (peso) y resistencia del medio. Para la historia futura de la mecánica el punto de vista de Filópono resultará más fecundo.

En cualquier caso, estas tres opiniones serán las referencias clásicas en los debates posteriores. Y la idea del vacío como supuesto imaginable es el principal saldo a retener de estas opiniones contrapuestas; podrá seguir estando viva pese al papel omnipresente del antivacuismo de Aristóteles.

I.II.3. *La influencia del platonismo. Doctrinas neoplatónicas*

Si bien la opinión antivacuista –por obra principalmente de la autoridad de Aristóteles– es la opinión dominante y como tal se transmitirá, ya se ha visto que la atención a los aspectos empíricos contribuye a mantener la cuestión del vacío como objeto de discusión. El punto de vista empírico, la referencia siempre presente –aunque marginal– al atomismo, y sobre todo la crítica rigurosa a la cosmología y a la física aristotélica son tres aspectos de esta pervivencia de la cuestión.

Junto a ellos hay que añadir otro factor: la también permanente influencia del platonismo. Su contribución se desarrolla no tanto en las vertientes empíricas o científicas de la cuestión del vacío sino especialmente en torno a la cuestión colateral del espacio. Como ya se dijo[20], Platón apunta hacia la concepción de un espacio considerado independiente de los cuerpos; apunta también a un modo de razonamiento que subraya la verdad matemática y geométrica por encima de las realidades sensibles. Estas dos características están en gran medida en las antípodas del carácter de la física aristotélica. Y van a resultar decisivas para alumbrar formulaciones distintas del problema del espacio y, en consecuencia, del problema del vacío.

---

[20] Ver apartado I.I.2.

La primera influencia platónica a reseñar es obviamente la inscrita en los neoplatónicos. Respecto a la concepción del espacio, ésta puede ilustrarse con el siguiente texto referido a Jámblico:

> ¿Cuál es pues la teoría que dé del lugar una definición correcta y conforme a su esencia? Tal teoría entiende el lugar como potencia corporal, que sostiene y comprime a los cuerpos, que endereza a los cuerpos que caen y reúne a los que se dispersan, que llena simultáneamente con ellos su extensión y los rodea por todos sus costados.[21]

Como puede observarse, esta definición del lugar es bastante parecida a la correspondiente en la teoría estoica. La diferencia reside en que para los estoicos es el pneuma el que realiza estas funciones de cohesión e interpenetración con el cuerpo –y para los estoicos el pneuma era cuerpo–; aquí la interpenetración y la cohesión es realizada por el lugar, que no es cuerpo. Y el lugar ya no es definido al modo aristotélico de superficie envolvente, sino como volumen coextensivo –compenetrado– con el cuerpo. Es decir, por una parte, se echa mano de la teoría estoica de la compenetración, pero, por otra parte, no se comparte el corporalismo radical de los estoicos.

Esta concepción es acorde con la indicación platónica sobre el espacio como intermedio entre el ser absoluto y el ser relativo. El espacio no puede confundirse con los cuerpos pero subsiste con ellos y éstos subsisten en él. De este modo la extensión (διάστημα) viene a cumplir el papel del pneuma; pero hay que añadir que el espacio (llámese también 'lugar' o 'extensión') es –a diferencia del pneuma– inmóvil, homogéneo e indiferenciado (así lo dice explícitamente Siriano).[22] Y tanto Siriano como su sucesor Proclo –una de las figuras más destacadas del neoplatonismo– ilustran esa concepción del espacio con el ejemplo de la luz: la luz es lo más sutil, coexiste con lo más incorpóreo (aire y fuego), está en su naturaleza difundirse, y dos o más luces se expanden y se compenetran en un mismo espacio. El espacio sería, pues, como un inmenso baño de una luz inmóvil que cohesiona el todo mundano. Esta indicación sobre el espacio-luz inmóvil tiene además importantes implicaciones cosmológicas.

---

21 Jámblico en la reseña de Simplicio, *In Aristotelis libros de Caelo commentaria*, lib. IV, corollarium de loco (citado por Duhem I, p.333).

22 Cf. Duhem I, p.334.

Se recordará que Aristóteles negaba la pertinencia de la pregunta por el lugar del firmamento o lugar del todo del mundo –que es como decir negar la pertinencia de la pregunta por el vacío extracósmico–. Pero si las cosas se mueven respecto al firmamento y éste se mueve en su rotación, parece legítimo preguntarse respecto a qué referencia 'fija' rueda ese firmamento. Además la irregularidad de esa rotación, puesta de manifiesto en el fenómeno de la precesión de los equinoccios[23], hace más acuciante y legítima la pregunta por tal referencia 'fija', la pregunta por el lugar del todo. Todos esos interrogantes –que aquí sólo enunciamos muy brevemente– condujeron al sistema ptolemaico[24], verdadero colofón de la ciencia astronómica antigua y sistema que estará vigente hasta la irrupción de la revolución copernicana. Ptolomeo postula una novena esfera, que ya no contiene cuerpos celestes reales y que es una pura referencia geométrica, útil en el sistema de su mecánica celeste.[25] Está claro que tal postulado rompe con la ortodoxia aristotélica que impedía la pregunta por el exterior del firmamento. Pues bien, la propuesta de Proclo se inscribe en estos antecedentes astronómicos y va más allá de la idea de Ptolomeo, postulando una décima esfera perfectamente inmóvil, verdadera referencia fija y última para el todo del mundo.

Esta opinión de Proclo viene reseñada por Simplicio[26], llamando a esa referencia fija 'cielo etéreo' (τὸι αίθὲριον). La importancia de esta décima esfera fija reside en el hecho de ser el inmediato antecedente de lo que en la Edad Media vendrá en llamarse 'Empíreo', y que confundiéndose con el propio Dios realiza lo que puede llamarse la 'clausura teológica del mundo'.[27] Resultará que sí es pertinente preguntarse por el lugar del todo del mundo y que ese lugar del mundo está en Dios.

---

23 Ya observado por Hiparco (consúltese Duhem I, p.452-465). Sobre la precesión de los equinoccios en general, ver: Duhem I, p.427-451; y II, p.180-266; Taton I, p.388-404.

24 Las obras básicas de Ptolomeo son el *Almagesto* y la *Hipótesis de los planetas*.

25 En Ptolomeo esta novena esfera es en principio un simple recurso geométrico (así en *Hipótesis de los planetas*), pero en su otra obra (*Almagesto*) parece tratarla como una esfera real, como parte verdadera del esquema cósmico. Cf. Duhem II, p.83-98.

26 Simplicio, *In Aristotelis physicorum libros quattuor priores commentaria*, lib. IV, corollarium de loco (citado por Duhem I, p.341).

27 Ver apartados I.III.2. y 3.

En resumen, el espacio-luz, entendido como un éter sutil, inmóvil y coextensivo con el mundo, y el cielo etéreo –o décima esfera inmóvil– son obviamente aspectos solidarios de una concepción que subraya una nueva idea del espacio. Hay una clara vocación geométrica, un recurso a referencias fijas que no son cuerpos reales, una voluntad de distinción entre cuerpos y espacio, un apunte de la dignidad divina de eso que organiza y cohesiona el mundo. En fin, están anunciadas todas las características de lo que vendrá en llamarse espacio 'absoluto', básicamente en las dos direcciones en que se produce tal absolutización del espacio, la dirección geometrizante y la dirección divinizante.[28] Este espacio-éter no es el vacío de los atomistas, ni el cielo etéreo es propiamente el vacío extracósmico, pero está claro que se abre camino la concepción de un espacio que es independiente de los cuerpos, un espacio fundamentalmente inteligible en términos de ausencia de cuerpos. Tal espacio abstracto será a la larga un espacio vacío.

De este modo el vacío se hace, cuando menos, inteligible e imaginable; ya no es el concepto absurdo e inconsistente denunciado por Aristóteles.

[28] Ver apartado II.II.9.

CAPÍTULO I.III.

LA CONCEPCIÓN MEDIEVAL

I.III.1. *El* horror vacui *como principio*

La Edad Media entroniza este principio. Expresiones tales como '*natura abhorret vacuum*', '*horror vacui*', y '*fuga vacui*' se generalizan en el siglo XIV y se convierten en un principio irrebatible para la Escolástica. Como tal será transmitido a la posteridad y será tarea de la Revolución científica moderna rebatirlo y destronarlo.

El origen exacto de este *dictum* ('la naturaleza aborrece el vacío') no es conocido con precisión[1]; pero está establecida la continuidad entre las fuentes clásicas y este principio medieval. Esta continuidad se produce fundamentalmente a través de la mediación árabe, que garantiza el acceso a los casos empíricos o experimentos que fueron discutidos en la Antigüedad a propósito del vacío o de su imposibilidad (clepsidra, sifón, fuelle, etc). Y respecto a esta transmisión ha de insistirse en el hecho que las fuentes utilizadas fueron casi exclusivamente las contrarias al vacío, es decir la línea aristotélica-peripatética y la línea apuntada por Filón (que, contrariamente a

1 Grant, n.1 p.301, repasa los principales problemas en la detección del origen del *dictum* y sus canales de transmisión: apunta como origen probable la expresión ἀπειλή τοῦ κενοῦ (literalmente 'amenaza del vacío') que aparece en los *Problemata* del Pseudo Alejandro de Afrodisias; esta obra fue traducida al latín en 1302 por Pedro de Abano. También Duhem VIII, cap. IX ("L'horreur du vide"), p.125-167, analiza en detalle los orígenes y versiones del principio del *horror vacui*. Esta aproximación de Duhem y la de Grant (cap.4, "Nature's abhorrence of a vacuum", p.67-100) son las principales fuentes secundarias para el estudio de la cuestión medieval del *horror vacui*. También de Grant: "Medieval Explanations and Interpretations of the Dictum 'Nature Abhors a Vacum'".

Herón, insiste más en la continuidad que en el vacío intersticial).[2] Así pues, la mediación árabe –en su vertiente de la discusión empírica– ya presupone una toma de posición contra el vacío.

Esta toma de posición en el ámbito de la filosofía árabe viene corroborada además por la disputa contra los atomistas. Estos atomistas árabes, llamados 'mutakallimun'[3], que habían adoptado el argumento sobre la necesidad del vacío para el movimiento, fueron considerados heréticos y su doctrina fue duramente atacada y refutada. Una de las principales reseñas de esta refutación se halla en la *Guía de Perplejos* de Maimónides.[4] También Averroes se refiere a ellos.

Precisamente, el punto más explícito en que se formula por primera vez el principio del *horror vacui* es un pasaje de Averroes en su comentario al *De caelo* de Aristóteles. En él, a propósito de un experimento de succión de líquidos, se dice que el aire atrae el agua por la necesidad de que no haya vacío en la naturaleza.[5] Como dice Grant[6], la diferencia, aunque sutil, es importante: de una formulación en términos positivos (la continuidad de la naturaleza) se pasa a una formulación en términos negativos (la no posibilidad del vacío).

En realidad, esta inflexión ya estaba apuntada en las fuentes antiguas heredadas por los filósofos árabes; resulta del cruce entre la línea

---

2 Este contraste entre Herón y Filón ya ha sido expuesto en el apartado I.II.1. La *Pneumática* de Filón fue traducida del árabe al latín en el siglo XIII. Cf. Grant, n.3 p.302. En cambio, para la transmisión de Herón hay que esperar al siglo XVI y XVII, pues su influencia en la Edad Media es muy débil. Cf. Boas, "Hero's Pneumatica: A Study of its Transmission and Influence".

3 También conocidos como escuela de kalam. Difiere del atomismo clásico en el hecho de postular unos átomos sin extensión, por lo que más que a una defensa estricta del vacío asistimos a un punto de vista que enfatiza la discontinuidad –lo cual no deja de ser también una defensa del vacío en cuanto intervalo–. En la medida que serán reseñados y criticados por los filósofos (Maimónides, Averroes, entre otros) serán conocidos también por los latinos: Sto Tomás los llama *loquentes*. El atomismo, pues, sigue siendo una referencia para el pensamiento medieval, aunque sea una corriente marginal y criticada. Para el estudio del atomismo árabe y su influencia consultar: Pines, *Beiträge zur Islamischen Atomenlehre*; Wolfson, *The Philosophy of the Kalam*. Como se verá oportunamente (en el apartado III.I.2.), Bayle, en su *Dictionnaire*, citará estos 'mutakallimun' en el artículo sobre Leucipo y retomará la refutación de Maimónides.

4 Maimónides, *Guía de Perplejos*, especialmente capítulos 69-73 y 76 de parte I.

5 Cf. Averroes, *In libros Aristotelis de caelo commentaria magna*, lib.IV, summa III, cap.V, comm 39, digressio [citado por Duhem VIII, p.125 n.3; y por Grant, n.9 p.302].

6 Grant, p.67-8.

aristotélica-peripatética y la línea de los ingenieros alejandrinos, especialmente de la ambigüedad de Filón. Y resulta del hecho que la explicación basada en Herón, o sea la del vacío intersticial y de la estructura corpuscular, queda prácticamente descartada. Ya se comentó que los ingenieros alejandrinos no aportaron una teoría nueva, sino tan sólo una pericia técnica que recurría a una mezcla ecléctica de las teorías en presencia; de este modo, idénticos experimentos e idénticas pruebas pudieron interpretarse tanto bajo el signo de la "demostración" del vacío como de su rechazo.[7] Ocurre que en la transmisión al mundo medieval prevalece la interpretación del rechazo del vacío: éste es el resultado del cruce ya mencionado entre la línea aristotélica-peripatética y la ambigüedad de Filón.

Estos experimentos constituyen la referencia sobre la que reposa la demostración del principio del *horror vacui*: es el pilar "empírico" del principio. A éste hay que sumar el pilar metafísico: el principio del *horror vacui* deriva también de la imposibilidad metafísica del vacío, de la imposibilidad de que la creación de Dios incluya tal imperfección.

Así pues, el principio del *horror vacui* adoptado por la escolástica se formula recurriendo a estas dos referencias, la empírica y la metafísica. Del peso dado a cada una de ellas y del papel activo o pasivo atribuido al vacío surgen todas las variantes posibles en la formulación del principio. Concretamente, el problema se plantea si se le atribuye al vacío un papel activo, pues eso significa atribuir una fuerza a lo que no es, atribuir una fuerza a algo que propiamente no existe. Las ambiguas formulaciones del principio harán posible que tal "incongruencia" sea admitida; y de hecho el principio del *horror vacui* se proyectará con esta connotación.

La formulación medieval-latina del principio sigue una evolución que, a grandes rasgos, puede resumirse como de paso desde el énfasis en la continuidad de la naturaleza al énfasis en el papel del vacío. Roger Bacon, en el siglo XII, sería representativo del primer aspecto; en el siglo XIV, en cambio, prevalece la segunda formulación.

En efecto, como dice Duhem[8], Bacon viene a corregir en un punto importante la Física de Aristóteles. Esta asignaba a cada cuerpo un lugar

---

7 Así se destacó en el apartado I.II.1. Además hay que resaltar que los experimentos antiguos (clepsidra y similares) no muestran la aparición de un verdadero 'vacío'. En este sentido no pueden compararse con los experimentos barométricos del s.XVII (ver cap. II.I.).

8 Duhem VIII, p.147-8.

natural según su naturaleza particular (por ejemplo, su gravedad o ligereza). Bacon postula un principio superior: que un cuerpo, antes que ser de una naturaleza particular, es parte de un todo continuo; prevalece así el principio general de tender a mantener la continuidad sobre el principio particular de tender al lugar natural. La matización es importante porque apunta hacia la concepción del mundo como un pleno continuo, interrelacionado y cohesionado. Esta concepción, al complementarse con la idea de Dios como sostenedor –casi como lugar– de las cosas mundanas, dará lugar a la idea cuasi-panteísta de la plenitud divina: Dios mismo es el garante de la cohesión y continuidad del mundo.

Esta posición de Bacon, que hay que calificar más en términos de principio de plenitud que en términos de principio de *horror vacui*, vendrá a confundirse sin embargo con las declaraciones explícitas del *horror vacui* que florecen en el siglo XIV. Las referencias empíricas se repiten, la declaración sobre la imposibilidad metafísica del vacío se repite, pero el énfasis se desplaza hacia la afirmación explícita del *dictum* en sus distintas variantes: que la naturaleza aborrece el vacío. Este es el tópico que ya no se discute y que hace suyo la Escolástica. Es más: las interpretaciones del *dictum* se deslizan hacia la consideración de una especie de fuerza atractiva del vacío. Por ejemplo, John de Dumbleton –ya en pleno siglo XIV– compara el *horror vacui* con la atracción ejercida por el imán.[9]

Esta consideración positiva del *horror vacui* es la que prevalece en el siglo XIV; multitud de autores pueden citarse en esta línea: Buridán, Marsilio de Inghem, Juan de Jandun, Alberto de Sajonia, Graziadei de Ascoli serían los más destacados.[10] Todos ellos contribuyen a elevar la idea del *horror vacui* a principio explicativo universal. Ciertamente en todos está latente el problema de la incongruencia de atribuir un papel positivo a algo que propiamente no es naturaleza; y por ello sus explicaciones también

---

9 Dice John de Dumbleton: "Es más natural que un cuerpo se mueva para permanecer en contacto con otro cuerpo que para alcanzar su lugar natural; la naturaleza de un cuerpo es la de estar contiguo a otro antes que la de estar en su lugar natural.[...] *Del mismo modo que el imán induce en el hierro una forma gracias a la que el hierro sigue el movimiento del imán*, igual un cuerpo sigue el movimiento de otro cuerpo y se para cuando se alcanza el reposo, *tal como vemos en el agua que sube en el nivel de una pipeta.*" (Johannis de Dumbleton, *Summa*, pars sexta, cap.III; citado por Duhem VIII, p.162). El subrayado es nuestro.

10 Todos ellos son estudiados por Duhem VIII, p.126-166.

remiten al principio de la continuidad de la naturaleza. De hecho, esta explicación se superpone sin dificultad al principio estricto del *horror vacui*, pues en último término son dos caras del principio de plenitud.

Es ilustrativa al respecto la citada metáfora del imán: esta metáfora subraya el carácter pleno y cohesionado del todo del mundo, como si este mundo estuviera animado y recorrido de parte a parte por una misma fuerza que lo cohesiona y lo mantiene en contacto. Justamente –ya en el periodo renacentista– la metáfora magnética servirá para ilustrar la interrelación de las partes con el todo del mundo, para resaltar el principio de cohesión y plenitud que la divinidad ha infundido al mundo. El modelo magnético servirá a la idea de la relación entre la cohesión del mundo y la plenitud divina. Luego, por ejemplo con Gilbert[11], el modelo magnético podrá ser compatible con la idea del vacío cósmico cuando la idea de la cohesión universal –expresada a través de la atracción magnética– logre afirmarse sin necesidad de postular una materia intermedia entre las partes del mundo. Idea similar –como se verá– es, al fin y al cabo, la de la atracción gravitatoria universal de Newton. Con ello quiere apuntarse ya uno de los aspectos más sobresalientes en la historia del vacío: en el curso del siglo XVII se produce una inflexión que va del énfasis en la plenitud espiritual al énfasis en el vacío de materia; y, aunque aparentemente son concepciones opuestas, parten de la misma insistencia en la cohesión del mundo. La idea de la plenitud divina podrá transformarse en la idea del vacío cósmico.

En resumen, el origen –aunque impreciso– del *dictum* 'la naturaleza aborrece el vacío' se sitúa en las fuentes clásicas que se hacen asequibles gracias a la mediación árabe. Es una transmisión que reposa sobre la tradición aristotélica-peripatética y sobre el caudal empírico suministrado por la tradición de los ingenieros alejandrinos, pero esta transmisión está claramente sesgada pues prevalece la interpretación de las pruebas empíricas en términos de rechazo del vacío.

La transmisión y adaptación de las fuentes determina también la herencia de una ambigüedad que ya se observaba en origen: ambigüedad entre la afirmación pura y simple de la continuidad de la naturaleza –sin mención explícita del vacío– y la afirmación de un nuevo principio de alcance universal, el principio del *horror vacui*.

---

11 Nos referimos básicamente a la obra de Gilbert *De magnete, magnetisque corporibus et de magno magnete tellure physiologia nova* (de 1600). Ver cap.II.III.

Las argumentaciones en favor de este principio descansan sobre la idea de la imposibilidad metafísica del vacío y sobre unas pruebas empíricas (siempre las mismas) que supuestamente avalan desde un punto de vista experimental la imposibilidad del vacío. En el curso de estos argumentos "empíricos" se producen cada vez con mayor nitidez formulaciones positivas del principio del *horror vacui*. Ejemplo destacado es la comparación con el imán y la idea de una atracción por el vacío.

Aunque esta atribución de una fuerza al vacío es algo incongruente, se observa una clara correspondencia entre tal idea y la concepción de un mundo pleno y cohesionado que se rige por un principio superior al de las naturalezas particulares de sus partes. La metáfora magnética subraya esta concepción de la cohesión universal, cohesión que en último término viene garantizada por la propia divinidad. Es el apunte de la idea de la plenitud divina como garante de la plenitud mundana. Este apunte –como se verá oportunamente– es decisivo en la inflexión que a mediados del siglo XVII va a producirse desde la concepción de la plenitud espiritual a la concepción del vacío cósmico, inflexión que salvaguarda el concepto de cohesión universal.

Ahora, en el siglo XIV, la herencia principal que ha de contemplarse es la del rechazo del vacío, la afirmación de que el mundo es un conjunto cerrado, pleno y continuo, sin resquicios. La aceptación del vacío tiene todavía grandes batallas que librar. Una se basará en la reconsideración del vacío intersticial, aspecto casi inédito en las discusiones medievales[12] y que ha de esperar para replantearse a la recuperación de determinadas fuentes clásicas.[13] Otra, más importante, proviene del examen de la cuestión del espacio extracósmico. Esta se plantea ya en época medieval y es el objeto de los siguientes apartados.

---

[12] La excepción más notable es Nicolás de Autrecourt. De sus obras, que fueron quemadas públicamente en 1347, sólo sobrevivió el *Exigit ordo executionis* que precisamente incluye una pequeña discusión sobre el vacío, en la que se admite el vacío intersticial. Cf. Grant, p.74-77; O'Donnell, "Nicholas of Autrecourt" [que incluye la edición del *Exigit ordo executionis*].

[13] Ver apartado I.IV.1.

I.III.2. *Las condenas de 1277*

Algunos estudios sobre el pensamiento medieval han venido tomando esta fecha de 1277 como símbolo indicador de una inflexión. La fecha hace referencia a las condenas promulgadas por el obispo de París, Etienne Tempier. En total se condenaron 219 errores –la mayoría de alcance estrictamente teológico–, entre los que figuran estos dos:

> [error nº 34] Que la causa primera no podría crear una pluralidad de mundos.
> [error nº 46] Que Dios no podría desplazar el Cielo con un movimiento recto. Y la razón es que así dejaría tras de sí un vacío.[14]

Como se ve, estas dos consideraciones denunciadas como errores tienen ciertas implicaciones cosmológicas. Se trata de la cuestión de la pluralidad de mundos y del movimiento del mundo en su conjunto: las condenas parecen autorizar, pues, que puede imaginarse tal movimiento (aunque un movimiento así deje un vacío tras de sí) y que puede imaginarse una diversidad de mundos.

Sin embargo, pese a estos apuntes, no habría de olvidarse –como recuerda oportunamente Koyré[15]– que la concepción cosmológica medieval siguió apegada al modelo aristotélico-ptolemaico, o sea al modelo de un único mundo, mundo esférico, cerrado y estable, sin movimiento rectilíneo. Los esquemas cosmológicos no cambiaron; la idea de la pluralidad de mundos tiene que esperar al siglo XVI con Giordano Bruno[16], y únicamente es reseñable la cuestión suscitada acerca de la última esfera o firmamento, con la consideración del llamado Empíreo o décima esfera –que no cambia, sin embargo, en lo fundamental la concepción del mundo cerrado–.

Sí es cierto que las condenas del obispo Tempier suscitan directa o indirectamente la especulación –más teológica que científica– sobre el más allá de los límites del mundo, sobre el poder y la presencia de Dios en este

---

14 La lista completa de los errores condenados ha sido publicada por Denifle-Chatelain, *Chartularium Universitatis Parisiensis*, I (1889), p.543-555 y también por Mandonnet, *Siger de Brabant et l'Averroïsme latin au XIIIe siècle*, I, p.175-181. Para una caracterización del alcance general –sobre todo teológico y filosófico, más que cosmológico– de las condenas de 1277, ver Glorieux, art. "Tempier, Etienne" en *DThC*.

15 Koyré, "Le vide et l'espace infini au XIVe siècle", p.42-43. [a partir de aquí citado abreviadamente: Koyré, "Le vide..."].

16 Sobre Bruno, ver apartado I.IV.3.

espacio extramundano. Y por eso puede tomarse la fecha de 1277 como emblema de esta inflexión, pero no hasta el punto de considerarla como su única causa.[17] En realidad, las indicaciones del obispo Tempier reflejan una cierta liberación del cuadro mental impuesto por el esquema aristotélico a través del averroísmo, lo cual suscita nuevos interrogantes y nuevas respuestas. Koyré entiende que las aportaciones efectivas acerca del vacío extracósmico se producen con cierta independencia de las condenas de 1277, son aportaciones que se desarrollan en el siglo XIV.[18]

Muchos son los autores que se hacen eco de estos nuevos interrogantes.[19] Pero de todos ellos el más destacable por la claridad y la contundencia con que examina la cuestión del espacio extramundano es Thomas Bradwardine. Uno de los pasajes más significativos de su obra *De Causa Dei*[20] es éste:

> Del hecho que Dios no está de ningún modo sujeto a cambio se sigue el siguiente corolario en cinco partes:

---

[17] Duhem, en sus *Études sur Léonard de Vinci*, vol.II, p.411, da una gran significación a esta fecha; considera incluso que representa el acta de nacimiento de la ciencia moderna. Koyré, "Le vide...", p.37-40, y también Gilson, *La philosophie au Moyen Age*, p.487, someten a severa crítica esta tesis. En realidad, esta polémica tiene un gran alcance, pues se trata de la disputa de los historiadores sobre los aspectos de continuidad o de ruptura entre la ciencia medieval y la ciencia moderna. Koyré se sitúa claramente en la tesis de la ruptura; Duhem y Crombie se sitúan en la tesis de la continuidad; Maier (especialmente en *Ausgehendes Mittelalter*), aunque cercana a Koyré, adopta una posición más matizada. Para una crítica a Duhem y Crombie, ver Koyré, "Les origines de la science moderne: une interprétation nouvelle").

[18] Cf. Koyré, "Le vide...", p.38 n.3.

[19] Duhem VIII, p.35-59, estudia quince casos. Koyré, en "Le vide...", se limita a los casos de Enrique de Gante, Richard de Middleton, Walter Burley y Thomas Bradwardine –éste último omitido por Duhem y, en cambio, destacado por Koyré–. También Grant, p.135-143, destaca el caso de Bradwardine.

[20] Esta obra de Thomas Bradwardine (1290-1349), compuesta en 1344, se imprime por primera vez en 1618. El título de la edición figura así: Thomae Bradwardini, *De causa Dei contra Pelagium et de Virtute causarum ad suos Mertonenses Libri tres... opera et studio Dr. Henrici Savili, Collegii Mertonensis in Academia Oxoniensis custodis, ex scriptis codicibus nunc primum editi.* Esta edición corrió a cargo, pues, de Henry Savile, el fundador de las *Savilian chairs of mathematics and astronomy* de la Universidad de Oxford, lo cual indica la línea de conexión entre Bradwardine y el pensamiento científico en la Inglaterra del XVII (cuestón subrayada por Koyré, "Le vide...", p.79 n.3). En este detalle –y en la popularidad de la obra de Bradwardine en el siglo XVII [aunque Grant, p.148, dice lo contrario]– puede detectarse la posible influencia de Bradwardine en las opiniones vacuistas del XVII.

1ª Que Dios, esencialmente y presencialmente, está necesariamente en el todo, no sólo en el mundo y en todas sus partes;
2ª sino además en el lugar extramundano, o sea en el vacío imaginario infinito;
3ª por lo cual puede decirse en verdad que es inmenso y no circunscrito;
4ª de donde parece clara la respuesta a las viejas cuestiones planteadas por los gentiles y los herejes: ¿dónde está tu Dios y dónde estaba tu Dios antes del mundo?
5ª De donde también se sigue claramente que puede haber vacío sin cuerpo, pero no vacío sin Dios.[21]

Puede comprobarse, pues, que las afirmaciones de Bradwardine son de gran alcance: se habla explícitamente del vacío, se nombra el "vacío imaginario infinito", se afirma la presencia de Dios en las cosas, se establece la correlación entre vacuidad y divinidad. Todas estas consideraciones son verdaderamente importantes y pueden entenderse como un claro antecedente de la tendencia a la divinización del espacio que será característica del proceso que conduce a la cosmología vacuista newtoniana.

Por otra parte, Bradwardine insiste en el carácter inmenso y no circunscrito de la divinidad. Es el modo de establecer la importante correlación entre la infinitud divina y la infinitud espacial: la infinitud del espacio reposa en la infinitud de Dios. Y esa correlación será importantísima, pues, en el proceso que va de la concepción tradicional de un mundo finito a la concepción moderna del mundo infinito, media un paso previo que es el de la infinitización del espacio: antes de la infinitización del mundo habrá de producirse la infinitización del espacio.[22] Bradwardine ilustra este carácter inmenso y no circunscrito mediante la cita de un *dictum* extraído de la tradición hermética, *dictum* cuya repetida citación lo convertirá en una referencia obligada en el proceso de infinitización del mundo. Dice el *dictum*, en la versión de Bradwardine: "Dios es una esfera infinita cuyo centro está en todas partes y la circunferencia en ninguna."[23]

---

[21] Bradwardine, *De causa Dei*, lib.I, V, p.177 [reproducido por Koyré, "Le vide...", p.82 n.2].

[22] Cf. la obra clásica de Koyré, *Del mundo cerrado al universo infinito*. Sobre este proceso ver cap.II.III.

[23] Citado por Bradwardine, *De Causa Dei*, p.180. La cita está tomada del llamado Sexto Pitagórico, uno de los filósofos del pseudo-hermético *Libro de los XXIV filósofos*, compilación anónima del siglo XII que contiene 24 definiciones de Dios; ésta corresponde a la segunda. Esta obra ha sido editada por Clemens Baemker, *Das pseudo-hermetische 'Buch der vierundzwanzig Meister'*.

La concepción de Bradwardine, expresada a través de esta fórmula de la tradición hermética, señala el punto de encuentro entre el infinito divino y el infinito espacial, entre "la noción teológica de la infinitud divina y la noción geométrica de la infinitud espacial".[24] Y así es cómo luego Nicolás de Cusa realizará de modo explícito la asignación al Universo de lo afirmado en el *dictum* a propósito de Dios: será el propio Universo el que ha de representarse con centro en todas partes y la circunferencia en ninguna.[25]

Por el momento, en Bradwardine, sólo se tiene un apunte en esta dirección. Es un apunte que no consigue cambiar la imagen cosmológica tradicional y que ha de madurar durante al menos tres siglos (ni siquiera con Nicolás de Cusa se llega a trastocar esta imagen[26]): la infinitización del espacio tiene que esperar al siglo XVII y la infinitización del Universo tiene que esperar al siglo XVIII. Pero lo que ha de destacarse en Bradwardine es la puesta en cuestión del esquema aristotélico, la consiguiente legitimidad de la pregunta por el extramundo, la proyección del atributo de infinitud sobre el espacio, la clara diferenciación entre mundo y espacio (hasta el punto de postular el carácter previo del espacio sobre la creación del mundo). Todas estas consideraciones caen fuera de la lógica y de la coherencia de la física y cosmología aristotélicas.

Bradwardine no es el único en esta puesta en cuestión. Otros lo secundan: Enrique de Gante, Richard de Middleton, Walter Burleigh, son los más destacados. Y además no queda circunscrita al ámbito de la filosofía cristiana.

Justamente la idea de la creación, la de la novedad del mundo, es la que conducía a los 'mutakallimun' árabes (o sea los teólogos atomistas y vacuistas) a postular un vacío previo a la creación –de un modo, pues, parecido al de Bradwardine–. También en el ámbito judío puede reseñarse el caso de Cresques y en general las especulaciones cosmogónicas de la tradición cabalística. En Cresques, en su obra *Or Adonai*, se encuentra una crítica en toda regla de la física aristotélica; y en ese contexto aparece la

---

24 Koyré, "Le vide...", p.92

25 Nicolás de Cusa, *De docta ignorantia*, lib.II, cap.12, dice explícitamente: "De este modo, la trama del mundo casi tendrá su centro en todas partes y su circunferencia en ninguna, puesto que la circunferencia y el centro son Dios que está en todas partes y en ninguna" (p.155). Sobre la historia y la influencia de este *dictum*, consúltese: Mahnke, *Unendliche Sphaere und Allmittelpunkt*; Harries, "The Infinite Sphere: Comments on the History of a Metaphor".

26 Cf. Koyré, *Del mundo cerrado al universo infinito*, cap.I., sobre Nicolás de Cusa.

explícita mención del vacío infinito extracósmico.[27] Por otra parte, la corriente cabalística judía desemboca en el concepto de 'simsum' de la cábala luriánica. El 'simsum' es la contracción de Dios sobre sí mismo, contracción que produce el vacío que antecede a la creación del mundo. Estas especulaciones cosmogónicas de la tradición cabalística serán retenidas en el proceso de maduración de las ideas cosmoteológicas modernas: el caso Henry More es el más representativo.[28]

En conclusión, los apuntes en el ámbito cristiano de una consideración nueva de la infinitud espacial y del vacío tienen una réplica aproximada en el ámbito árabe y en el ámbito judío. En último término, estos tres ámbitos tienen en común la referencia a un Dios único, omnipotente y omnipresente: una coincidencia que, en opinión de Jammer, subraya una raíz común, que es la correlación entre divinidad, omnipresencia y espacio.[29] Y el vacío, como reverso de la materia creada, viene así correlacionado con la divinidad en cuanto ésta es también lo opuesto al mundo creado.

Desde el punto de vista estricto del vacío, hay que resaltar sin embargo que su afirmación se circunscribe únicamente al extramundo; en ningún caso está en crisis la idea de la plenitud del mundo. E incluso, respecto a este ámbito extracósmico, hay que retener el calificativo de 'imaginario' dado a ese espacio. Quiere decirse que este espacio 'imaginario' (extramundano, vacío, infinito) no tiene un estatuto equivalente al del espacio intramundano; su correlación con la inmensidad divina le da una dignidad distinta a la del espacio mundano; propiamente su realidad es distinta a la del mundo, sólo es concebible por una operación del intelecto (por una *virtus imaginativa*). Como se ve, todas estas consideraciones coinciden en cierto modo con las ya realizadas por los estoicos a propósito del vacío

---

27 Haday Cresques (c.1340-1412), filósofo judío nacido en Barcelona. Su obra *Or Adonay* (La luz del Señor, c.1400) ha sido editada y traducida por Harry A. Wolfson, *Crescas's Critique of Aristotle. Problems of Aristotle's Physics in Jewish and Arabic Philosophy* . Sobre Cresques consúltese especialmente: Millàs Vallicrosa, "La crítica de la Física de Aristóteles por Hasday Crescas" en *Estudios sobre historia de la ciencia española.* Jammer, *Concepts of space*, p.74-82, resume lo esencial de la aportación de Cresques.

28 Sobre la influencia de la Cábala en las concepciones del espacio, véase: Jammer, *Concepts of space*, cap.2; Fierz, "Ueber den Ursprung und die Bedeutung der Lehre Isaac Newtons vom absoluten Raum". Para una aproximación a los conceptos manejados por la Cábala, véase Scholem, art. "Kabbalah" en *Encyclopedia Judaica.* Sobre More, véase Koyré, *Del mundo cerrado*, cap.6.

29 Tal es la tesis de Jammer, *Concepts of space*, cap.2. La correlación entre espacio y divinidad ha sido estudiada por Landau, *Die dem Raum entnommenen Synonyma für Gott*, Zurich, 1888.

extracósmico.[30] La cuestión importante y decisiva es que el calificativo de 'imaginario' –que no es exclusiva de Bradwardine[31]– pasará a ser un tópico corriente en la tradición escolástica, sujeto a una ambigüedad de interpretaciones, y será referencia obligada para las concepciones físico-cosmológicas del XVI y XVII.

En resumen, se ha tomado la fecha de 1277, correspondiente a las condenas promulgadas por el obispo de París, Etienne Tempier, sólo como una fecha simbólica, como el hito de una inflexión. El alcance de las condenas ha de situarse en el contexto de una declaración de la omnipotencia divina cuyo significado no es otro que el de librarse de la tutela del aristotelismo. Es esta salida del esquema aristotélico, más que la directa repercusión de las condenas de 1277, la que da lugar a nuevas concepciones sobre el infinito y sobre el vacío. Esa es la verdadera inflexión.

Su expresión es múltiple en el siglo XIV. De todos los autores que se hacen eco de los nuevos interrogantes, aquí se ha destacado el caso de Bradwardine por ser el más explícito. En efecto, Bradwardine afirma la presencia de Dios en el espacio extramundano, espacio definido como 'vacío imaginario infinito', lo cual apunta a una clara correlación entre la infinitud divina y la infinitud espacial.

En todo caso, hay que subrayar que estas especulaciones cosmoteológicas no suponen la crisis inmediata de la imagen cosmológica tradicional, la imagen aristotélico-ptolemaica. Prácticamente en ningún caso se pone en duda la plenitud del mundo: éste sigue siendo un todo compacto y cerrado. La especulación sobre el vacío sólo alcanza aquí al vacío extracósmico, y este vacío extracósmico ni siquiera se le considera con una entidad real (al modo de la realidad del mundo). De ahí el calificativo de 'imaginario' aplicado al espacio extramundano.

Pero la semilla de estas especulaciones llegará a fructificar, aunque no sea inmediatamente. El proceso que conduce a la cosmología vacuista newtoniana, proceso que es el de la divinización del espacio y de la infinitización del mundo, hunde sus raíces en estos antecedentes.

---

30 Ver apartado I.I.3.

31 Grant, p.117-121, describe los orígenes y el desarrollo de la expresión 'espacio imaginario'; luego, en cap.7, p.148-181, describe el impacto de este concepto de la tradición escolástica en el siglo XVI y XVII.

I.III.3. *Mundo cerrado y espacio extracósmico*

Como ya se ha dicho, los apuntes de Bradwardine y otros similares no revierten en un cambio de la imagen cosmológica tradicional. Este cambio tiene que esperar al menos tres siglos: tiene que esperar al siglo XVII para la infinitización del espacio y al siglo XVIII para la infinitización del Universo. Para ese cambio, el verdadero punto de arranque es la revolución copernicana: el modelo cosmológico copernicano señala la verdadera inflexión que conduce a las citadas infinitizaciones del espacio y del Universo.[32] Así pues, hasta Copérnico rige el modelo geocéntrico de las órbitas concéntricas, un modelo que es una síntesis –a menudo conflictiva– de la cosmología aristotélica y de la astronomía ptolemaica.

Por lo tanto, al hablar del modelo cosmológico medieval hay que tener presente que éste se proyecta hasta bien entrado el siglo XVI. Se trata de un mundo cerrado, esférico, limitado por un firmamento o última esfera, absolutamente jerarquizado desde un centro –que corresponde al elemento tierra– hasta una circunferencia que lo encierra. La gradación tierra-agua-aire-fuego caracteriza la llamada esfera sublunar, la que rodea la Tierra; la gradación de los orbes o esferas planetarias (Luna, Mercurio, Venus, Sol, Marte, Júpiter, Saturno) constituye la esfera sobrelunar donde, según Aristóteles, ya no cabe hablar de los cuatro elementos sino de un éter o quintaesencia incorruptible; y finalmente la octava esfera o firmamento contiene las llamadas estrellas fijas cerrando el conjunto cósmico.

Este es, en un apretado resumen, el modelo cosmológico aristotélico: se trata de un cosmos física y metafísicamente cerrado, para el que no cabe la pregunta por el espacio extracósmico, la pregunta por el lugar del todo. Sobre esa referencia aristotélica construye Ptolomeo su modelo astronómico; pero, en tanto que astrónomo que ha de dar cuenta de la compleja máquina celeste, Ptolomeo construye un sistema de referencias geométricas a las que poco importa atribuir una entidad física real: basta que sirvan para una buena descripción de los efectivos movimientos celestes, basta que "salven los fenómenos".

Es así que Ptolomeo postula una novena esfera, especie de referencia geométrica que no contiene estrellas fijas y que da cuenta más adecua-

[32] Sobre la revolución copernicana ver apartado I.IV.2.

damente de los movimientos celestes. De este modo la octava esfera o firmamento viene referida a un elemento ajeno al cosmos meta-físicamente cerrado de Aristóteles. De ahí, lo dicho sobre la síntesis conflictiva entre la cosmología aristotélica y el modelo astronómico ptolemaico.

Esta síntesis es la que prevalece en el modelo cosmológico medieval o precopernicano. Ejemplo acabado e ilustrativo de este modelo es el diagrama de Apiano (ver Fig. I.III.1). Este diagrama, aunque pertenezca al siglo XVI, es representativo del modelo medieval y precopernicano. En él aparece, además de la octava esfera o Firmamento –en el que se dibujan las estrellas fijas–, un noveno cielo llamado *Cristallinum*, un décimo cielo o *Primu Mobile*, y por encima el Empíreo. Respecto a ese Empíreo se recordará que ya Proclo había postulado una última esfera fija (o 'Cielo etéreo') y este postulado es el primer antecedente de la idea medieval del Empíreo.

Esta idea viene madurando en la teología a partir de la larga tradición de las exégesis del *Génesis* bíblico, y en el ámbito propiamente físico-cosmológico a partir del problema clásico acerca del lugar del mundo, o sea acerca de una referencia universalmente válida para todo movimiento en el mundo. Y aunque la idea del Empíreo no es unánime, tiende a convertirse en opinión común. Tal cosa ocurre con la *Teoría de los planetas* de Campanus de Novara, texto redactado a demanda del papa Urbano IV, y con Pedro de Ailly.[33] Así, al final del siglo XIV, la idea del Empíreo entra definitivamente en las cosmografías medievales; y el diagrama de Apiano no es más que el resultado y la herencia de esta opinión común.

[33] Sobre la concepción del Empíreo en Campanus de Novara, en Pedro de Ailly, y en general en el pensamiento medieval, ver Duhem VII, p.197-202.

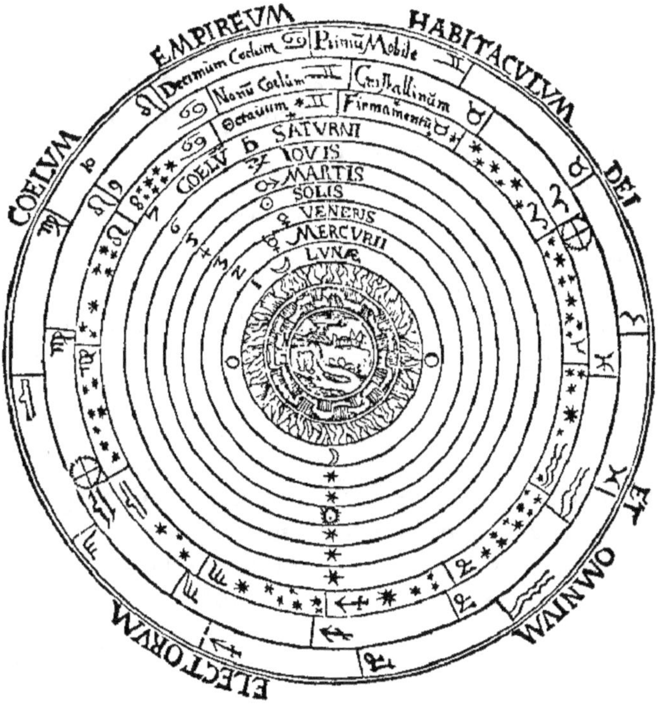

Fig. I.III.1 Diagrama del universo precopernicano. Apiano
Cosmographia seu descriptio totius orbis, Amberes, 1539 (1ª ed. 1524)
[Reproducida por Koyré, *Del mundo cerrado*, p.11]

Las razones de orden físico-cosmológico para la inclusión del Empíreo pueden ilustrarse en este pasaje:

> Es necesario que el primer móvil se mueva respecto a algo totalmente inmóvil; [...] es el orbe del cielo empíreo, que es inmóvil en todas sus partes, y eso de un modo totalmente natural; es en relación con este orbe que las diversas partes del primer móvil y de las otras esferas móviles pueden ser móviles.[34]

Pero, sin lugar a dudas, hay que entender este argumento físico-cosmológico como subordinado al argumento teológico. La idea del Empíreo no es más que la expresión cosmográfica de la subordinación del mundo a Dios, de que el lugar del mundo (lo relativo, lo multiforme) viene referido a lo absoluto (inmóvil, uniforme), o sea al propio Dios.[35] A esta concepción de la subordinación del mundo a Dios, expresándose a través de la idea de una última esfera o Empíreo que envuelve el todo del mundo, la llamamos 'clausura teológica del mundo'.

Es una 'clausura' porque sigue concibiéndose el mundo como limitado, cerrado, centrado y jerarquizado. No está todavía vigente el universo abierto –el que formulará Giordano Bruno y más adelante algunas voces del siglo XVII–. Ni la hipótesis de la pluralidad de mundos –pese a su explícita mención en las condenas de 1277[36]–, ni siquiera un atisbo contra la finitud del mundo, tienen eco en este modelo cosmológico. En cierto modo se sigue la concepción aristotélica de un mundo metafísicamente cerrado, es decir que su limitación no es de orden geométrico sino debida a una disposición interna, cerrada en sí misma: el espacio de este mundo no es un espacio geométrico sino un espacio orientado.[37] Pero más que de una clausura metafísica al estilo aristotélico se trata de una 'clausura teológica': el mundo es finito, está limitado por un firmamento que es una barrera

---

34 Pseudo-Roberto Grosseteste, *Summa philosophiae* (cit. Duhem VII, p.199).

35 Un ejemplo en esta línea puede encontrarse en Dante: "E questo cielo non ha altro dove / Che la mente divina" [Y este cielo no tiene otro lugar que la mente divina] (*Paradiso*, XXVIII, 109).

36 Recuérdese el error nº34: "Que la causa primera no podría crear una pluralidad de mundos."

37 Como observa Koyré ("De l'influence des conceptions philosophiques sur l'évolution des théories scientifiques", p.259ss), la consideración del espacio como de carácter geométrico es paso previo y obligado a su consideración como espacio no limitado; y en Aristóteles –y en la concepción premoderna– el espacio no está considerado en términos geométricos.

infranqueable, y sobre todo viene referido y sostenido por la divinidad, está abrazado por ella; la razón de su clausura metafísica no está en sí mismo sino en tanto que creado, por lo tanto en tanto que dependiente del Creador.

Esta concepción de la 'clausura teológica del mundo' matiza toda consideración que pueda hacerse sobre el espacio extracósmico y sobre el vacío de este espacio. Ya vimos que en la opción más favorable al vacío extracósmico, o sea en Bradwardine, este vacío era calificado como 'imaginario'. Con ello se subraya que el espacio intramundano (considerado unánimemente pleno) y el espacio extramundano no son términos comparables. Para que esta comparación sea posible, hasta el punto que uno y otro se unifiquen en un solo espacio homogéneo e infinito –proceso que culmina en la infinitización del espacio y del universo en el siglo XVIII–, será preciso que se diluya el firmamento como barrera infranqueable, que se diluyan los orbes planetarios[38] y que se dé la definitiva geometrización del espacio. Estas condiciones no se dan todavía en la concepción cosmológica premoderna. La 'clausura teológica del mundo' opera como obstáculo a este proceso.

Por ello, pese a los apuntes de un vacío extracósmico en la línea de Bradwardine, hay que constatar que la referencia a tal vacío es más bien débil.

Así por ejemplo, Tomás de Aquino responde que no hay tal extensión del espacio (vacío), simplemente porque el límite del mundo es impenetrable. Dice que eso más allá del mundo no es vacío, pues considera el vacío como algo relativo a cuerpos ("el vacío es aquello en que la presencia del cuerpo, aunque no actual, es posible") y cómo los cuerpos no son posibles en esa zona no cabe hablar de vacío.[39] Argumento similar es el de Alberto de Sajonia que advierte que es impropio considerar el Empíreo en términos cosmológicos, o sea en términos de lugar ocupado.

Junto a estas opiniones de clara filiación aristotélica –que contrapesan las opiniones más favorables al vacío extracósmico, como la de Bradwardine– hay que añadir también el papel de la corriente representada por Juan Duns Scoto. Este rechaza la correlación entre infinidad divina e

---

[38] Este proceso se describe en el cap.II.III.

[39] La refutación de Tomás de Aquino en su *Expositio* sobre el *De caelo* aristotélico. Cf. Grant, "Medieval and seventeenth-century conceptions of an infinite Void Space beyond the Cosmos", p.41.

inmensidad; también la correlación entre omnipotencia y omnipresencia; en una palabra, rechaza dar un correlato espacial a la cuestión clásica de la ubicuidad de Dios.[40] De ahí que sea superfluo afirmar que Dios estuviera presente en el espacio vacío previo a la creación o que Dios esté en el espacio extracósmico; tal espacio vacío extracósmico es un concepto innecesario.[41]

En suma, frente a la corriente representada por Bradwardine hay que tener en cuenta la fuerza de la filiación aristotélica (representada por Tomás de Aquino) y la corriente representada por Duns Scoto. Estos factores explican la debilidad del argumento sobre el vacío extracósmico en el pensamiento medieval, explican la lentitud de maduración de las ideas que han de conducir a la aceptación de un sólo espacio, homogéneo, infinito y vacío, en un proceso que es el de la divinización del espacio.

La ambigüedad del término 'imaginario' aplicado a ese espacio es el reflejo de esas dificultades. La expresión 'espacio imaginario' (sin mención explícita del vacío) se convierte en un tópico que es adoptado por la tradición escolástica, y el tópico es transmitido al pensamiento post-medieval. Y se dibujarán dos opciones: la que tomará tal espacio imaginario como una simple ficción mental, y la que lo tomará por una realidad efectiva. Gabriel Vázquez y Francisco Suárez (en el umbral de los siglos XVI y XVII) pueden tomarse respectivamente como sus representantes; sus opiniones contrapuestas todavía serán tomadas en cuenta un siglo después como los emblemas de la disputa sobre la cuestión de la presencia de Dios en los espacios.[42]

Por lo tanto, la referencia al espacio 'imaginario' no puede tomarse como una indicación explícitamente favorable al espacio vacío extracósmico –y menos en la época medieval–. Al contrario, la concepción de la

---

40 El *locus* de la discusión sobre la ubicuidad de Dios se encuentra en las *Sententiae* de Pedro Lombardo –que es uno de los tratados teológicos medievales más famosos–, concretamente en la distinción 37 del libro I, que trata de los modos en que puede decirse que Dios está en las cosas.

41 Estas opiniones de Duns Scoto en *Lectura in librum primum Sententiarum a distinctione octava ad quadragesimam quintam* [Comentarios a las *Sententiae* de Pedro Lombardo]. Cf. Grant, p.146 y p.352 n.140-143.

42 Nos referimos básicamente a estas obras: Gabriel Vázquez, *Disputationes Metaphysicae desumptae ex variis locis suorum operum*; Francisco Suárez, *Disputationes Metaphysicae*. Ejemplo sobresaliente del eco de esta polémica es el *Dictionnaire historique et critique* de Bayle, concretamente en el art. "Francus".

'clausura teológica del mundo' fija el mundo a su finitud. Y la cuestión de la ubicuidad de Dios, más que interpretada en términos de vacuidad, será interpretada en términos de plenitud, de la plenitud divina interpenetrada con el mundo. Sólo al cabo de la inflexión del siglo XVII será posible reconducir este concepto de la plenitud divina al concepto de vacuidad de materia.

La opinión medieval podría resumirse en un pasaje del tratado hermético *Asclepius* (conocido en la Edad Media por el título *De aeterno verbo*).[43] En él hay una declaración explícita contra el vacío:

> Respecto al vacío, que mucha gente cree que es una cuestión de gran importancia, declaro que tal cosa no existe, ni ha podido existir en el pasado, ni nunca existirá. Pues las diversas partes del Cosmos están llenas con cuerpos de diversas cualidades y formas, cada uno según su modelo y magnitud; y así el Cosmos tomado en conjunto está lleno y completo [...] Y lo mismo declaro respecto a lo que se llama 'lo extramundano', si es que eso realmente existe; declaro, pues, que esa zona exterior al Cosmos no es vacía, sino que está llena de algo que sólo es aprehensible por la mente, esto es, de algo que es de la misma naturaleza que la sustancia divina...[44]

Con esta declaración, efectivamente, se sanciona la plenitud. Es la plenitud del mundo, pero también el rechazo explícito del vacío extracósmico. Esta región extracósmica sólo es algo aprehensible por la mente, y en todo caso estaría llena de la propia sustancia divina. De este modo, la plenitud se impone sobre la vacuidad; el tópico de la 'plenitud divina' será el que recogerá el pensamiento renacentista.

En resumen, los apuntes de Bradwardine sobre el vacío extracósmico han de tomarse como eso, como apuntes, cuya maduración va a ser lenta. No son consideraciones que pongan en crisis la imagen cosmológica

---

43 El *Asclepius* es uno de los principales textos de la tradición hermética. Sobre la influencia del *Asclepius* en la Edad Media: *Corpus Hermeticum*, ed. Nock-Festugière, vol.II, p.267-273. La influencia será todavía más determinante en el Renacimiento; sobre esta influencia véase la obra de Yates, *Giordano Bruno y la tradición hermética*. Ediciones críticas del *Asclepius* en: el vol.II del *Corpus Hermeticum*, ed. Nock-Festugière; y en vol.I de *Hermetica*, ed. Scott.

44 Estas palabras están en forma de declaración del propio Hermes Trimegisto dirigidas a Asclepio. El texto en *Asclepius*, según la versión del vol. I de *Hermetica*, ed. Scott, p.319.

tradicional de inspiración aristotélico-ptolemaica, imagen que rige hasta el siglo XVI. Como ejemplo se ha reproducido la cosmografía de Apiano (1539). En ella aparecía el Empíreo, una inclusión que se apoya en razones de tipo teológico-bíblico y de tipo físico-cosmológico. Este Empíreo subraya la necesidad de una referencia fija para el todo mundano; en este sentido, es una idea que pone de manifiesto el conflicto latente entre la cosmología aristotélica y la astronomía ptolemaica.

Pero el Empíreo no supone una extensión del mundo. Este sigue siendo un mundo cerrado, jerarquizado, y sobre todo subordinado a la divinidad. A esta visión cosmológica la hemos llamado 'clausura teológica del mundo': el mundo está limitado, sujeto, abrazado por la divinidad. Y es así que tal 'clausura' matiza toda afirmación que pueda hacerse sobre el vacío extra-cósmico: propiamente lo extramundano no puede interpretarse en términos de 'vacío' o de 'lugar'. El aristotelismo de Tomás de Aquino abunda en esa línea. Y la corriente encabezada por Duns Scoto remata la crítica negando toda correlación entre la omnipotencia divina y el espacio.

Todos estos factores explican la debilidad del argumento sobre el vacío extracósmico en el pensamiento medieval, debiéndose concluir que Bradwardine es más la excepción que la regla. La ambigüedad del calificativo de 'imaginario' dado al espacio extracósmico es un reflejo de esta debilidad.

En conclusión, el tópico de la plenitud se impone sobre el de la vacuidad. La declaración del *Asclepius* –que se ha reproducido anteriormente– puede tomarse como resumen del grueso de la opinión medieval: ahí queda insinuado el importante concepto de la plenitud divina. Luego, tras una lenta maduración, este concepto de la plenitud divina podrá reconducirse hacia la vacuidad: Bradwardine podrá triunfar al cabo de tres siglos.

CAPÍTULO I.IV.

LA APORTACIÓN RENACENTISTA

I.IV.1. *La recuperación de los clásicos*

Es sabido que el Renacimiento viene marcado en gran parte por el interés y por el acceso a las fuentes de la Antigüedad clásica.[1] Entre todas ellas destaca el platonismo: su renovada influencia marca el declive de la tradicional hegemonía aristotélica y señala la inflexión del pensamiento moderno.[2] Esta influencia se deja sentir lógicamente sobre la cuestión genérica del espacio; pero, desde el punto de vista estricto de la cuestión del vacío, las dos recuperaciones que han de destacarse son la del atomismo –a través de Lucrecio– y la de la *Pneumática* de Herón. A partir de la reconsideración de estas dos fuentes la discusión del vacío adopta unas coordenadas distintas a las heredadas de la tradición medieval.

La influencia de Lucrecio ha de fecharse a partir de su redescubrimiento en 1417; la influencia de Herón ha de fecharse a inicios del siglo XVI.[3] Estas influencias determinan una nueva mirada sobre la cuestión vacuista, pues, por una parte, aportan el punto de vista teórico del atomismo –que es netamente provacuista– y, por otra, aportan un nuevo punto de vista

---

1 Consúltese la obra clásica de Kristeller, *El pensamiento renacentista y sus fuentes*, (especialmente parte I, "El pensamiento renacentista y la Antigüedad clásica", p.33-111).

2 Véase, por ejemplo: Koyré, "Galilée et Platon".

3 Sobre la recepción e influencia de Lucrecio, ver Hadzitz, *Lucretius and his influence*. La influencia del atomismo en general también cuenta con la difusión de las primeras ediciones latinas de la *Vida de los filósofos* de Diógenes Laercio a finales del siglo XV. Sobre Herón, hay que citar la edición latina completa de la *Pneumatica* en 1575, edición a cargo de Federico Commandino. Sobre la recepción y la influencia de Herón ver: Boas, "Hero's Pneumatica: A Study of its Transmission and Influence".

práctico, el de la interpretación en términos vacuistas de las clásicas pruebas empíricas –aquellas que venían siendo interpretadas sólo bajo el punto de vista de la tradición aristotélica, o sea en términos antivacuistas–.

Es decir, los mismos "experimentos" que habían sido discutidos en la Antigüedad (en la tradición peripatética y en la tradición alejandrina), y repetidos retóricamente en la discusión medieval, son de nuevo examinados. Los ejemplos son los típicos: el fuelle o la separación de dos láminas contiguas, las pruebas basadas en la congelación del agua, las de evacuación de una vasija, la clepsidra.[4] La novedad consiste en que algunos de estos examinadores se oponen a la interpretación tradicional antivacuista: Telesio y Patrizzi son los más destacados. La mayoría, sin embargo, sigue apegada a la interpretación tradicional, interpretación que sigue los numerosos comentarios escolásticos a la *Física* de Aristóteles.

Las razones y los argumentos de los bandos enfrentados, aunque se desarrollen en clave empírica, no son en realidad de extracción puramente experimental. Lo prueba, por ejemplo, el hecho que unos y otros asumen, en la discusión relativa a la congelación del agua, que el hielo es más denso que el agua líquida, lo cual –como se sabe– no es cierto. Este error compartido demuestra que no estamos frente a verdaderos experimentadores, no frente a auténticos científicos, sino ante 'experimentos imaginarios' y ante un debate entre doctrinas *a priori*: a un lado, la tradición aristotélica en su reedición escolástica; al otro lado, el punto de vista antiaristotélico que se inspira en las fuentes clásicas reencontradas.

Patrizzi y Telesio son los ejemplos más destacados de la opción vacuista. En sus obras[5] llevan a cabo la revisión de las pruebas empíricas a que se ha hecho referencia. Y su conclusión es admitir el vacío. Aparentemente se trata de argumentos empíricos, pero –como ya se dijo– estos vacuistas no realizan verdaderos experimentos sino que recubren con un matiz empírico lo que es una toma de postura *a priori*. Lo prueba el hecho de recurrir a la lista ya clásica de las 'pruebas empíricas' y, sin embargo, no recurrir a pruebas basadas en tecnologías más propias de la época –y más

---

4 La discusión más detallada de estos ejemplos puede seguirse en Schmitt, "Experimental Evidence for and against a Void: The Sixteenth-Century Arguments".

5 Las dos obras en que se realiza este análisis son: Telesio, *De rerum natura iuxta propia principia* [1586]; Patrizzi, *Nova de universis philosophia* [1593].

novedosas, como la bomba de succión[6]–. Justamente los experimentos modernos del vacío partirán de la observación de los efectos en estas bombas de succión, concretamente de la altura máxima que alcanza el agua al elevarse mediante estos artilugios. Conceptualmente, tal elevación del agua coincide con la que se provoca con mercurio en el experimento barométrico de Torricelli.[7] Y este es el paso que todavía no realiza el vacuismo del siglo XVI, ni empírica ni conceptualmente.

En cierto modo, puede decirse que la prueba empírica a que se recurre, tanto en los vacuistas como en los antivacuistas, no ha de interpretarse en el sentido dado al moderno experimento científico: no hay diseño específico para validar una teoría científica general.[8] En otros casos, más que referirse a un experimento probado se apela a una 'experiencia imaginaria': por ejemplo, Telesio, al discutir de la clepsidra, plantea la prueba imaginaria de utilizar otro líquido más viscoso –miel, concretamente–.[9] Imagina la prueba pero no la realiza. Igual ocurre con Patrizzi al discutir de la separación de dos placas pegadas: en la prueba empírica aducida tradicionalmente se decía que las placas se rompían antes que admitir la creación de un vacío; Patrizzi responde que con un material adecuado no se romperían.[10]

En todo caso, aunque la 'experiencia imaginaria' dista del moderno experimento científico, en cierto modo lo prefigura. Por ejemplo, la miel propuesta en la clepsidra puede tomarse como anticipación del uso del mercurio –el más viscoso de los líquidos– en el experimento barométrico. Pero, por contra, no hay todavía rigor ni premeditación en las pruebas, ni siquiera su realización efectiva. Además –y este es el aspecto más importante– la concepción subyacente a estas reivindicaciones del vacío es la de la llamada 'magia natural'. No se trata de descubrir una regularidad, una ley natural, sino la de poner de manifiesto la posibilidad de mostrar

---

6 Schmitt, "Experimental Evidence for and against a Void: The Sixteenth-Century Arguments", p.364, resalta esta omisión relativa a las bombas de succión en los escritos de Telesio y Patrizzi. Y sin embargo tales bombas eran bien conocidas y usadas en el siglo XVI: en la extracción de agua de pozos, en fontanería y jardinería, en la minería. Sobre las bombas de succión, consúltese: S. Shapiro, "The Origin of the Suction Pump".

7 Ver apartado II.I.2.

8 Schmitt, "Experimental Evidence for and against a Void: The Sixteenth-Century Arguments", p.355-6, lo recuerda: no es lo mismo 'experimento' que 'observación' o 'experiencia'; y en el período renacentista no puede hablarse propiamente de experimentos.

9 Cf. Telesio, *De rerum natura*, vol. I, p.87.

10 Patrizzi sigue la explicación vacuista que se basa en Lucrecio, *De Rerum Natura* I, 385-400.

ciertas irregularidades naturales. El vacío sería una de estas irregularidades, una excepción o prodigio (*miraculum*): en una palabra, una maravilla (*mirabilia*) que por medio de ciertos artilugios se consigue hurtar a la naturaleza. Como se recordará, esta concepción de la magia natural ya era propia de los ingenieros alejandrinos; y justamente conecta con un rasgo muy característico del pensamiento renacentista. La concepción de Telesio y Patrizzi se atiene a esta característica.

Por otra parte, siguiendo la misma ambigüedad de Herón, se observa en ellos cierta indecisión sobre el vacío continuo (*spatium inani*): se le admite, pero se declara que es *contra natura*. Parece que tal vacío es la excepción superlativa. En cambio, el vacío intersticial (los llamados *vacuola*) sí es admitido sin restricción.

En resumen, en ciertos pensadores renacentistas se reaviva la discusión de los clásicos tópicos empíricos acerca del vacío. Frente a la interpretación tradicional, se interpretan estos tópicos como pruebas del vacío. No es propiamente una demostración científica, general; pues, más que atenerse a la observación de lo regular, se trata de la observación de la excepción.

La conclusión es que tanto el vacío intersticial como el vacío continuo –que fueron excluidos por el pensamiento medieval– entran de nuevo en escena. Son de hecho el reverso de la filosofía corpuscular que avanza pujante. En cuanto al tercer tipo de vacío, el vacío cósmico, el factor más determinante es el derivado del cambio de modelo cosmológico, aspecto éste que ha de estudiarse evidentemente en el contexto de la revolución copernicana.

I.IV.2. *La revolución copernicana y la concepción del espacio*

La cuestión del impacto de la revolución copernicana es tema que ya ha sido largamente estudiado y debatido. Es un dato crucial de la inflexión hacia el pensamiento moderno.[11] Como se sabe, el aspecto que más se ha destacado en esta revolución es la sustitución del modelo geocéntrico por el heliocéntrico (ver Fig. I.IV.1); pero aquí se quiere insistir sobre todo en los aspectos más estrictamente relacionados con la cuestión del vacío.

[11] Entre las diversas obras relativas a la revolución copernicana hay que destacar obviamente la de Kuhn, *La revolución copernicana*. También cabe citar: Blumenberg, *Die Genesis der Kopernikanischen Welt*; Koyré, *La révolution astronomique. Copernic, Kepler, Borelli*; Rossi, *La rivoluzione scientifica da Copernico a Newton*.

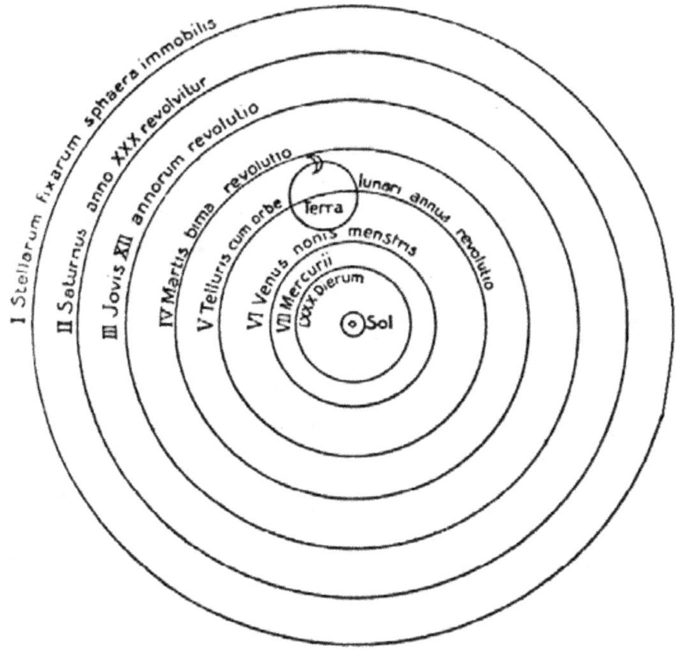

Fig. I.IV.1 El diagrama cosmológico de Copérnico
De revolutionibus orbium coelestium, 1543

Estos aspectos hay que verlos a través de las mutaciones conceptuales, más que en las mutaciones cosmográficas, y a través de la nueva concepción del espacio que el nuevo modelo copernicano sugiere. Para una aproximación, citemos este pasaje de la obra de Copérnico, el *De revolutionibus* de 1543:

> En medio de todos [los astros] se asienta el Sol. En efecto, ¿quién, en este espléndido templo, colocaría en mejor punto del que ocupa, desde donde puede iluminarlo todo a un mismo tiempo, a esta luminaria? En verdad, es con toda propiedad que algunos le han llamado la pupila del mundo, otros el Espíritu [del mundo], otros, por fin, su Rector. Trimegisto le llama el Dios visible; la Electra de Sófocles, el omnividente. De este modo el Sol, como reposando sobre un trono real, gobierna la familia de los astros que lo circundan.[12]

Como se ve, son razones también simbólicas las que explican la situación central del Sol: representa la dignidad máxima, la de la luz. Y para ello se acude a la cita de autoridad de fuentes neoplatónicas, pitagóricas, herméticas. El Sol es el Dios visible. Este aspecto simbólico, estético, metafísico –en la búsqueda de una nueva armonía en la imagen del cosmos– es tanto o más importante que el aspecto exclusivamente técnico en el impulso que conduce a las conclusiones copernicanas.

Por otra parte, la situación excéntrica de la Tierra, además de romper con el modelo geocéntrico, supone una ruptura con la jerarquía de los elementos de la física aristotélica: lo más pesado, o sea la tierra, ya no ocupa el lugar central, el abajo. Todo el orden aristotélico queda trastocado: el orden de los lugares naturales, el orden de la delimitación entre la esfera sublunar (el mundo de la generación y la corrupción) y la esfera sobrelunar (el mundo de la permanencia y la estabilidad, de la quintaesencia). Esta revolución conceptual supone de hecho la elevación de la dignidad de la Tierra, su equiparación con los restantes astros, una dignidad que corre pareja con similar pronunciamiento sobre la elevación de la dignidad humana.[13] La Tierra y el hombre ya no ocupan el lugar más bajo y vil de la Creación. También con ello se preludia la unificación de la física terrestre con la física celeste que llevará a cabo Galileo. En suma, la cosmología

---

[12] Nicolás Copérnico, *De Revolutionibus*, lib. I, cap. X [según la versión de Kuhn, *La revolución copernicana*, p.239].

[13] Nos referimos al famoso *Discurso sobre la dignidad del hombre* (1496) de Pico della Mirandola.

copernicana no se limita a mostrar un nuevo diagrama cosmográfico sino que además ataca de raíz los fundamentos de la física y de la cosmología aristotélicas, o sea la vieja idea del espacio orientado de los lugares naturales.

Todo ello ha de interpretarse como parte del proceso que conduce a la llamada geometrización del espacio.[14] Es decir el espacio deja de ser una colección de lugares naturales, una orientación –que está íntimamente imbricada con los tipos de cuerpos contenidos–, y deviene un espacio neutro y homogéneo, referencia geométrica para las posiciones y los movimientos. Como tal espacio geométrico, sin direcciones privilegiadas, el espacio es conceptualmente distinto de los contenidos que se den en él. En tal sentido, un espacio geométrico ha de concebirse como vacío. Otra cosa es que en acto se considere que el espacio real está siempre lleno.

De hecho, Copérnico no postula tal vacío y se atiene a la idea convencional del mundo como pleno. Lo mismo cabe decir respecto a la infinitud –que en principio es una característica del espacio geométrico abstracto–. Pero el modelo copernicano contiene en germen las ideas de la vacuidad del espacio, de la infinitud del espacio y del propio universo.

En cuanto a la infinitud, el proceso consiste en la disolución de los orbes celestes y sobre todo en la disolución de la esfera de las estrellas fijas –o sea del firmamento–. Ejemplos en esta línea son Thomas Digges, el primero en esbozar (en 1576) un modelo de universo copernicano infinito (ver Fig. I.IV.2), y Giordano Bruno con su idea de la pluralidad de mundos.[15] Este y otros aspectos serán estudiados más detalladamente en otro capítulo.[16]

---

14 Este proceso de la geometrización del espacio –y el propio término "geometrización"– ha sido ampliamente expuesto por Koyré (especialmente en *Del mundo cerrado al universo infinito* y en *Études newtoniennes*) y por el propio Kuhn. Tal interpretación ha sido criticada por Grant (en el apartado "Was space 'geometrized' in the seventeenth century?" de *Much ado about nothing*), que defiende la opinión de que tal geometrización no se produjo o, al menos, que el proceso más relevante es el de la "divinización" del espacio. Entendemos que estos dos procesos no son excluyentes; al contrario, se refuerzan entre sí.

15 Acerca de Digges véase: Johnson-Larkey, "Thomas Digges, The Copernican System and the Idea of the Infinity of Universe in 1576". Sobre Giordano Bruno ver el apartado I.IV.3. de este capítulo.

16 Ver cap.II.III.

En cuanto al vacío, reiteramos lo dicho: que Copérnico no desmiente la concepción del *plenum*. Para la maduración de la concepción opuesta –o sea, la del vacío– ha de recorrerse todavía un camino, que a veces será tortuoso; pero las primeras bases están dadas en la revolución copernicana. La primera de ellas es obviamente la ya comentada puesta en crisis de la tradición aristotélica, principal baluarte de las concepciones plenistas y finitistas. Otras bases han de hallarse en las nuevas connotaciones que el concepto de *plenum* tiene en época renacentista: paradójicamente, la concepción moderna del vacío cósmico proviene también de este concepto de *plenum* –y por eso hablamos de camino tortuoso–.

Pues, en efecto, el concepto de *plenum*, más que una afirmación al estilo aristotélico de la continuidad sin intersticios de la materia, es la afirmación de la cohesión universal. Esta cohesión se expresa sobre todo a través del símbolo de la luz. Copérnico, por ejemplo en el fragmento citado, explicaba el lugar central del Sol a partir de estos simbolismos de la luz. La irradiación de la luz es la gran metáfora de la cohesión universal.

Otro aspecto concomitante es la revitalización de la tradición astrológica: los astros aparecen como animados por un alma propia. Kepler es el ejemplo más sobresaliente de esta concepción animista, concepción que no se contradice con su pericia técnica en la descripción astronómica (su famoso descubrimiento de las órbitas elípticas).[17]

Por otra parte, la nueva disposición copernicana destruye la vieja oposición entre materia (la que corresponde a la esfera sublunar en el esquema aristotélico) y quintaesencia o éter (la correspondiente a la esfera sobrelunar); de modo que es imaginable que el éter no sea una sustancia ajena al mundo material. El éter, siempre asociado al simbolismo de la luz, es también la metáfora de la cohesión universal.

Y finalmente, hay que añadir la inclusión de la metáfora magnética en las concepciones cosmológicas derivadas de la revolución copernicana: el propio Kepler y sobre todo Gilbert son los ejemplos más sobresalientes.[18]

---

17 Sobre el sentido de la concepción cosmológica y astronómica de Kepler, consultése: Koestler, *Kepler* (tít. orig. *The Sleepwalkers*); Koyré, *La révolution astronomique. Copernic, Kepler, Borelli.*

18 Nos referimos a la obra *De magnete, magnetisque corporibus et de magno magnete tellure physiologia nova* (1600)de Gilbert.

Fig. I.IV.2 Diagrama del universo infinito copernicano
Thomas Digges, *A Perfit Description of the Caelestiall Orbes*, 1576

Desde el punto de vista cosmológico, el concepto de atracción, que también está relacionado con la tradición alquímica, es el producto de esta corriente, y es un concepto que tendrá un gran alcance hasta desembocar en la concepción newtoniana de la atracción gravitatoria a través de los espacios vacíos. Hay que subrayar que la idea de atracción indica que los movimientos de los cuerpos celestes sólo son el resultado de una interrelación de posiciones y no dependen de materiales interpuestos ni de esferas que cumplan una función de arrastre. Con ello, se refuerza la idea de un espacio neutro, que tan sólo es referencia de posiciones geométricas.

Todos estos aspectos asociados a la concepción renacentista del *plenum* señalan, pues, que nos hallamos ante un *plenum* distinto al afirmado por la tradición aristotélica. Como ha señalado Kuhn[19], el copernicanismo contribuye a la revitalización de las tres grandes corrientes opuestas a la tradición aristotélica: la estoica, la neoplatónica, y la atomista. Las dos primeras han de asociarse con la concepción renacentista del *plenum*: el pneuma, la luz, el éter, son modos de expresar ese *plenum* y la cohesión universal. La tercera corriente, la atomista, tiene que ver sobre todo con el auge de la concepción corpuscular y evidentemente con la recuperación del concepto de vacío. Del encuentro entre ellas depende la historia posterior del vacío cósmico. En unos casos se hablará de éter, en otros de vacío, y casi siempre habrá un terreno de confusión entre ambos. En todo caso, la concepción del espacio ya deja de ser progresivamente la aristotélica y se asiste a su geometrización, puro espacio neutro independiente de sus contenidos.

I.IV.3. *Bruno y Patrizzi: el éter o el vacío*

Esta nueva concepción del espacio se abre paso sin demora: es la que antecede y fundamenta las discusiones que van a desarrollarse en el siglo XVII. Es la que corre en paralelo con la cuestión del vacío cósmico. Evidentemente, como ya se ha dicho, es el producto de la maduración de las nuevas concepciones cosmológicas, del manejo de nuevas fuentes, de la mutación conceptual que se desarrolla en período renacentista –sobre todo, el ataque en toda regla de la herencia aristotélica–.

19 Kuhn, *La revolución copernicana*, p.301.

Respecto a la afirmación de ese espacio independiente, surge, pues, la pregunta por su vacuidad. Por una parte, conceptualmente este espacio independiente es un espacio vacío; pero, por otra parte, cabe preguntarse por su contenido real, si efectivamente es un vacío en acto. Ya puede avanzarse que la respuesta será confusa: de hecho no se despejará definitivamente hasta que Newton construya su sistema cosmológico vacuista.

Para ilustrar estas respuestas "confusas" se aportan aquí los casos de Giordano Bruno y de Francesco Patrizzi. El primero puede considerarse como representativo de la influencia atomista; el segundo como representativo de la influencia estoica.

En realidad, Bruno no puede considerarse simplemente como la reedición del atomismo –aunque ciertamente se apoye muy a menudo en Lucrecio–. Las fuentes de Bruno son diversas y el atomismo es sólo una entre otras. Bruno es una cierta culminación de las tendencias mágicas, astrológicas, herméticas, platónicas, pitagóricas, todas ellas tan propias de lo que ha venido en llamarse 'ontología mágica renacentista'.[20] Y sobre todo hay que ver que su idea rectora es la de la infinitud del universo –y en este aspecto es evidente el paralelismo con la cosmología atomista–. Bruno es prácticamente el primero en realizar el paso a la infinitud; lo es porque la afirma con una claridad y un énfasis que es imposible encontrar en sus antecedentes (por ejemplo, en Nicolás de Cusa). En su obra *De l' infinito universo e mondi* (1584) desarrolla ampliamente esta tesis de la infinitud. Allí se establece la correlación entre la infinitud de Dios y la infinitud del universo. Dice Bruno:

> ... [el universo] es un retrato grandísimo, una admirable imagen, una figura excelsa, un altísimo vestigio, una infinita representación de un infinito representado y un espectáculo apropiado para la excelencia y la eminencia de quien no puede ser entendido, comprendido o aprendido. Se magnifica así la excelencia de Dios y se manifiesta la grandeza de su imperio; no se glorifica en uno sino en innumerables soles, no en una tierra y un mundo sino en un millón, quiero decir, en infinitos. De manera que no resulta inútil esta potencia del

20 Esta expresión la utiliza Koyré: en "L'apport scientifique de la Renaissance", en *De la mystique à la science*. Sobre las fuentes de Bruno la obra básica es: Yates, *Giordano Bruno y la tradición hermética*.

entendimiento, que quiere y puede siempre añadir espacio al espacio, masa a la masa, unidad a la unidad, número al número.[21]

Esta correlación entre la infinitud de Dios y la del universo es una absoluta novedad, pues todo el pensamiento tradicional había insistido siempre en la finitud del mundo –como un modo de resaltar el contraste entre la infinitud del Creador y la finitud de la criatura–. Bruno rompe con esta tradición, apelando a lo que Lovejoy ha llamado 'principio de plenitud': la potencia creadora de Dios no puede tener límite y ha de desbordarse en una creación absolutamente plena, en una total saturación.[22] Y precisamente Bruno, para atacar la concepción tradicional del mundo finito, recurre a un argumento que consiste en repudiar el vacío.[23] Lo rechaza porque un mundo finito implicaría un vacío –o sea una carencia– en su exterior: no sería un universo completo. Con ello, además, se rechaza el modelo cosmológico estoico, la de un solo mundo finito inserto en un vacío infinito.

La infinitud, pues, conduce a ese modelo pseudo-atomista de la infinidad de mundos en un universo infinito, universo sin barreras interiores ni exteriores. En Bruno coinciden, pues, dos procesos, el de la infinitización del espacio y el de la infinitización del universo. Espacio y universo son, pues, coextensivos; ya no hay distinción entre espacio intra y extracósmico. Cabe entonces preguntarse por la vacuidad de este espacio infinito unificado.

En principio, atendiendo a la inspiración atomista del modelo de Bruno, cabría esperar una afirmación del vacío cósmico. La respuesta de Bruno, sin embargo, es ambigua pues define el espacio de un modo ambivalente: por una parte admite que es vacío "por la razón y no por naturaleza y subsistencia"; por otra parte, lo define como 'campo etéreo' si atenemos a su consistencia.[24] Vacío y éter se confunden pues. Es vacío en cuanto considerado lógicamente, independiente de los cuerpos; y es éter en cuanto se considera coextensivo y receptáculo de los cuerpos. Esta concepción difiere

21 Bruno, *Sobre el infinito universo y los mundos*, epístola introductoria, p.58-59.

22 Lovejoy, *La gran cadena del Ser*, p.147-151, sobre Bruno. Toda la obra de Lovejoy trata de este principio de plenitud y del concomitante principio de razón suficiente. Estos dos principios los veremos también en Leibniz: ver apartado III.III.4.

23 Cf. Bruno,*Sobre el infinito universo y los mundos*, p.66-7.

24 Cf. Bruno, *Sobre el infinito universo y los mundos*, p.184-5.

evidentemente de la atomista y recuerda más bien las fuentes estoicas y platónicas: no se trata del vacío cósmico tal como será interpretado tras la cosmología newtoniana, sino del espacio que asegura la cohesión universal y sólo vacío en tanto que espacio abstracto.

Por eso al considerar el espacio "real" Bruno lo llama 'éter', algo que "contiene y penetra toda cosa" y que para definirlo recurre a los términos 'aire', 'flujo', 'espíritu'. La idea básica consiste en resaltar la cohesión universal, la imposibilidad de intersticios, la continuidad.[25]

En suma, el éter es el substrato de esa cohesión. Y el espacio es éter si se le mira desde el punto de vista de la relación con sus contenidos y es vacío si se le mira abstractamente. Y de modo análogo a cómo el éter recibe los nombres de 'aire' y de 'espíritu', puede concluirse que, en general, en la física bruniana no hay una clara delimitación entre la 'materia' y el 'espíritu', hecho éste que es muy propio de la ontología renacentista. Y así, la confusión entre éter y vacío es también un aspecto correlativo de esa falta de delimitación entre materia y espíritu. La admisión sin más del vacío cósmico dependerá precisamente de esta clarificación que todavía no se da en Bruno.

Parecido a Bruno, en cuanto a la confusión entre éter y vacío, es el caso de Patrizzi. Este, al contrario de Bruno, sigue un modelo cosmológico de tipo estoico, modelo que será referencia preferente para la cosmología moderna.[26] O sea, en lugar de la pluralidad de mundos, Patrizzi se inclina por el modelo de un solo mundo inserto en un espacio vacío infinito. Pero se aparta del puro modelo estoico al admitir la posibilidad de *vacuola* en el espacio intracósmico y, sobre todo, al postular la homogeneidad del espacio, su unidad a través de sus dos regiones, la intra y la extracósmica. Este postulado de la unidad del espacio, junto a las indicaciones concomitantes, constituye de hecho la principal aportación de Patrizzi. Como ha subrayado Grant[27], la concepción del espacio de Patrizzi es la que hará suya la cosmología moderna –del siglo XVII en adelante–.

---

25 Cf. Bruno, *Sobre el infinito universo y los mundos*, p.183-5.

26 Ver cap.II.III.

27 Grant, p.203. La concepción del espacio de Patrizzi se formula en su *De rerum natura libri II priores. Alter De spacio Physico; alter De spacio mathematico* (conocido simplemente como *De spacio Physico - De spacio mathematico*, publicado en 1587). Luego esta obra queda incorporada, con ligeros retoques, como una de las cuatro partes de la *Nova de Universis Philosophia* (publicada en 1591). Brickman, "On Physical Space, Francesco

Por lo tanto, estamos ante la hipóstasis del espacio geométrico abstracto: Patrizzi define el espacio como "extensio hippostatica, subsistente per se".[28] Y lo entiende como entidad inmóvil, homogénea, incorporal, tridimensional, no-resistente, capaz de recibir cuerpos, o sea coextensiva.[29] Con ello, Patrizzi se aparta de las definiciones tradicionales: de la definición aristotélica del lugar como superficie (bidimensional) envolvente, de la definición escolástica relativa a la inmensidad divina –que no puede admitir la dimensionalidad de esa inmensidad–. O sea, defiende la absoluta independencia y prioridad del espacio, concepción que es el inmediato antecedente de la concepción del espacio absoluto de Newton. Todo está y subsiste en el espacio. De hecho, para Patrizzi cualquier cosa (corporal o incorporal) ocupa espacio: existir es sinónimo de ocupar espacio. Así que las cosas incorporales, los espíritus, también ocupan espacio.

Esta concepción –que es muy común antes de la revolución cartesiana[30]– explica que la distinción entre cuerpo y vacío, o que la afirmación acerca de la vacuidad del espacio, sean compatibles con la mención de un imponderable éter. En efecto, en la cosmología de Patrizzi se distinguen tres regiones: en primer lugar, el Empíreo, que en este caso corresponde al espacio vacío infinito extracósmico y que Patrizzi lo concibe lleno de luz; en segundo lugar, el mundo etéreo, que corresponde a la región que se extiende desde las estrellas a la luna; y finalmente, la región elemental, que corresponde a la zona sublunar.[31] Como se ve, aquí también el éter o la luz intervienen en la imagen del espacio real. Como en Bruno, el espacio es vacío en cuanto inteligible y separado de los cuerpos, pero en su constitución real lo concibe lleno de esa sustancia imponderable que es el éter y cuya visualización recurre al simbolismo de la luz. La luz, en efecto, es incorporal, penetrable, coextensiva y difusa, es símbolo de la propia

---

Patrizzi", incluye la trad. inglesa de esa parte. Sobre Patrizzi, además de Brickman, véase: Grant, p.199-206; Kristeller, *Ocho filósofos del Renacimiento italiano*, cap.VIII (Patrizzi), p.146-168.

28 Brickman, "On Physical Space, Francesco Patrizzi", p.241 (= Patrizzi, *Nova de Universis Philosophia*, 65r, 2).

29 Cf. Brickman, "On Physical Space, Francesco Patrizzi", p.229 (= Patrizzi, *Nova de Universis Philosophia*, 62r, 1).

30 Revolución que consiste en la distinción entre *res extensa* y *res intelligans* : la materia es extensión, pero el espíritu no es correlacionable con la extensión.

31 En *Pascomia*, cuarta parte de la *Nova de Universis Philosophia* de Patrizzi. Cf. Kristeller, *Ocho filósofos del Renacimiento italiano*, p.165-7; Grant, p.203-4.

divinidad; cumple la función del πνεῦμα de los estoicos y de un vago *spiritus mundi* –modos de expresar el concepto de la cohesión universal–.

Se repite, pues, la confusión entre éter y vacío. La razón de esta confusión, una vez más, reside en la idea de la cohesión universal –en este caso de explícitas resonancias estoicas–. También se debe a la ya comentada falta de delimitación entre 'materia' y 'espíritu': no es que se confundan estos términos, sino que se concibe una cierta gradación entre lo corporal (la materia) y lo incorporal (el espíritu). Pues, en efecto, la materia o cuerpo es lo ponderable, lo resistente e impenetrable; pero el espíritu o incorporal, aún siendo lo contrario, comparte con la materia la propiedad de ocupar espacio. En cierto modo, es una gradación de sutilidad –entre la luz del Empíreo y la materia de la región elemental–. Confirma esta apreciación la propia definición del espacio hecha por Patrizzi: como "cuerpo incorporal".[32] El espacio será pues vacío por oposición al cuerpo, y será éter en cuanto receptáculo universal.

En resumen, en el pensamiento renacentista se abre camino la idea de la vacuidad del espacio. Tal cosa ocurre en los casos ilustrativos de Bruno y Patrizzi. En ellos, en efecto, el espacio es definido desde el punto de vista conceptual como espacio vacío, aunque, por otra parte, se considere el espacio real como constituido por una sustancia sutil e incorporal, el éter. Esta confusión entre espacio vacío y éter es característica de la ontología renacentista. Deriva de la idea de la cohesión universal –de la necesidad de un *spiritus mundi* que todo lo llene–, de una falta de delimitación entre la materia y el espíritu –entre los cuerpos y los incorporales–, de una cierta idea de la continuidad universal –que puede formularse como principio de plenitud–.

Paradójicamente, la concepción moderna del vacío cósmico va a inscribirse en el contexto de esta idea renacentista del *plenum*. Esta idea ya admite la concepción del espacio como vacío 'privativo y lógico'. Sólo restará clarificar y delimitar los conceptos de materia y espíritu para que pueda recorrerse –no sin dificultades– el camino hacia el vacío sin más.

---

32 Cf. Brickman, "On Physical Space, Francesco Patrizzi", p.241 (= Patrizzi, *Nova de Universis Philosophia*, 65r, 2).

I.IV.4. *Recapitulación: conclusión de la Primera Parte*

En esta parte de antecedentes se ha realizado un resumen bastante amplio de las cuestiones relativas al vacuismo antes de la Revolución científica moderna. Convenía demorarse en ellas, en primer lugar porque hay una evidente continuidad en los términos en que son planteados los problemas; y en segundo lugar, porque conviene contrapesar la tendencia excesiva a interpretar la victoria moderna del vacío como si fuera el fruto de un "descubrimiento" que rompe con anteriores prejuicios.

O dicho de otro modo, imaginándonos situados en el umbral del siglo XVII, la herencia sobre la que se construye el subsiguiente debate vacuista estaría armada sobre los siguientes ejes:

1. La referencia a las fuentes clásicas
2. Una tradición de examen empírico del vacío
3. El principio del horror vacui y el espacio 'imaginario'
4. El principio de la cohesión universal y la confusión entre éter y vacío

1. La referencia a las fuentes clásicas

Sobre la cuestión vacuista, desde la Antigüedad hasta la Edad Moderna, gravitan tres grandes sistemas (el atomista, el aristotélico, el estoico), a los que hay que sumar la influencia platónica –que gravita específicamente sobre la cuestión concomitante del espacio–. Estas cuatro referencias están implícita o explícitamente presentes todo a lo largo del desarrollo del debate vacuista: son sus permanentes referencias teóricas.

Evidentemente, es el atomismo el que representa el sistema más proclive al vacuismo: el vacío, junto a los átomos, es su pilar básico. Por ello, decir 'vacuista' es casi igual a decir 'atomista'. El atomismo es la gran referencia de las posiciones vacuistas; y el carácter marginal del atomismo se refleja también en la marginalidad de la reivindicación del vacío en la tradición del pensamiento occidental. Por el contrario, en el polo opuesto, el sistema aristotélico es la gran referencia para las dominantes posiciones antivacuistas. La aceptación moderna del vacío exigirá, pues, el destronamiento de la hegemonía aristotélica; tal tarea se culminará con la revolución científica.

Dado el carácter dominante del aristotelismo en la tradición anti-vacuista, a él se debe el origen de una clasificación del vacío en tres tipos, una clasificación que deviene clásica: el vacío intersticial, el vacío continuo, el vacío (extra)cósmico. El examen de la cuestión vacuista se realiza de acuerdo con esta clasificación. Por su parte, el platonismo rechaza efectivamente el vacío, pero su concepción del espacio lleva inscrita la consideración de éste como entidad independiente de los cuerpos; por lo tanto, conduce a la idea de un espacio abstracto que como tal es vacío porque es no-cuerpo.

Por ello es pertinente hablar de una alianza entre Demócrito y Platón[33] como modo de caracterizar la victoria moderna del vacío: el primero aporta el punto de vista de la reducción de todo ente natural a las características mecánicas (extensión, velocidad, consistencia) de sus partes mínimas; el segundo conduce a la reificación del espacio como entidad independiente de los cuerpos. En cierto modo, basta aceptar tal espacio independiente (y conceptualmente vacío) y la concepción de la interrelación mecánica entre corpúsculos (lo cual implica admitir el vacío intersticial) para que la tesis general del vacío –en sus tres modalidades– sea admitida.

En conjunto, la influencia de las fuentes clásicas ofrece un saldo claramente antivacuista. La hegemonía aristotélica es su indicio sobresaliente. Pero frente a ésta, las restantes referencias permiten que la cuestión del vacío permanezca viva: el platonismo con la cuestión del espacio, el estoicismo con la cuestión del vacío (extra)cósmico, el atomismo con su radical vacuismo.

2. Una tradición de examen empírico del vacío

Ya en las primeras discusiones clásicas del vacío aparecía una apelación a los datos empíricos: así ocurría en Aristóteles, por ejemplo, al dar cuenta de los argumentos vacuistas para refutarlos. Este aspecto empírico será una constante también del debate vacuista, dando lugar a una tradición que compendia los casos, las descripciones, las explicaciones y las polémicas. Desde la Antigüedad hasta el Renacimiento este compendio es prácti-

[33] Y es así que la victoria moderna del vacío (y por extensión, la física moderna entronizada con Newton) ha podido ser descrita sintéticamente como la victoria de la extraña alianza entre Demócrito y Platón.Lo apunta Koyré, *Del mundo cerrado al universo infinito*, en la introducción, p.7. Luego en "Sens et portée de la synthèse newtonienne", *Études newtoniennes*, p.25-49, queda ampliamente desarrollado.

camente el mismo: es un conjunto más o menos cerrado de observaciones y pequeños experimentos. En esta tradición destaca la aportación hecha por los ingenieros alejandrinos. Son quienes amplían el campo de las observaciones gracias a una mayor pericia técnica. Esta pericia desemboca en una rama del saber técnico-empírico, la llamada 'Pneumática'. La discusión empírica no aporta, sin embargo, un criterio definitivo. Los mismos fenómenos serán interpretados, por unos, en clave antivacuista, y por otros, en clave vacuista.

La razón de esta ambivalencia hay que buscarla en la propia debilidad de las pruebas empíricas aportadas (pues, en efecto, en ninguna de ellas se produce un "vacío" al modo de cómo es producido modernamente); y también en la debilidad teórica de quienes pretendieron "demostrar" empíricamente el vacío. Cabe recordar al respecto que la teoría vacuista del atomismo no puso nunca énfasis en esta vertiente empírica: el vacío estaba ahí, simplemente porque con él se construía toda una concepción sistemática de la naturaleza de las cosas; y lo mismo cabe decir de la postura opuesta, del antivacuismo aristotélico. El vacuismo de los alejandrinos, o sea el vacuismo empírico, reposa por el contrario en una teoría insuficiente o –para ser más precisos– en una adopción ecléctica entre las diversas teorías en presencia.

El saldo que ofrece esta tradición es el de mantener viva una polémica y el de anticipar o prefigurar la vocación experimentalista moderna. Y desde un punto de vista teórico, el principal balance es el de dar pie a una concepción corpuscular, concepción que es parte correlativa de la filosofía mecánica. El punto de partida de este proceso es la consideración de la consistencia del aire. Ese apunte, que desde el punto de vista teórico debe imputarse a Arquímedes, contradice la concepción de la física aristotélica, que no atribuye peso ni al 'aire' ni al 'fuego'. Justamente, los experimentos vacuistas del siglo XVII partirán de esta idea del peso del aire.

3. El principio del *horror vacui* y el espacio 'imaginario'

Al pensamiento medieval le viene transmitida esa tradición empírica, pero de un modo incompleto o fragmentario. Los casos o pruebas discutidos son prácticamente los mismos, pertenecen a la misma casuística empírica. Pero la interpretación predominante se atiene al criterio peripatético antivacuista. O sea, el pensamiento medieval deja de lado las explicaciones que se basaron en la admisión del vacío intersticial o de un inestable vacío continuo. Al contrario, este caudal de observaciones empíricas se consolida como un corpus que contribuye a demostrar la imposibilidad del vacío.

Es en tal situación cuando se acuña el principio del *horror vacui*, un principio que remite a una física –que viene ilustrada precisamente en las demostraciones empíricas–, pero que sobre todo remite a un principio metafísico: la exclusión del vacío es la exclusión de una imperfección que no puede atribuirse al Dios creador, la exclusión de la nada. Este principio se convierte prácticamente en dogma intocable, y como tal será transmitido posteriormente. El pensamiento moderno habrá de enfrentarse con esta herencia.

La formulación de este principio incurre, sin embargo, en numerosas dificultades. La principal es que parece atribuirse un papel activo al vacío, como si éste atrajera hacia sí a la materia justamente para desaparecer como tal vacío. Otra opción, más coherente, será entender el principio del *horror vacui* como principio de continuidad y de cohesión universal, continuidad y cohesión que son aspectos de la subordinación del mundo a su Creador.

En todo caso, el pensamiento medieval se reafirma en la negación del vacío intersticial y continuo. Sólo es perceptible un apunte vacuista en el debate acerca del tercer tipo de vacío, el vacío extracósmico. Este apunte ha sido personificado en la figura de Thomas Bradwardine, quien afirma la presencia de Dios en el extramundo, en lo que llama "vacío imaginario infinito", a la vez que precisa que sí puede haber vacío sin cuerpo pero no vacío sin Dios.

Tal opinión de Bradwardine no es en absoluto unánime en el pensamiento medieval. Se inscribe en un contexto que ha sido definido como de liberación del cuadro mental del aristotelismo y que tiene su símbolo en la fecha de 1277 (de las condenas del obispo de París). Ahí se explicita un correlato espacial a la infinitud divina, a su ubicuidad. Pero esta opción esta sujeta a numerosas dificultades; de ahí el término 'imaginario' aplicado a ese espacio extramundano. Será un tópico que adopta dos líneas de interpretación: o significa simplemente que tal espacio no tiene una entidad real o significa que la inmensidad extramundana es comparable a la inmensidad divina.

Todas estas consideraciones no son más que apuntes o gérmenes. Pues la concepción dominante medieval es la que hemos llamado de 'clausura teológica del mundo': un mundo cerrado y limitado, abrazado y sostenido por la propia divinidad. Por ello, el estatuto de lo extramundano, se admita o no el 'vacío imaginario infinito', es todavía confuso y en todo caso no comparable con el estatuto del mundo y del espacio intramundano.

Por lo tanto, la virtualidad de las posiciones como la de Bradwardine consiste en el hecho de apuntar a tres rasgos que serán muy importantes en la inflexión moderna: la infinitud, la geometrización y la divinización del espacio.

4. El principio de la cohesión universal y la confusión entre éter y vacío

La dominante opinión antivacuista acuñó, como ya se ha dicho, el principio del *horror vacui*. Este principio no sólo se refiere específicamente a la imposibilidad del vacío, sino también a una concepción general de cómo está constituido el mundo. Esta visión pervive, aunque transformada, en la idea renacentista del *plenum*. Este *plenum* es también un modo de expresar la sintonía de las partes con el todo, o sea una cohesión universal. Lo que ocurre es que este *plenum* ya no tiene por qué interpretarse en los términos aristotélicos, en términos de contigüidad de los cuerpos. Una sutil substancia espiritual –llamada unas veces *spiritus mundi*, otras simplemente 'éter'– puede realizar esta función de la cohesión. Por ello, aunque parezca contradictorio, ciertas reivindicaciones del vacío serán compatibles con la indicación de la presencia en todo el espacio de este imponderable éter.

La reivindicación del vacío es el resultado tanto del abandono de la ortodoxia aristotélica como de la citada investigación de los prodigios naturales. Es fruto de una pujante filosofía corpuscular y de la creencia en una 'magia natural', aspectos éstos derivados en gran parte de la recuperación de las fuentes del atomismo y de la pneumática de Herón. Es así que la negativa medieval del vacío intersticial y del vacío continuo ya no será admitida de forma unánime. Todo el caudal de la tradición empírica del vacío podrá ser revisado una vez más, y ahora será posible interpretarlo en clave vacuista.

A favor del vacío, además, viene a colaborar el proceso de geometrización del espacio. Tal espacio geométrico es conceptualmente vacío e infinito: es vacío porque es distinto de los cuerpos en él contenidos, y es infinito porque la imaginación geométrica no puede ponerle límites. Esa infinitización del espacio es común a opciones cosmológicas diversas, así en Bruno y en Patrizzi. En ambos casos, se da la unificación del espacio, considerándolo de una sola naturaleza. La pregunta, pues, por el vacío cósmico recibe una matizada respuesta positiva en forma de afirmación de un espacio único, infinito, homogéneo, y conceptualmente vacío. Que sea conceptualmente vacío no impide que tanto Bruno como Patrizzi, al referirse a su constitución real, postulen que el éter lo llena, que el espacio real es éter.

Esta contradicción acecha sobre toda la historia posterior de la cuestión vacuista. Y explica cómo el concepto moderno del vacío cósmico pueda derivar también de la concepción renacentista del *plenum*. La cuestión es que la ambigüedad renacentista acerca de la 'materia' y el 'espíritu' no podrá mantenerse. Cuando esta delimitación se produzca claramente –por efecto de la revolución cartesiana, por efecto de la pujante concepción corpuscular y mecánica–, entonces el principio de plenitud y de cohesión deberá decidirse por dos opciones totalmente opuestas: o esta plenitud y cohesión se expresa pura y simplemente en la continuidad de la materia, o se expresa en lo opuesto a la materia –el espacio vacío–.

SEGUNDA PARTE

VACUISMO Y ANTIVACUISMO EN LA REVOLUCIÓN CIENTÍFICA

CAPÍTULO II.I.

LOS EXPERIMENTOS DEL VACÍO EN EL SIGLO XVII. PRINCIPALES HITOS

II.I.1. *El primer antecedente: Beeckman*

Suele considerarse al holandés Isaac Beeckman (1588-1637) el primer antecedente de los experimentos barométricos del siglo XVII, de aquellos experimentos que van a suscitar el debate vacuista durante muchas décadas.

Efectivamente, en el diario que mantuvo Beeckman entre 1604 y 1634 se hallan múltiples anotaciones en las que se afirma el peso del aire y se admite el vacío –correspondiendo la primera de ellas a 1613–. También ha de considerarse su correspondencia con Mersenne, especialmente la carta de octubre de 1629.[1] En esa carta afirma que el vacío no solo está presente en los poros del aire, del agua o del plomo, sino también en los espacios que separan el límite de la atmósfera terrestre de las estrellas, y considera que las objeciones de los filósofos no merecen ninguna atención.[2] Es decir, aquí afirma tanto el vacío intersticial como el vacío espacial o continuo.

Ambas afirmaciones serían incomprendidas por un Mersenne que en esta época sí suscribiría las objeciones de los filósofos mencionadas por el propio Beeckman: que el *plenum* es la garantía de la unidad y continuidad universales, que la propagación de los accidentes exige un medio como el aire, o que el movimiento sería imposible en el vacío.

---

[1] De Waard editó el diario de Beeckman: *Journal tenu par Isaac Beeckman de 1604 à 1634*, en 4 vols., 1939-1953. En el vol. I, p.36, se halla esa primera anotación sobre el vacío. La carta de 1 de octubre de 1629 a Mersenne en: Mersenne, *Correspondance* [editada por De Waard], II, p.282-283.

[2] Beeckman dice acerca de estas objeciones que "son cuentos de viejas".

La principal novedad en la concepción de Beeckman no es la afirmación del peso del aire, que ya tiene antecedentes en el pensamiento clásico y renacentista, sino la intuición del papel de la presión del aire en todas direcciones ligada a su fuerza expansiva. Esta distinción entre peso y presión será importante en la interpretación de los experimentos barométricos. Por otra parte, también ha de reseñarse la confusión entre éter y vacío que también recoge Beeckman cuando se refiere a los espacios cósmicos.[3]

En suma, Beeckman se sitúa entre la concepción renacentista –la que investiga los *mirabilia* de la naturaleza– y los inicios de la revolución científica, en sentido estricto. Las anotaciones sistemáticas en un diario científico, la discusión en términos matemáticos del problema de la caída de los cuerpos en el vacío[4] denotan un nuevo estilo de actividad científica. En cuanto a sus opiniones concretas sobre el vacío, se observan ya las cuatro afirmaciones que se repetirán a lo largo del siglo XVII:

1) Negación de la validez del principio del horror vacui.
2) Afirmación del peso del aire (como el de cualquier cuerpo).
3) Observación de la fuerza expansiva del aire (referencia a la presión).
4) Posibilidad de un vacío continuo, por ejemplo en los espacios.

II.I.2. *El experimento de Italia. Torricelli*

Estas cuatro opiniones, especialmente las tres primeras, se identifican en los episodios propiamente experimentales de esta historia, que tienen en Torricelli a su emblema. Desde que se den a conocer sus experimentos en Europa –hacia 1645–, durante todo el siglo y en lo sucesivo se hablará de Torricelli y del "experimento de Italia" como el punto de arranque de la demostración empírica del vacío.

---

3 De Waard, *L'expérience barométrique*, p.85-88, recuerda la influencia de Paracelso y de su concepción de una "materia espiritual" en los primeros vacuistas del XVII. La "materia espiritual" parece ser una contradicción en los términos, pero no lo es desde el punto de vista de la ontología renacentista. Beeckman, sin embargo, aunque afirme ese tipo de éter no dice explícitamente que ocupe todo el espacio (Cf. De Waard, p.89-90).

4 La cuestión se examina en Dijksterhuis, *Il meccanicismo e l'imagine del mondo*, IV, 70-76; y ampliamente en Koyré, *Études Galiléennes, II: La loi de la chute des corps.*

Lo nuevo en los experimentos de Italia es justamente su carácter experimental; es decir, la prueba ya no depende de una experiencia, de una observación hecha sobre objetos más o menos aleatorios –sean naturales o artificiales–. Depende del diseño previo de la prueba con la consiguiente construcción de un aparato o instrumento específico relacionado con la teoría que pretende probarse. Y pese a todo la historia de estos experimentos –como se verá– está plagada de fracasos desde el punto experimental. Lo cual demuestra la importancia de la teoría previa que pretende probarse y que es la que anima a repetir los experimentos hasta que se ajusten a las propias previsiones.

El instrumento es, aquí, el llamado luego 'barómetro'.[5] Sus primeros diseños se recogen en las Fig. II.I.1 y II.I.2: el primero (de 1641) corresponde al experimento de Berti –antecedente de Torricelli–; el segundo (de 1644) es el esquema con el que Torricelli ilustra sus explicaciones a Ricci. Ambos muestran el mismo fenómeno, la elevación del líquido por la acción del aire; pero distinta es la naturaleza del líquido utilizado: agua (Berti) y mercurio (Torricelli).

Antes del uso del mercurio por Torricelli, conviene constatar estos primeros diseños con agua, pues éstos responden más directamente a la observación que venía realizándose desde antiguo: que la elevación del agua gracias a las bombas aspirantes no superaba cierta altura (en torno a los 10 metros).[6] El fenómeno también era conocido por Galileo, quién en los *Discorsi* lo explica por una cierta *forza del vuoto* ; y dio pie a un carteo con Baliani en 1630 a propósito de la explicación pertinente. En este caso, fue Baliani el que se inclinó por el papel del peso del aire, contra el criterio de Galileo –más ambiguo respecto al papel de la fuerza (de atracción) del vacío–.[7]

Esta y similares discusiones centran la atención del llamado 'Grupo de Roma', formado por los citados Baliani, Berti, y por Magiotti, Zucchi, Kircher (a los que cabe añadir las presencias ocasionales de Maignan, el

---

5 El término 'barómetro' se debe a Mariotte, *Essai sur la nature de l'air*, obra de 1676.

6 Esta constatación en Alejandría, en las minas romanas; también por los ingenieros de minas del XVI, por los jardineros florentinos. Cf. Andrade, "The History of the Vacuum Pump"; Hablanian, "Comments on the history of vacuum pumps"; S. Shapiro, "The Origin of the Suction Pump".

7 La correspondencia de Galileo con Baliani en Galileo, *Le Opere*, XIV, p.124ss, 157ss. Cf. Middleton, "The place of Torricelli in the History of the Barometer", p.13-4.

propio Torricelli, Niceron y Mersenne). En este contexto romano Berti realiza –en 1641, según Middleton[8]– el experimento representado en la Fig. II.I.1, que será descrito por algunos de los componentes del Grupo de Roma *a posteriori*. Algunos de ellos intentarán repetirlo a la muerte de Berti (1643), ya ausente Torricelli de Roma.

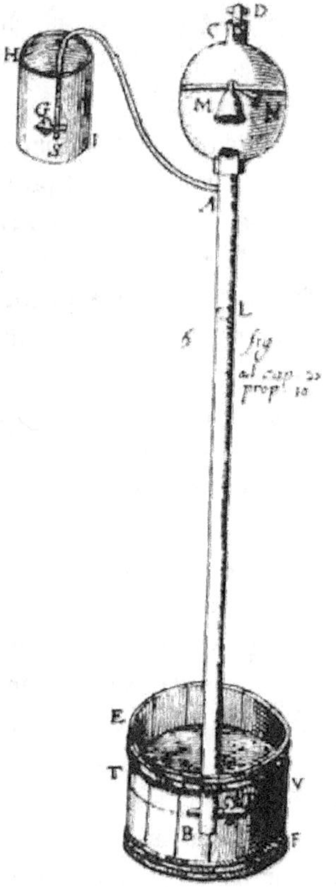

Fig. II.I.1 El experimento de Berti (1641)
Según Maignan, *Cursus philosophicus*, 1653,
y según Schott, *Technica curiosa*, 1664

8 Middleton,"The place of Torricelli in the History of the Barometer", p.15.

Se tiene, pues, los intentos del grupo romano, por una parte, y el experimento de Torricelli, por otra, desarrollándose casi paralelamente. En el primer caso, destaca la diversidad de interpretaciones, unas vacuistas y otras antivacuistas; en el segundo, con la importante novedad del uso del mercurio y un diseño más riguroso, la prueba vacuista argumentada por Torricelli parece más concluyente.

El mejor informe del experimento romano es el de Maignan, y está incluido en su extensa obra de 1653.[9] En este informe se funden las descripciones estrictas del primer experimento de Berti, las de los intentos posteriores del grupo romano, y ciertas indicaciones de las objeciones discutidas. Por ejemplo, la inclusión de la campanilla (MN en la Fig. II.I.1) responde a una sugerencia de Kircher o de Maignan (a su vez, a indicación de Mersenne)[10], cuya intención era demostrar que, en el caso de que se oyera el sonido de la campanilla en esa zona supuestamente vacía, el vacío no era tal. El argumento era perfectamente aristotélico: como el movimiento es imposible en el vacío, si hubiera vacío no se daría una clase de movimiento como es el sonido.

El hecho es que el experimento, descrito por Maignan como prueba del vacío, también podía satisfacer a los antivacuistas o escépticos como Zucchi y Kircher, pues la campanilla sonó al parecer en varias ocasiones. Ciertamente el agua se elevaba o no dependiendo de la expulsión o entrada del aire, alcanzaba la misma altura de un modo estable y todo venía a indicar que la zona libre de agua y aire (por encima de L en la Fig. II.I.1) debía estar vacía. Pero esa irregularidad del sonido –y algunas otras, como ciertos fenómenos de ebullición del agua o la comprobación de la supervivencia de insectos en el "vacío"– también abonaba las razones de los antivacuistas. Como se verá, en lo sucesivo, éstas y otras perturbaciones experimentales serán utilizadas por los antivacuistas como objeciones de carácter estrictamente empírico.

La primera irradiación de las actividades romanas se produce en Florencia por obra de Torricelli, presente en Roma hasta mediados del año 1641 y conocedor, pues, de las discusiones que rodearon al experimento de Berti. También, como discípulo de Galileo, conocía las opiniones del

9 Maignan, *Cursus philosophicus*, p.1925-1936.

10 Cf. Middleton, "The place of Torricelli in the History of the Barometer", p.16; Lenoble, *Mersenne ou la naissance du mécanisme*, p.431.

maestro sobre el vacío. Las cartas cruzadas con Ricci de junio de 1644 constituyen la fuente principal y directa del experimento de Torricelli.[11] El uso del mercurio, que fue sugerido por su ayudante Viviani o por el propio Magiotti, había de simplificar notablemente la prueba, pues bastaba un tubo de 1 metro (en lugar de los 11 metros requeridos en el caso del agua) y además disipaba la vieja objeción sobre la naturaleza común de aire y agua. Por otra parte, la previsión sobre la altura que alcanzaría el mercurio también se cumplió, previsión basada en las densidades comparadas de agua y mercurio.[12]

En la primera carta (11 junio 1644), Torricelli ya incluye todas las consideraciones que vendrán a ser las conclusiones clásicas del experimento de Italia. Esquemáticamente son éstas:

- Que las acciones atribuidas a una supuesta imposibilidad u horror del vacío se deben al peso del aire.
- Que además de admitir el peso del aire, debe aceptarse la posibilidad del vacío (contra los que admiten lo primero, pero niegan lo segundo).
- Que, por lo tanto, no hay ni una fuerza del vacío (alusión a Galileo) ni una materia rarificada (alusión a Descartes) que expliquen la suspensión del mercurio.
- Que no notamos el peso del aire como los peces no notan el peso del agua en el océano. Sin embargo, ese peso del aire produce la elevación del líquido en el experimento, en una cantidad que depende del peso relativo del aire y de su altura (o sea de la atmósfera).
- Que esa elevación se explica por el equilibrio entre el peso del aire y el peso del líquido; por lo tanto, en proporciones exactas dependiendo de la naturaleza de ambos.[13]

---

11 La correspondencia entre Torricelli y Ricci de 1644, aunque no se publicó hasta 1667 (en*Saggi di Naturali Esperienzi*, ed. por la Accademia del Cimento) –20 años después de la muerte de Torricelli–, circuló ampliamente por obra de los divulgadores, especialmente Mersenne. Una edición a mano es la que se incluye como apéndice en Pascal, *Tratados de penumática*.

12 Efectivamente, la densidad del mercurio es 13,55 la del agua. Esta es la proporción entre los 10,3 metros que se eleva el agua frente a los 0,76 metros que se eleva el mercurio.

13 Carta de 11 de junio de 1644, en Pascal, *Tratados*, p.195-201.

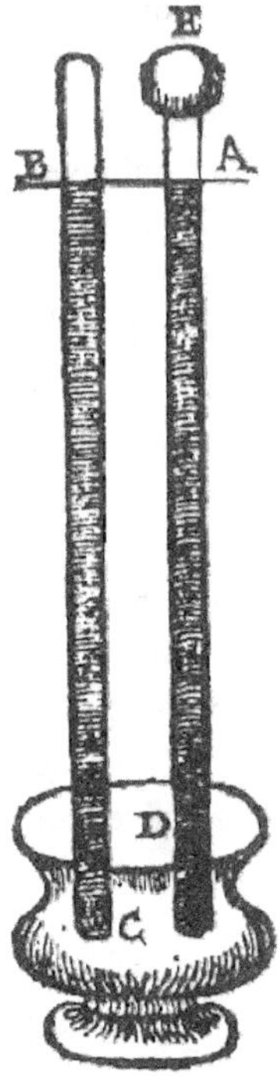

Fig. II.I.2 El experimento de Torricelli (1644)
Esquema adjunto a la carta de Torricelli a Ricci, 11 junio 1644

Además en esa carta ya se formula una pretensión típicamente "científica": la de disponer de un instrumento de medición de las variaciones del peso del aire, o sea el que vendrá en llamarse "barómetro".

A raíz de las objeciones que le formula Ricci en su respuesta de 18 de junio, la siguiente carta de Torricelli (28 junio) aporta otras importantes precisiones, que tienen que ver con la naturaleza elástica del aire y la capacidad para ejercer su acción en todas direcciones. Es decir, se precisa el concepto de presión del aire. Así, la altura de elevación es independiente del grosor del tubo, tal como ocurre en el equilibrio de líquidos. Y la elasticidad del aire –que Torricelli compara con una madeja de lana– explicaría la transmisión de la presión total en cualquier punto.[14]

La explicación de Torricelli es concluyente y se convertirá en referencia obligada para todo experimento del vacío en el futuro. La difusión corre a cargo principalmente de Mersenne, corresponsal de los italianos y que recibe de Ricci copia de esas cartas de junio de 1644.[15] Antes, pues, de la edición póstuma de las cartas Torricelli-Ricci en 1667,[16] en otros círculos europeos el conocimiento del experimento de Italia es una realidad, identificándolo simplemente con el nombre de Torricelli y casi olvidando el antecedente de Berti y el grupo de Roma.

Pero la fama de Torricelli contrasta con su silencio y prudencia. De hecho él no tomó la iniciativa de divulgar tan ampliamente su descubrimiento. Por ejemplo en su correspondencia –de 1644 hasta su muerte en 1647– no hay nueva referencia a éste. Todo viene a indicar que el discípulo de Galileo (éste condenado en 1633) era consciente del peligro que corría si defendiera abiertamente la tesis vacuista contra el criterio tradicional. Hay un pasaje de la carta de Ricci que es significativo. Dice Ricci: "Admiro igualmente vuestro valor para tomar en consideración algo a lo que hasta ahora nadie había apelado" (Carta del 18 de junio 1644).

Del experimento de Italia debe concluirse que venía a reafirmar las tres intuiciones de Beeckman: no al *horror vacui*, peso del aire, elasticidad y expansión (o sea presión); pero nada nuevo sobre la cuarta intuición relativa a los espacios cósmicos vacíos.[17] Incluso para los antivacuistas la aceptación de las tres conclusiones es ya insoslayable, y, en consecuencia, el debate se situará a partir de aquí en otros términos: la imposibilidad metafísica del vacío, la materia sutil, etc, es decir, los términos cartesianos, en paralelo a los argumentos tradicionales. Esta será, como se verá a continuación, la situación al final del episodio francés.

---

14 Carta de 28 de junio de 1644, en Pascal, *Tratados*, p. 205-206.

15 Cf. Lenoble, *Mersenne ou la naissance du mécanisme*, p.430.

16 La edición citada: en *Saggi di Naturali Esperienzi*, ed. por la Accademia del Cimento, Florencia.

17 Torricelli no cree en espacios vacíos, cree en un éter fluído que impulsa los planetas. Cf. Koyré, *Études newtoniennes*, p. 169.

II.I.3. *El episodio francés. Pascal*

De todas las conclusiones que podían deducirse del experimento de Italia, la más admisible era el peso del aire. El debate vacuista a partir de ahí consiste, esquemáticamente, en vincular o no el peso del aire a la demostración del vacío. Para los vacuistas esta vinculación es clara, dadas las características del experimento barométrico que utiliza recipientes herméticos; para los antivacuistas, el peso del aire no prueba forzosamente el vacío. Y entre ambas posturas extremas pueden darse actitudes eclécticas, como la de Mersenne, que da a conocer los experimentos en curso. La divulgación del experimento de Torricelli, junto a esas preocupaciones, marcan el inicio de la investigación barométrica en Francia.

Los años 1647 y 1648 son el período álgido de este episodio francés.[18] Experimentos, publicaciones, cartas cruzadas, encuentros y discusiones, se suceden en varios escenarios. De toda esta pequeña explosión del debate vacuista conviene retener estas líneas maestras:

- La reafirmación de las conclusiones de Torricelli sobre la posibilidad del vacío y la relación con el peso del aire.
- El estudio de la variación de la elevación del mercurio según las condiciones atmosféricas (presiones del aire).
- La propuesta del experimento del vacío en el vacío.
- El papel de las objeciones tradicionales (escolásticas) y cartesianas.
- Las irregularidades experimentales como fuente de críticas y nuevas investigaciones.

El principal hito a considerar en este episodio francés es la aportación de Pascal, aportación directamente relacionada con la experiencia de Italia.[19] Su primer experimento (en realidad de Petit, con el joven Pascal

---

[18] Una cronología muy precisa de estos episodios de 1647-1648 en Mersenne, *Correspondance*, vol XIII, p.322-328, y vol. XIV, p.65-69 .

[19] Como señala Pascal en su prefacio al lector de las *Expériences nouvelles touchant le Vide* (1647) [en Pascal, *Œuvres*, II, p. 54 (= Pascal, *Tratados*, p.32)], conoció el experimento barométrico a través de Petit, el cuál había sido puesto al corriente por Mersenne, quién a su vez lo trajo de Roma y lo divulgó en Francia en 1644. Queda, pues, bien establecida la relación entre Italia y Francia.

como testigo) se realiza en Rouen en 1646. Luego se repetirán otros semejantes a principios de 1647. No son los únicos; pues bajo la iniciativa del propio Mersenne o de Roberval se habían realizado otras tantas repeticiones del experimento de Italia.[20] La diferencia entre Pascal y otros experimentadores consiste en la radicalidad del primero en la afirmación del vacío, hasta el punto que la cuestión del peso del aire está prácticamente silenciada en las conclusiones pascalianas previas a los experimentos del Puy-de-Dôme (otoño 1648). El interés de Pascal es fundamentalmente doctrinal: desmentir el viejo principio del *horror vacui*, atacar la concepción escolástico-tradicional de la naturaleza, y refutar la materia sutil cartesiana. De ahí, la mayor insistencia en el vacío como realidad posible y experimentalmente repetible, y cierto olvido del papel del aire. Otros experimentadores fueron más cautos en sus conclusiones, seguramente porque eran teóricamente más eclécticos pero también porque fueron algo más fieles que Pascal a los datos empíricos.[21]

Las cartas cruzadas entre Pascal y el jesuita P. Noël de 1647-1648[22] dan amplia referencia de este debate doctrinal, cuyos términos remiten más a las respectivas concepciones metafísicas del espacio que a los datos empíricos. Como señala Koyré,[23] se enfrenta una concepción abstracta y geométrica del espacio a una concepción escolástico-cartesiana del espacio como equivalente de cuerpo. Y evidentemente es un diálogo con imposible acuerdo, aunque por ambas partes hay significativas concesiones. Así Noël, en su segunda carta, acepta el peso del aire pero no el vacío, lo cual prueba la nueva estrategia de los antivacuistas al desvincular los dos argumentos hasta entonces solidarios. Y Pascal en su última respuesta (a través de Le Pailleur), en una argumentación brillante, propone que lo que verdaderamente ha de probarse es el pleno y no el vacío, o sea, propone invertir la

---

20 Así de Petit la *Observation touchant le vuide faite pour la première fois en France* [1646], editada en 1647 (ver Pascal, *Œuvres*, I, p.325-345); de Roberval la *Première Narration* [1647] (ver Pascal, *Œuvres*, II, p.21-36).

21 Boyle dudó de que Pascal hubiera realizado de modo efectivo varios de los experimentos que describía en sus tratados. La crítica a la supuesta pericia de Pascal como experimentador en Koyré, "Pascal savant".

22 En Pascal, *Œuvres*, II , p.77-125; y en Pascal, *Tratados*, p.47-82. También forma parte de esta polémica la segunda respuesta de Pascal (de febrero de 1648) que se produce en carta dirigida a Le Pailleur (en *Œuvres*, II, p.177-213; *Tratados*, p.83-103) y una obra publicada por Noël, *Le plein du vide*, en 1647 (y reeditada en latín en 1648).

23 Koyré, "Pascal savant", especialmente p.386-388.

prueba; y en cierto modo se desdice de su afirmación de la existencia del vacío, recordando que sólo lo ha definido.[24]

Esta carta se cierra con un interesante balance de las diversas opiniones plenistas. Según Pascal habría cinco tipos, que describe en estos términos irónicos:

> 1) unos abogan por el *aether* y excluyen cualquier otra materia,
> 2) otros, por los espíritus del líquido, en detrimento del *aether*,
> 3) otros, apelan al aire alojado en los poros del cristal, y nada más,
> 4) otros, al aire rarificado y vacío de cualquier otro cuerpo,
> 5) ha habido, por último, quienes no atreviéndose a postular la inmensidad de Dios han elegido a un hombre lo bastante ilustre por nacimiento y méritos para poner su espíritu y hacerle que llene todas las cosas.[25]

Como se ve, Pascal –en el apartado 5º– ironiza y arremete contra Descartes, incluyendo además una interesante mención del referente teológico a la inmensidad de Dios. Lo cual nos señala la conveniencia de seguir luego la polémica en el ámbito no estrictamente experimental.

Siguiendo ahora este hilo, el siguiente paso a tener en cuenta es la experiencia del Puy-de-Dôme realizada en el otoño de 1648 –ya cerrada la polémica con Noël–, experiencia que será la referencia central de la gloria científica de Pascal. Este experimento vuelve a la intención que formulara Torricelli: conseguir una medición de la acción del aire en la elevación del mercurio; esto es, construir un instrumento –el que luego Mariotte llamará 'barómetro'–. Así, al señalar la correlación entre el peso del aire (que dependería de la fracción de atmósfera soportada) y la elevación de la columna de mercurio, quedaría perfectamente establecida la causa del fenómeno barométrico y definitivamente descartado el supuesto *horror vacui*.[26] Pero, como ya se apuntó antes, esta demostración no iba a invalidar los argumentos antivacuistas, toda vez que el peso del aire ya era admitido entre éstos y otras objeciones eran lanzadas por los plenistas.

---

24 Cf. Pascal, *Tratados*, p.87.

25 Pascal, *Tratados*, p. 102 (= Pascal, *Œuvres*, II, p.212).

26 Hay que remitirse a Koyré, "Pascal savant", para el análisis de los aspectos técnicos del experimento y para señalar las dudas sobre su solvencia experimental.

Como balance de la contribución científica de Pascal habría que admitir, de acuerdo con Koyré[27], que este balance es más bien escaso, pues añade poco a las opiniones de Torricelli (únicamente una comprobación empírica del efecto barométrico cuantitativo) y no alcanza –como hará luego Boyle– a diferenciar lo específico de los gases frente a los líquidos, o sea el distinto concepto de presión y expansión en unos y otros, lo que llamamos presión elástica de un gas frente a la presión inelástica de un líquido.

Quizás, tan importante como la experiencia del Puy-de-Dôme es el 'experimento del vacío en el vacío', pues éste reproduce en condiciones de laboratorio una variación en las presiones del aire. Fue diseñado por primera vez por Auzout y por Roberval –probablemente de modo independiente en el verano de 1648–[28] y retomado por Pascal.

En el experimento del 'vacío en el vacío' se comprueba que la elevación del mercurio depende exclusivamente del aire; además, esta elevación puede ser variable dependiendo de la cantidad (de la presión) de aire que se permita entrar en el aparato. Parece, pues, que el experimento debe ser definitivo en la explicación del fenómeno barométrico; y, de hecho, será la base para el diseño de instrumentos que midan la presión del aire (u otro gas) en recipientes determinados, mediciones que conduzcan a establecer las leyes del comportamiento del aire rarificado.[29]

Sin embargo, el reconocimiento del papel del aire en el fenómeno barométrico no implica forzosamente la admisión del vacío. Por ejemplo, siguiendo la posición cartesiana acerca de una materia sutil, podrá admitirse que tal materia –que llena el supuesto vacío– prácticamente no pesa y, por lo tanto, no interfiere en el fenómeno barométrico. Y tal materia sutil sería imprescindible postularla desde cierta concepción cosmológica y metafísica.

---

27 Koyré, "Pascal savant", p.387-9.

28 Sobre Auzout, ver: McKeon, "Le récit d'Auzout au sujet des expériences sur le vide"; McKeon, art. "Auzout, Adrien" en *DSB*. Sobre Roberval, ver: Roberval, *Première Narration de Roberval sur le Vide* (1647); *Seconde Narration de Roberval sur le Vide* (1648); Hara, art. "Roberval, Gilles Personne de", en *DSB*.

29 Por ejemplo la relación inversa entre presión y volumen ocupado: es lo que vendrá en llamarse ley de Boyle-Mariotte.

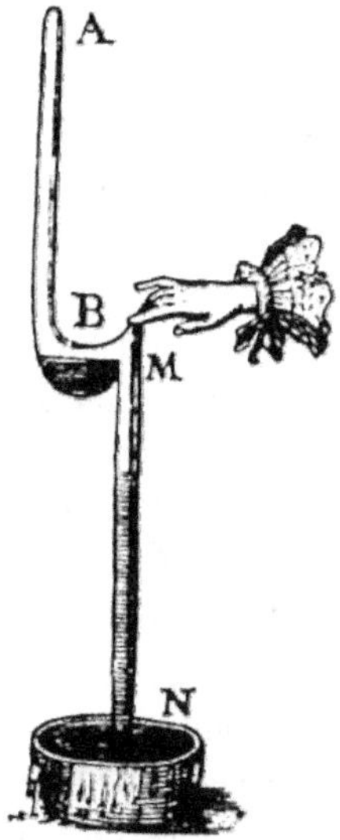

Fig. II.I.3 El experimento del 'vacío en el vacío'. Pascal
Figura perteneciente a su *Tratado del peso de la masa del aire*
[reproducido en Pascal, *Tratados*, p.170]

Pero, además de estas objeciones de orden metafísico, hay otras específicamente experimentales: se basan en todas las irregularidades que se producen en la realización efectiva de los experimentos –irregularidades que Pascal silencia[30]–. Por ejemplo, una de las objeciones proviene del 'experimento de la vejiga' de Roberval. Este experimento consiste en colocar una vejiga de cerdo –o sea una especie de globo elástico– en el espacio supuestamente vacío y comprobar cómo ésta se infla, de lo que se deduciría la presencia de aire.[31] El objetivo de Roberval es demostrar la falsedad tanto de la tesis vacuista como de la tesis cartesiana (la materia sutil): no hay en el supuesto vacío más que aire, ni materia sutil ni vacío perfecto. Esta es la conclusión de un Roberval ecléctico.

Otro grupo de objeciones experimentales anuncian los estudios sobre capilaridad. Por ejemplo, si se era fiel a los datos empíricos, se observaba que un líquido no regresaba a su posición de equilibrio, manteniéndose a una pequeña altura sobre el nivel inicial (a la presión atmosférica ambiente), lo cual parecía desmentir la teoría barométrica y de paso sugería fenómenos de atracción sobre el líquido.[32] En Francia es principalmente Auzout el primer protagonista de los estudios sobre capilaridad, que seguirán luego en la órbita cartesiana con Rohault y el Grupo de Montmor a partir de los años 1660.[33] Ha de tenerse en cuenta que los estudios sobre capilaridad no sólo presentan datos empíricos que son inquietantes para los vacuistas; además conectan con explicaciones e hipótesis de tipo cosmológico y con los principios físicos más generales. Las discusiones sobre la atracción y los

---

30 Koyré, "Pascal savant", p.383-4, recuerda cómo en 1950 se quiso reproducir ciertos experimentos de Pascal y se comprobó sus dificultades prácticas, de lo que se dedujo, cuando menos, la falta de rigor de Pascal como narrador científico. Por ejemplo, en la reproducción de las pruebas se producían fenómenos de ebullición del líquido que Pascal obviamente silencia.

31 Esta objeción se encuentra ya en *Seconde Narration de Roberval sur le Vide* (1648) [ed. en Pascal, *Œuvres*, II, p.283-339]. Hay que decir que efectivamente en estos experimentos el espacio "vacío" contiene aire rarificado, vapor de agua y vapores de mercurio.

32 Este fenómeno, llamado de suspensión anómala, también se dará en los experimentos de Boyle y de Huygens.

33 El grupo de Montmor se constituyó en 1657 y estaba formado, entre otros, por el propio Montmor, Petit (el colaborador de Pascal en Rouen), Auzout, Roberval (que abandonó el grupo en 1658), Rohault, y siempre en estrecho contacto con Huygens. Cf. Shapin-Schaffer, p.265-7.

movimientos planetarios, sobre la naturaleza del éter o de la materia sutil, sobre la teoría cartesiana de los torbellinos, se apoyan también en estos fenómenos. El hecho es que un tratado de física como el de Rohault[34] sistematizará todas estas observaciones bajo la coherencia cartesiana, de modo que no podrá decirse que los antivacuistas descuidan las tareas experimentales.

De lo anterior se deduce que las pruebas empíricas no fueron concluyentes, pues son posiciones irreductibles y apriorísticas las que se enfrentan, aunque cada una aporte su propio bagaje experimental. Pero, sin duda, la más apriorística es la postura plenista. Además, el bando plenista es el que ha retrocedido en sus posiciones: primero, abandono del principio del *horror vacui*; luego, aceptación del peso del aire; finalmente, aparente desmentido de la previsión de Descartes. Esta previsión es la que Descartes había formulado en sus *Principia* (1644) como experiencia imaginaria: caso de que en un recipiente se hiciera el vacío, las paredes de este recipiente vendrían a reunirse, es decir, implosionarían.[35]

Esta previsión parecía desmentirla el experimento barométrico. Pero Descartes y los cartesianos, evidentemente, no lo entienden así; al contrario, si el recipiente no implosiona es prueba de que no está vacío, aunque se admita que no hay aire y que el peso del aire es la causa de la elevación del mercurio. Es más: los cartesianos reivindicarán para Descartes la paternidad del experimento del Puy-de-Dôme. Pues efectivamente, Descartes admite el peso del aire y considera esos experimentos como una buena refutación del *horror vacui*, refutación que él comparte. Es así que Descartes entra también en la tormentosa discusión de las atribuciones, hasta el punto que sus partidarios hablarán de la "experiencia de Descartes" para referirse a estos experimentos.[36]

---

[34] Rohault, *Traité de physique* (1671). Especialmente, en I, cap.8 y 12, da cuenta de los experimentos barométricos bajo una interpretación plenista. Este *Traité* de Rohault será la gran referencia de la física cartesiana y su vigencia se prolonga hasta entrado el siglo XVIII, o sea hasta la victoria newtoniana.

[35] Cf. Descartes, *Principia Philosophiae*, II, §18. La argumentación completa contra el vacío se desarrolla en *Principia*, II, §§4-19.

[36] La supuesta paternidad de Descartes en el experimento del Puy-de-Dôme se apoya sobre todo en la carta de Descartes a Mersenne de 4 de abril de 1648 (ed. en Mersenne, *Correspondance*, XIV, p.206-210; y en Pascal, *Œuvres*, II, p.163-168). Baillet en *La Vie de Monsieur Descartes* (de 1691) acuñará la fórmula 'experiencia de Descartes'. Bayle, en el art. "Pascal" de su *Dictionnaire*, se hará eco de esta polémica de atribuciones.

Esta significativa anécdota indica que en Francia, por obra de la influencia cartesiana, la victoria del vacuismo no está asegurada, a pesar del aparente éxito de sus experimentos. Las discusiones seguirán en lo que resta de siglo. Para seguirlas ha de tenerse en cuenta, primero, la obra de los divulgadores y, luego, el siguiente hito experimental, que es la invención por Guericke de la bomba de vacío.

II.I.4. *Los divulgadores: Mersenne, Kircher, Schott*

En diversas ocasiones ya se ha apuntado el importante papel de Mersenne en la difusión del experimento de Italia. Este dato no es aislado, pues corresponde al destacado lugar que ocupa Mersenne en la historia de la actividad científica. A él se debe también la difusión de la obra de Galileo, y, de un modo general, el establecimiento de la nueva mentalidad científica frente a la mentalidad mágico–renacentista.[37]

En relación con la cuestión del vacío, la principal contribución de Mersenne es sin duda la difusión de las cartas de Torricelli-Ricci (1644), punto de arranque de la generalización de los experimentos vacuistas en Europa. Mersenne es, pues, antes un divulgador que un pensador original o un brillante experimentador. Su posición es ecléctica, quizás más próxima a Gassendi que a Descartes, pero tan indefinida como la de su amigo Roberval en la afirmación radical del vacío. Este eclecticismo lleva, sin embargo, a la formulación de interesantes sugerencias experimentales, como la relativa a la transmisión del sonido o del magnetismo en el vacío, sugerencias que serán aplicadas por Guericke –entre otros–.[38]

En el círculo más o menos próximo a Mersenne se hallan otros divulgadores. Tal es el caso de Kircher, de Maignan, y de Schott.[39]

Recuérdese que Kircher formó parte del Grupo de Roma. Ahí estuvo al corriente del experimento de Berti, del de Torricelli, participó en los intentos y en las discusiones romanas y recibió la visita de Mersenne

37 Como dice Koyré, "Gassendi et la science de son temps", p.321, el siglo XVII pertenece más a Mersenne y a Gassendi que a Descartes.

38 Esas sugerencias experimentales de Mersenne en su *Novarum Observationum* (1647). Cf. Lenoble, *Mersenne ou la naissance du mécanisme*, p. 432-434.

39 Mersenne y Maignan son oratorianos; Kircher y Schott son jesuitas. Recuérdese la obra ya citada de Maignan, *Cursus philosophicus* (1653) que recapitula sobre las diversas experiencias barométricas.

(1645). Pese a su escéptico antivacuismo, Kircher defiende la actividad experimental según una concepción que está bastante próxima a la mentalidad mágico-renacentista.[40] Es decir, los fenómenos barométricos serían rarezas de la naturaleza, *mirabilia*, antes que experimentos en el sentido moderno.

Y Kircher será un enciclopédico recopilador de toda rareza, de toda novedad. De su vasta obra –formada por 44 libros y 2000 cartas–, interesa destacar dos vertientes: los estudios sobre el magnetismo, y sus primeras divulgaciones de las culturas orientales.[41] La primera está relacionada con la cuestión del vacío por cuanto, según Kircher, éste es imposible, ya que es necesario postular un medio que soporte la transmisión de efectos como el magnetismo, el sonido o la luz. Respecto a la segunda vertiente, cabe recordar que Leibniz, interesado en las culturas orientales, será uno de los lectores de Kircher.

Como se verá, Guericke seguirá algunas sugerencias de Kircher en sus experimentos sobre el vacío y el magnetismo, aún siendo contrario a las opiniones de Kircher. Justamente en la mediación entre Kircher y Guericke interviene un discípulo del primero, el también jesuita Gaspar Schott (1606–1666). El papel de Schott en la difusión de las cuestiones vacuistas es enorme. Ya se ha visto, por ejemplo, que la documentación sobre el experimento de Berti (ver Fig. II.I.1.B) se apoya en la obra *Technica curiosa* de Schott (de 1664). Pero antes incluso de ésta y de una anterior publicación (*Mechanica hydraulico-pneumatica* de 1657), Schott es el centro de una correspondencia cruzada con Guericke, Huygens, Boyle y muchos otros. En ella da a conocer lo que Kircher había conocido de los experimentos de Italia.

Justamente las citadas publicaciones de 1657 y 1664 serán la principal vía de conocimiento en Europa de los trabajos de Guericke, antes de que

---

40 Pese a esa proximidad de Kircher a la mentalidad mágico-renacentista, éste criticará a Fludd –uno de los representantes de la tradición rosacruz y, por lo tanto, heredero de la mentalidad renacentista–, alineándose en el mismo frente de Mersenne. Cf. Yates, *El iluminismo rosacruz*, p.142-3, 281-2; Lenoble, *Mersenne ou la naissance du mécanisme*, p.153. Sobre Fludd, ver el apartado II.II.3.

41 Para una visión general sobre Kircher, ver Kangro, art. "Kircher, Athanasius" en *DSB*. Las dos obras de Kircher a que se hace referencia son: en cuanto al magnetismo, *Magnes, sive de arte magnetica* (1641); en cuanto al contacto con las culturales orientales, *China monumentis illustrata* (1667).

éste publicara en 1672 su gran obra.[42] Los trabajos de Guericke divulgados por Schott serán un estímulo para Boyle y otros experimentadores del continente. Y viceversa, la obra de Schott servirá también para divulgar en Alemania los trabajos de Boyle.[43]

Esta es la faceta principal de Schott, la de divulgador, pues en la faceta de teórico no aporta nada nuevo. Sus opiniones van en la línea de Kircher: se acepta el destronamiento del viejo principio del *horror vacui*, pero no se admite el vacío sino un éter universal que mantiene la cohesión de la naturaleza, criticando en consecuencia el vacuismo de Torricelli, Guericke y Boyle. Al margen, pues, de sus opiniones personales, el papel de Schott y de los restantes divulgadores es básicamente la de dar carta de naturaleza a la cuestión del vacío. Estas diversas influencias están presentes en Guericke, que es el gran protagonista de la siguiente etapa del vacuismo experimental.

II.I.5. *La bomba de aire. Guericke*

Tras Torricelli, la principal contribución a la historia del vacuismo es sin duda la de Guericke –aunque no ha sido suficientemente valorada en la historiografía científica–.[44] Este olvido de Guericke viene representado por la tópica y casi única referencia a la espectacular demostración del llamado 'experimento de Magdeburgo' (ver Fig. II.I.4), en el que la fuerza de 16 caballos no fue capaz de separar los dos hemisferios de que estaba formado un recipiente vaciado de aire.[45] Con ello se probaba la fuerza de la presión del aire sobre esos hemisferios, tan grande que superaba a la de 16 caballos.

Al margen de su espectacularidad, este experimento era una demostración repetida de los efectos del peso del aire sobre un recipiente vacío, experimento casi equivalente a la cotidiana observación de la resistencia de los fuelles a separarse si no se permite en ellos la previa entrada del aire, y conceptualmente muy próximo al experimento barométrico.

---

42 *Experimenta nova (ut vocantur) Magdeburgica de vacuo spatio*. Amsterdam, 1672.

43 También en España . Son los los casos de Tomás Vicente Tosca (1651-1723) y Juan Bautista Corachan. Cf. López Piñero, *Materiales para la historia de las ciencias en España: s.XVI-XVII*, p.251-256.

44 Así lo señala Grant, en su apartado sobre Guericke, p.213-221. Ver Krafft, art. "Guericke (Gericke), Otto von" en *DSB*, donde se comprueba que la bibliografía sobre Guericke es escasa.

45 Cf. Guericke, *Experimenta nova*, lib.III, cap.23.

Fig. II.I.4 El 'experimento de Magdeburgo'. Guericke
Experimenta nova (ut vocantur) Magdeburgica de vacuo spatio, 1672

Quizás más importante es el enfoque cuantitativo y deductivo de Guericke al explicar la prueba: en función de la superficie de los hemisferios calcula la presión que se ejerce sobre ellos y deduce la fuerza necesaria para separarlos (mayor que la ejercida por 16 caballos). También se plantea el problema inverso: dados 24 caballos qué dimensiones han de tener los hemisferios. Y todo ello se acompaña de cálculos del peso total de la atmósfera terrestre y de otras consideraciones sobre ciertas modificaciones del experimento.[46]

Estos ejemplos nos muestran a Guericke como hábil experimentador, como científico capaz de deducciones cuantitativas y con un espíritu imaginativo para explorar las diversas variaciones de una prueba; en una palabra, con todas las virtudes supuestas a los grandes científicos. Y como tal hay que tomarlo, pues su contribución a la historia científica no se limita al experimento de Magdeburgo. Como inventor lleva a cabo la bomba de aire –también llamada de vacío–, como experimentador diseña y realiza multitud de pruebas, y como pensador enmarca sus descubrimientos en una concepción global de la naturaleza.

El punto de arranque teórico de Guericke, resultado de sus lecturas y estudios, es su proximidad a las concepciones cosmológicas de Copérnico, de Kepler y especialmente de Gilbert, centrando su interés en el problema del espacio. Sobre esta base, apuesta por una concepción antiaristotélica del espacio, o sea por un espacio infinito, vacío, dónde opera la atracción (magnética) entre los cuerpos celestes. A partir de tal concepción se abre camino la convicción de que es posible crear, demostrar, el vacío; pues éste no es más que el espacio real subyacente a toda porción de naturaleza.

Dos estímulos guían sus primeras investigaciones: la discusión con Kircher sobre las relaciones entre magnetismo y vacío, y la refutación de la previsión de Descartes formulada en sus *Principia* (1644).[47] La línea de trabajo de Guericke será conseguir un vacío efectivo y, con ello, desmentir a Descartes; luego, una vez realizado el vacío, probar las interrelaciones entre vacío y otros variados fenómenos –como el magnetismo– para concluir que ese vacío es real y a la vez compatible con la transmisión de aquellos efectos.

---

46 Cf. Guericke, *Experimenta nova*, lib.III, cap.23-24.

47 La relativa a la implosión de un recipiente. Cf. Descartes en *Principia Philosophiae*, II, §18

En la consecución del primer objetivo, el vaciado absoluto de un recipiente, los iniciales intentos de Guericke fracasan. Así ocurre al vaciar de agua un tonel cervecero y comprobar que la succión del líquido no ha evitado la entrada de aire; igual al intentar vaciarlo de aire y comprobar la implosión del tonel. Estos fracasos parecían, pues, confirmar la previsión de Descartes, pero Guericke no es un simple empírico; lo guía una concepción teórica y, de ahí, la insistencia en conseguir las pruebas esperadas corrigiendo los diseños experimentales y los instrumentos de trabajo. Fruto de esta perseverancia es la invención de la bomba de vacío que consigue su objetivo, extraer completamente el aire de un recipiente convenientemente reforzado. El objetivo es alcanzado hacia 1653-1654, culminando los intentos iniciados en 1640.

Mediante la bomba de vacío (o de aire), se realizarán las espectaculares demostraciones de Magdeburgo (1657), de Berlín (1663), y otras menores en Regensburg –que son las recogidas por Schott en sus obras *Mechanica hydraulico-pneumatica* (1657) y *Technica curiosa* (1664)–. Sus diseños irán perfeccionándose progresivamente hasta la puesta a punto de una bomba transportable en 1663.

Gracias a esos éxitos y a la difusión de las obras de Schott, la contribución de Guericke será conocida en Europa, antes incluso de publicar su obra *Experimenta nova* en 1672. Y la influencia de la bomba de aire será definitiva, particularmente sobre los experimentadores, como Boyle o Huygens. Además, la importancia de la bomba de aire viene corroborada por el hecho que las dos principales Academias científicas (de Londres y de París) la adoptaran como emblema.[48]

Junto a la pericia técnica que supone la invención de la bomba de aire, hay que reseñar la variedad de experimentos llevados a cabo por Guericke. Prácticamente todas las interrelaciones que podían concebirse entre el vacío (o el aire rarificado) y otros fenómenos son analizados sistemáticamente por Guericke. Ejemplos son: la comprobación de que la combustión se apaga en un recipiente vacío; que el sonido no se transmite y sí la luz; la observación y medida de las variaciones de la presión del aire según las condiciones

---

48 Así se comprueba en la portada de *The History of the Royal Society of London, for the Improving of Natural Knowledge* (1667) de Sprat; y en la portada de una de las publicaciones aparecidas bajo el patrocinio de la Academia de París, *Mémoires por servir à l'histoire naturelle des animaux* (1671).

climáticas; los primeros rudimentos de instrumentos como el termómetro (el llamado termoscopio de aire) y el manómetro (medidor de presiones). En la mayoría de estas observaciones queda establecida la extraordinaria elasticidad del aire rarificado y sus relaciones con el grado de calor y la presión, es decir una anticipación de la ley de Boyle-Mariotte.

Otro importante grupo de experimentos es el relativo al magnetismo (en realidad, a la electricidad estática, que todavía no se sabe diferenciar del magnetismo), experimentos llevados a cabo gracias a una máquina eléctrica de su invención (en 1660), descrita en su obra de 1672. Con esta máquina realiza multitud de observaciones, muchas de las cuales deberán repetirse en el siglo XVIII para establecer las bases de una ciencia de la electricidad y del magnetismo, dado que la contribución de Guericke en este ámbito será prácticamente olvidada. Por ejemplo, observa el transporte de la *virtus* eléctrica entre cuerpos sin contacto, observación que repetirá Dufay.[49]

Aunque Guericke no consiga en este ámbito una teoría satisfactoria, su experimentación obedece a una orientación teórica bien precisa. Se trata de refutar los viejos dogmas escolásticos, como el de la imposible acción a distancia, o las viejas categorías de substancia y accidente aplicadas al problema del espacio, o también el imperante mecanicismo que obliga a que todo efecto resulte del contacto entre cuerpos. La experimentación en los fenómenos de "magnetismo" (electricidad estática) y la búsqueda del vacío obedecen, pues, a una clara coherencia.

Es así que, para Guericke, el vacío es también una realidad en los espacios cósmicos: postula que más allá de la limitada atmósfera terrestre (cuyo peso calcula) los espacios son vacíos.[50] Puede decirse que por primera vez el vacío empírico es vinculado al vacío cósmico, pues ha de recordarse que ni en Torricelli ni en Gassendi hay una afirmación del vacío cósmico. Y esta vinculación proviene de esa precisa concepción del espacio, y de una indudable impronta de las influencias teológico-místicas –en el sentido de la identificación del espacio con la inmensidad de Dios o la propia Nada–.[51]

---

49 No es hasta el año 1733 que Dufay cita las observaciones de Guericke. Cf. Taton II, p.586

50 Cf. Guericke, *Experimenta nova*, lib.III, cap.23.

51 Ver apartado II.II.6.

A

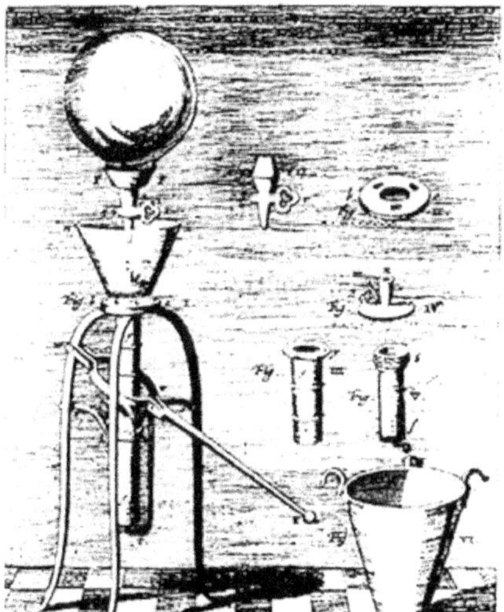

B

Fig. II.I.5 Algunos experimentos de Guericke

A. Experimentos con toneles (1640)

B. Primera bomba de aire (1653-54)

A pesar de estas interesantes connotaciones, la contribución de Guericke estará mediatizada por la obra divulgadora de Schott –que criticaba el vacuismo radical de aquél–, y se limitará a su vertiente empírica como inventor de la bomba de aire. Algunos de sus experimentos, como los de electricidad estática, serán olvidados y habrán de ser recreados en el siglo XVIII.

Así pues, el Guericke influyente es el que proporciona un nuevo instrumento científico, la bomba de aire, y el que estimula las investigaciones contemporáneas. De éstas, destacan las investigaciones realizadas en Inglaterra a partir de los años 1660, en particular a iniciativa de Boyle. Siguen otras en Francia e Italia. Guericke está en la encrucijada de los contactos entre estos diversos focos de la experimentación vacuista.

II.I.6. *Los contactos entre los experimentadores de Inglaterra y del Continente*

La cuestión del vacío interesa en todos los círculos científicos europeos y entre ellos hay un constante intercambio de experiencias y opiniones.[52] Como se ha dicho, el estímulo a la construcción de bombas de aire proviene de Guericke a través del relato de Schott en 1657. Boyle, por ejemplo, lo conoce en 1657-58 y se propone la construcción de su primer diseño a inicios de 1659. Desde esta fecha hasta 1682 (tercera bomba de Boyle) sus investigaciones giran en torno a la cuestión pneumática.[53]

Pese a esa entronización del método experimental con Boyle, las pruebas empíricas del vacío no van a ser hechos irrefutables. Por una parte, porque la cuestión vacuista ya no puede tomarse ni de modo aislado ni al modo premoderno, como *mirabilia* o curiosidades de la naturaleza. Por otra parte, porque, a estas alturas del siglo, están más implicadas las concepciones físicas y cosmológicas globales en cada una de las pruebas experimentales. Y la prueba experimental del vacío no es una excepción. Por

[52] Shapin-Schaffer, p.228, muestra en dos gráficos las rutas de contacto en los períodos 1659-1661 y 1662-1669.

[53] Las principales obras de Boyle en esta vertiente son: *New Experiments Physico-Mechanical, Touching the Spring of the Air and its Effects* [1660]; *A Continuation of New Experiments Physico-Mechanical, Touching the Spring and Weight of the Air, and their Effects* [1669].

ejemplo, en su entorno se plantea el problema del éter, de los movimientos planetarios en relación a los espacios cósmicos, el problema de la gravedad y el peso de los cuerpos, de la atracción entre los cuerpos celestes, de la constitución elemental de la materia. Pronunciarse sobre el vacío implica también una opinión sobre estas diversas cuestiones.

En este contexto conceptual, la aportación de Boyle es algo ecléctica, aunque claramente más cercana al vacuismo y al atomismo que al plenismo cartesiano. En realidad las teorías de Boyle versan sobre la naturaleza del aire y sus experimentos tratan con aire rarificado, más que con un auténtico vacío.[54] En ese "vacío" repite sistemáticamente algunas pruebas ya clásicas: el agotamiento de la combustión, la no transmisión del sonido, algunas pruebas de magnetismo, el experimento del vacío en el vacío; pero sobre todo se concentra en el estudio de la elasticidad del aire, observando su enorme capacidad de expansión y formulando la ley que relaciona volumen y presión. Es decir, se sistematizan algunas intuiciones anteriores, como la diferencia entre presión y peso del aire, o su comportamiento elástico.

El eclecticismo de Boyle se demuestra en su teoría de la naturaleza del aire. Lo considera formado por corpúsculos –no por átomos–, cuya forma es la de cintas enrolladas que pueden comprimirse o expandirse; así explica el llamado 'resorte' del aire (presión elástica). Este modelo, que se inspira más en Herón[55] que en Epicuro o Demócrito, permite concebir un inestable vacío intercorpuscular o intersticial (el llamado *vacuum disseminatum*), pero no tan claramente un vacío extenso (el llamado *vacuum coacervatum*); incluso el primero es problemático. Y así lo señalará Huygens en su crítica a Boyle: que la hipótesis del resorte del aire es inconsistente con la hipó-tesis del vacío.[56]

---

54 Es problema común a toda la experimentación del siglo XVII el tratar con aire rarificado: con aquellos instrumentos los grados de vacío alcanzados son poco intensos. Habrá que esperar al diseño de Hauksbee (1709), diseño vigente hasta mediados del XIX, para alcanzar una rarificación mucho mayor. Para el desarrollo actual de las técnicas e investigaciones del vacío, que exigen presiones máximas de 10^{-4} Torr, hay que esperar a finales del XIX. Cf. Andrade, "The History of the Vacuum Pump", p.81-83; Hablanian, "Comments on the history of vacuum pumps", p.19-22.

55 Cf. Boas, "Hero's Pneumatica: A Study of its Transmission and Influence", p.42.

56 Cf. Stroup, "Christiaan Huygens & the Development of the Air Pump", p.136-7.

Estas críticas se apoyan también en irregularidades experimentales, como el efecto de la vejiga –que se infla en el supuesto vacío– y la llamada suspensión anómala –donde el líquido no recupera su nivel inicial–, dos irregularidades ya comentadas en el episodio francés y repetidas en los experimentos de Huygens y del Grupo de Montmor.[57] En el caso de Huygens, las dudas sobre el vacío parten de su concepción de un éter omnipresente, y anuncian las discrepancias con Newton sobre la imposible atracción gravitatoria a través del espacio vacío. En el caso del Grupo de Montmor, la negación del vacío conecta con las investigaciones sobre capilaridad.

Las relaciones entre los focos inglés, holandés y francés son, pues, conflictivas; y sus intercambios –por ejemplo, los viajes de Huygens a Londres y París– no sirven para alcanzar un acuerdo completo.[58] El papel de Huygens en esta etapa es significativo, pues aquí el vacuismo ya no se enfrenta al típico apriorismo de un Descartes o de los plenistas tradicionales, sino a un experto experimentador que diseña sus propias bombas de aire y desarrolla en ellas multitud de pruebas (suspensión anómala, vacío en el vacío, etc).[59] La posición de Huygens no es exactamente antivacuista, sino escéptica, fruto de su muy variado campo de intereses científicos: por ejemplo, el problema de la gravedad de los cuerpos, la cuestión de la naturaleza de la luz, y en el centro de esas preocupaciones la cuestión del éter y los espacios cósmicos.

Por lo tanto, similares experimentos realizados en los círculos científicos europeos –conectados entre sí por relaciones personales, intercambios epistolares y publicaciones–, sirven para avalar teorías dispares. Esta disparidad, en cierto modo creciente, centra la atención de la siguiente etapa de esta historia: es la discrepancia entre las Academias de Londres y París.

---

[57] El efecto de la vejiga se debe a la presencia de aire rarificado, o sea a un insuficiente vacío. La suspensión anómala se debe a una combinación de factores como son atracción molecular, viscosidad y capilaridad. Cf. Shapin-Schaffer, p.241-242.

[58] Huygens fue miembro de la Royal Society de Londres (desde 1663) y de la Académie Royale des Sciences de París (desde 1666).

[59] Los trabajos experimentales de Huygens en este campo fueron recogidos por su colega Denis Papin en la obra *Nouvelles experiences du vide* (1674). Sobre este Huygens experimentador ver: Shapin-Schaffer, cap.VI; Stroup, "Christiaan Huygens & the Development of the Air Pump".

II.I.7. *Las Academias de París y de Londres. Papin y Hauksbee*

Las dos principales Academias científicas, la Royal Society de Londres y la Académie Royale des Sciences de París, se fundan en la década de los años 1660.[60] Estas instituciones canalizan la mayor parte de las actividades científicas del final de siglo, siendo éstas, actividades ya organizadas y situadas –con matices– bajo el primado del criterio experimental. En el caso de la cuestión vacuista, estos matices son especialmente relevantes, pues hay toda una corriente de opinión filosófica que refuta el valor probatorio del experimento para aclarar la cuestión del vacío. El peso de los distintos sistemas de filosofía natural es determinante en la toma de posición relativa a este problema.

En este final de siglo, la principal aportación experimental es el progresivo perfeccionamiento de las bombas de aire. Este corre a cargo de peritos expertos como Papin o Hauksbee, figuras que pertenecen a una nueva tipología de científico, la de técnico constructor de instrumentos. Sus contribuciones se sitúan en este orden, más que en el orden teórico.

El caso más sobresaliente es el de Denis Papin, pues colabora muy estrechamente con figuras tan contrapuestas como Huygens y Boyle. Con Huygens colabora en París desde 1668 a 1675 contribuyendo a mejorar muy notablemente la bomba de aire, siendo uno de sus frutos la publicación en 1674 de las *Nouvelles expériences du vide* donde se relata los experimentos realizados con Huygens –bajo el patrocinio de la Société Royale des Sciences–. En 1675 se traslada a Londres, colaborando con Boyle y con Hooke hasta 1680, quienes adoptarán su modelo de bomba de aire, la más fiable de cuántas podía disponerse.[61] Luego Papin regresa a París, se traslada cuatro años a Venecia, y viaja nuevamente a Inglaterra y a Alemania.[62]

En la misma línea está el inglés Francis Hauksbee. Como lo fuera antes Hooke para Boyle, Hauksbee es para Newton y para toda la Royal

---

60 La bibliografía sobre la historia de estas Academias es muy amplia. Señalemos: Hahn, *The Anatomy of a Scientific Institution: The Paris Academy of Sciences, 1666-1803*; Hunter, *The Royal Society and its Fellows 1660-1700: The morphology of an early Scientific Institution*; Ornstein, *The role of scientific societies in the seventeenth century*.

61 Fruto de esta colaboración es la segunda parte (editada en 1680) de *A Continuation of New Experiments Physico-Mechanical* de Boyle. Cf. Shapin-Schaffer, p.276.

62 Consúltese: MacLachlan, art. "Papin, Denis" en *DSB*; Payen, "Huygens et Papin: moteur thermique et machine à vapeur".

Society el técnico constructor de los instrumentos requeridos para la experimentación científica, entre ellos la bomba de aire. Hauksbee hereda las anteriores aportaciones de Hooke y de Papin, mejorando el diseño de las bombas hasta alcanzar, en la primera década del siglo XVIII, un modelo que sería clásico hasta mediados del siglo XIX.[63] Con ella, en la primera década del siglo XVIII, investiga experimentalmente sobre los fenómenos de capilaridad, de electroluminiscencia, de electrostática, y en particular el fenómeno de la luminiscencia en el vacío, fenómeno ya observado por Picard en 1675 al agitar accidentalmente un barómetro.[64] Todas estas investigaciones son esencialmente prefiguraciones de otras a desarrollar posteriormente en los siglos XVIII a XX; no pueden ser todavía experimentos probatorios de teorías que están puramente en sus inicios.

Es decir, con Papin y Hauksbee se ejemplifica la figura del científico experimental, técnico experto y observador sistemático de un caudal de nuevos datos empíricos. No son constructores de sistemas ni de síntesis teóricas al modo de Descartes o Newton. En ellos es plenamente compatible el más riguroso experimentalismo con un cierto eclecticismo teórico. Además, en ellos ya se adivina otra importante vertiente de la actividad científica: las aplicaciones técnicas. En este caso se trata del uso de las bombas en la minería, en la elevación de agua, y de las primeras aplicaciones de la fuerza del vapor –que son desarrolladas especialmente por Newcomen (en 1712) con una nueva bomba, llamada bomba atmosférica–.[65]

Desde el punto de vista de las teorías físicas, los experimentos del vacío alcanzan un primer techo en estas primeras décadas del siglo XVIII. Es decir, hay que esperar a mejoras muy notables para que sean posibles investigaciones como las relativas a las descargas eléctricas, la identificación de gases, el descubrimiento del electrón, la criogenesis, los rayos X. Todos estos descubrimientos se produjeron trabajando con técnicas de vacío, pero

---

63 Esta bomba data de 1709. Sobre Hauksbee consúltese: Guerlac, art. "Hauksbee, Francis" en *DSB*; Guerlac, "Francis Hauksbee: expérimentateur au profit de Newton".

64 Cf. Taton II, p.584.

65 Consúltese: Dorn, art. "Newcomen, Thomas" en *DSB*. Una de las aplicaciones más curiosas de las bombas atmosféricas son los llamados trenes atmosféricos, anteriores al tren convencional basado en la máquina de vapor. Otra aplicación –todavía visible– es la transmisión pneumática de documentos. Cf. Madey, "Early applications of vacuum, from Aristotle to Langmuir", p.11-12.

exigían instrumentos más perfeccionados que sólo pudieron desarrollarse a partir de mediados del siglo XIX.[66]

Así pues, las teorías filosófico-científicas acerca del vacío no estaban unívocamente determinadas por las aportaciones experimentales. Aún siendo éstas más precisas, no aportaban un criterio definitivo a una comunidad científica que se hallaba dividida sobre esa cuestión, dependiendo de la filiación teórica que adoptara. Esta división explica, como ya se ha dicho, la discrepancia entre los círculos ingleses (la Royal Society) y los franceses (la Académie Royale des Sciences) respecto a esta cuestión del vacío, aunque se mantuviera la colaboración en muchas otras cuestiones. En Inglaterra, la edición de los *Philosophiae naturalis Principia mathematica* de Newton (1687) y la organización de las *Lectures* en honor del fallecido Boyle (1691) señala la adopción definitiva de la tesis vacuista bajo la batuta de la síntesis newtoniana.[67] En Francia, a la entronización del cartesianismo por obra del popular tratado de física de Rohault (1671) se añade la influencia de Huygens (residente en París de 1666 a 1681), siendo ambas corrientes contrarias al vacuismo newtoniano.

II.I.8. *Conclusión: la cuestión experimental a fines de siglo*

A la vista de este resumen de la historia experimental del vacío, se comprende que los experimentos jugaron un indudable papel en el debate vacuista, pero no el único. Además de los viejos prejuicios, la tesis vacuista tuvo que enfrentar coherentes teorías físicas como la cartesiana –o si se prefiere versiones nuevas de los viejos prejuicios–, y sobre todo un conjunto muy amplio de cuestiones de orden metafísico, teológico y teórico-físico.

---

66 Por ejemplo, a partir de la bomba de Geissler (1855), la de Bianchi (1856), o sobre todo la de Fleuss (1892). Téngase en cuenta que 5 de los 12 premios Nobel de Física y Química otorgados en el período 1901-1906 tienen que ver con las técnicas del vacío. Cf. Madey, "Early applications of vacuum, from Aristotle to Langmuir", p.13-14 .

67 Inaugura las *Boyle Lectures* Richard Bentley (*Eight sermons preach'd at the Honourable Robert Boyle lecture*, 1692). Luego participarán, entre otros, Samuel Clarke (*A Demonstration of the Being and Attributes of God: more particularly in Answer to Mr. Hobbs, Spinoza and their Followers*, 1706) y William Derham (*Physico-Theology: or, a Demonstration of the Being and Attributes of God*, 1711-12).

En el ámbito estrictamente experimental el balance de las actividades, desde Beeckman hasta Boyle, nos señalaría la continuidad de unas conclusiones. Son las que ya formulara el primero:

1) Negación de la validez del principio del *horror vacui.*

2) Afirmación del peso del aire (como el de cualquier cuerpo).

3) Observación de la fuerza expansiva del aire (referencia a la presión).

4) Posibilidad de un vacío continuo, por ejemplo en los espacios.

Los experimentos de Torricelli, Pascal, Guericke, Boyle –por nombrar los más relevantes–, pretenden la confirmación de estos presupuestos, aportando nuevas precisiones a estas líneas maestras: se probará definitivamente la inconsistencia del *horror vacui*, se distinguirá entre peso y presión del aire, se precisará el concepto de presión elástica. Todo ello en el contexto de una progresiva asunción de la masa (y peso) como característica esencial de la materia –contra el criterio cartesiano de la identificación entre materia y extensión, sin especial énfasis en la masa–. Si el vacío es simplemente no–materia (no–masa), la prueba de la vacuidad, tal como señala Pascal, puede invertirse: correspondería a los plenistas aportar pruebas de su materia sutil.

Sin embargo, las pruebas experimentales del vacío tienen algunas claras limitaciones. La más evidente hace referencia a la conclusión 4ª, el vacío continuo en los espacios cósmicos, de imposible constatación empírica y dependiente directamente de una conjetura teórica.[68] Es lógico, pues, que esta cuarta conclusión fuera la menos consensuada: sólo Guericke y Pascal la afirman; y ha de recordarse que finalmente el reconocimiento de este aspecto fundamental del vacío depende de la cosmología newtoniana. Otras limitaciones provienen de irregularidades en los experimentos: el efecto de la vejiga, la suspensión anómala, los efectos combinados de la viscosidad y capilaridad, etc.

Al margen incluso de estas irregularidades –que ya han sido comentadas– se plantea otra dificultad: la contradicción entre la elasticidad del aire (el modelo de Boyle) y el vacío. Pues la elasticidad y expansión del aire sólo admitiría un vacío intercorpuscular pero no un vacío continuo; a menos que se alcanzara un vacío absoluto sin partículas de aire –que no era

---

68 Puede afirmarse que este vacío no fue probado hasta que –bien entrado el siglo XX– los satélites artificiales fueron lanzados más allá de la atmósfera terrestre. Cf. Koyré, *Études newtoniennes*, p.132.

el caso en los experimentos del XVII–. Esta contradicción sugiere que, de los tres tipos de vacío –según una clasificación que viene de antiguo: el vacío intersticial, el continuo y el cósmico–, no todos consiguieron el mismo soporte. Quizás el primer tipo, el vacío intersticial, y las conjeturas más discutibles sobre el vacío continuo fueron el único balance claro que arroja esta historia experimental. Más difícil es incluir en tal balance el tercer tipo, el vacío cósmico.

Por otra parte, ha de reconocerse que el "vacío" que podía alcanzarse con los instrumentos del siglo XVII o XVIII dista mucho del que se consigue con las técnicas más recientes. Por ejemplo, no se podía detectar en aquella época los vapores de mercurio o de agua, las pequeñas concentraciones de los gases que componen el aire, todos ellos presentes en ese "vacío". En una palabra, a falta de esta precisión, no podía hablarse, como se hace hoy, de "grados de vacío" medidos por la presión del recipiente vaciado.[69]

A pesar de todas estas dificultades, sí podría aplicarse al vacío la analogía con los medios fluidos que atraviesa un móvil, viéndolo como su rarificación superlativa. Es decir, aunque en el mundo real se den rozamientos o se den medios que no son perfectamente vacíos, es posible abstraerse de estas limitaciones y deducir leyes físicas válidas para las diversas situaciones –reales e ideales–. El vacío viene a ser el medio en que se cumplen principios de la física como el de inercia, principios que no son demostrables de modo estricto a partir de los puros datos empíricos. Lo mismo cabe decir del vacío como componente de una estructura corpuscular o atómica de la materia.

Estas dos advertencias (el vacío y el principio de inercia, el vacío y la estructura de la materia) sugieren claramente la importancia de las teorías y de los sistemas de pensamiento en el desarrollo efectivo del debate vacuista. El desarrollo de la polémica entre Leibniz y Clarke en 1715-16 lo confirma. Es significativo, pues, que la historia experimental del vacío se cierre, justamente cuando ha alcanzado instrumentos bastante perfeccionados, en un gran debate de ideas y de sistemas.

---

69 En puridad, el concepto 'grados de vacío' es incorrecto pues el vacío es la ausencia; y si hay presencia –por pequeña que sea– de materia, ya deja de ser vacío. Decir 'grados de vacío' sería equivalente a decir proporción de materia. El concepto tiene sentido en la medida que el concepto de materia se haya precisado.

CAPÍTULO II.II.

LA OPINIÓN TEOLÓGICA Y FILOSÓFICA

Según lo visto en el capítulo anterior, la vertiente experimental es sólo un aspecto –ciertamente importante– del debate vacuista. Pero ni los experimentos fueron absolutamente concluyentes ni éstos se desarrollaron al margen del contexto conceptual de su época. Este contexto viene marcado sin duda por el peso de los tradicionales prejuicios antivacuistas. Pero sería demasiado simple suponer que tal debate se reduce al enfrentamiento entre aquellos viejos prejuicios y los nuevos conocimientos científicos. El problema del vacío es demasiado complejo para limitarlo a esos parámetros. Ya se han citado algunas de las cuestiones implicadas: la concepción del espacio, la concepción de la materia, la relación entre mundo y divinidad, etc. En general, puede decirse que el carácter crucial del problema del vacío consiste en el lugar especial que ocupa en la polaridad 'materia'/'espíritu': parece participar de ambas categorías y a la vez no es exactamente ninguna de ellas.

Además, la cuestión del vacío no delimita un supuesto campo "moderno" frente a un campo "tradicional"; es decir, no se trata del vacío como conocimiento conquistado por la Revolución científica frente a las viejas concepciones premodernas. Pues, como ya se ha apuntado, las críticas antivacuistas provienen también de reconocidos científicos (Huygens) y de autorizados filósofos (Descartes, Hobbes, Spinoza, Leibniz). Así pues, los frentes se entrecruzan sin unas delimitaciones rígidas, y, por otra parte, hay que contar con toda la aportación de los aspectos no estrictamente empírico-científicos en la discusión, especialmente todo un grupo de cuestiones que arrancan más directamente de la tradición medieval y renacentista y que siguen presentes.

En la cuestión del vacío, pues, la aportación de estos componentes "tradicionales" (teología mística, escolástica, filosofía oculta) es muy significativa.[1] De otro modo sería difícil comprender el *impasse* que se produce a finales de siglo. Como se verá oportunamente, en esa coyuntura se mezcla con la cuestión vacuista otros asuntos polémicos: la crítica al quietismo, el asunto de los ritos chinos, el fantasma del espinosismo; en suma, una percepción del peligro panteísta –del que la divinización del espacio (vacío) sería un aspecto más–.[2]

Los primeros apartados de este capítulo pretenden dar cuenta brevemente de estos componentes, empezando por la teología mística, que es el ámbito en que se inscribe la mencionada cuestión del quietismo. Con ello, además, se quiere subrayar que el vacío referido al alma o la vacuidad como concepto metafísico son otras dimensiones igualmente importantes.

II.II.1. *La teología mística: de san Juan de la Cruz a Molinos*

El quietismo es una corriente de la espiritualidad cristiana que, arrancando de la tradición mística del XVI, sería condenada por la jerarquía eclesiástica como desviación heterodoxa. La condena recayó especialmente sobre Miguel de Molinos –considerado su principal promotor–, mediante la bula papal *Coelestis Pastor* de 1689. Este episodio italo-español se prolonga unos años más tarde en Francia, en la controversia sobre el puro amor entre Fénelon y Bossuet que se cierra con la condena del primero en 1699.[3]

Estos son someramente los hechos que están de actualidad al finalizar el siglo, hechos que caen bajo el título genérico de quietismo. Y una interesada interpretación circula de boca en boca: la que atribuye a esa doctrina

---

1 Tal es el punto de vista de Grant en *Much Ado about Nothing*. Cabe decir que este enfoque entronca con la cuestión más general de la génesis de la revolución científica y su relación con el pensamiento "mágico" renacentista. En este debate, a tener en cuenta: Rossi, *De la magia a la ciencia*; Vickers (comp.), *Mentalidades ocultas y científicas en el Renacimiento*; Yates, *El ilumnismo rosacruz*; Webster, *De Paracelso a Newton*; Righini-Shea (eds.), *Reason, experiment and mysticism in the Scientific Revolution*.

2 Este clima se refleja particularmente en el *Dictionnaire* de Bayle. Ver apartado III.I.2.

3 La bibliografía sobre el quietismo y Molinos ya es muy abundante. Destaquemos el muy completo estudio de Moreno, *El pensamiento de Miguel de Molinos* [1992]. Los textos de la condena se hallarán en el apéndice de Molinos, *Defensa de la contemplación*, ed. de F. Trinidad. Sobre el quietismo en Francia, ver Le Brun, art. "Quiétisme.– II. France" en *DS*.

una ilusoria pretensión de aniquilar –de aquietar– las facultades anímicas, pretensión que sólo puede conducir en realidad a la irresponsabilidad moral, esto es, al pecado. Ese tipo de simplificación es la que se incluye en el *Dictionnaire* de Bayle, por ejemplo. Según ella, ese quietismo converge en una síntesis perversa con el estoicismo, con el espinosismo, con la interpretación europea de las doctrinas orientales, y con el vacuismo, en una especie de anticipación del nihilismo.

En realidad –y de acuerdo con los intérpretes más autorizados– la doctrina de Molinos no es fundamentalmente distinta a la de sus precedentes místicos, en particular a la de san Juan de la Cruz.[4] Lo distinto es la centuria que separa uno de otro, o sea la distinta época que hace una percepción distinta de similares contenidos doctrinales. Estos contenidos versan sobre la disyuntiva entre 'contemplación' (la opción de san Juan de la Cruz y de Molinos) y 'meditación', disyuntiva que recorre toda la historia de la espiritualidad cristiana, particularmente en los siglos XV a XVII.[5] La crisis quietista es, pues, la culminación de esa conflictiva trayectoria: si antes las inclinaciones místicas ya sufrieron la mirada inquisitorial pero consiguieron ser reconocidas como ortodoxas (caso de santa Teresa y de san Juan de la Cruz), en el último tercio del siglo XVII caen definitivamente del lado de la heterodoxia (caso de Molinos). Por ello, la significación histórica de la crisis quietista no se circunscribe a una episódica controversia teológica; representa una cierta erradicación de la tradición mística en conjunto –o, si se prefiere, su agotamiento–.

Tal sería su significación general. La particular es la refutación del vacío interior, es decir la eliminación de la vía no-discursiva en la espiritualidad. Esa vía, que se propone la contemplación, consiste según Molinos en el aquietamiento o aniquilación de las potencias (facultades) anímicas y según san Juan de la Cruz en la 'noche oscura' –con una referencia muy

4 Pacho, "El quietismo frente al magisterio sanjuanista sobre la contemplación"; y Román de la Inmaculada, "¿Es quietista la contemplación enseñada por san Juan de la Cruz?": son dos referencias obligadas en tal tipo de interpretación; contraria, pues, a la más tradicional, encarnada en Dudon, *Le quiétiste espagnol Michel Molinos (1628-1696)*. Es interesante consignar la rectificación de Zambrano: en su art. "San Juan de la Cruz (de la 'noche oscura' a la más clara mística)" de 1939 se sumaba al tópico de la crítica a Molinos; luego en su reedición en *Senderos* advertía el error y enviaba el lector a su art. "Molinos recuperado" de 1974.

5 Véase, por ejemplo: Andrés Martín, *Los Recogidos. Nueva visión de la mística española (1500-1700)*.

explícita al vacío de las potencias del alma–. Son distintas expresiones y distintos matices de una similar concepción, que también es común a los místicos reno-flamencos y que tiene en la teología mística de san Dionisio la referencia de autoridad.[6]

Aquietar, aniquilar, o vaciar el alma, son, pues, expresiones aproximadamente equivalentes. San Juan de la Cruz, por ejemplo, se refiere a la "tiniebla, desnudez y vacío" de las tres potencias del alma (entendimiento, memoria, voluntad), como medio para la unión del alma con Dios, unión que no se produce "por el entender, ni por el gozar, ni por el imaginar, ni por otro cualquier sentido".[7] Es decir, la doctrina sanjuanista propone una doble purgación, la sensitiva y la espiritual, que supone desprenderse no sólo de los apetitos sensibles sino también de las formas, discursos e imágenes del espíritu.

El vacío del alma simbolizaría, pues, el tránsito necesario hacia tal unión.[8] Y respecto a ese vacío, es importante señalar que se entiende que éste conduce casi inevitablemente a la unión con Dios, convicción más explícita incluso en ciertos antecedentes de Juan –como Osuna–.[9] Dos aspectos habría que destacar respecto a esa concepción del vacío anímico:

(1) el vacío no es un objetivo por sí mismo, sino el medio para alcanzar a Dios; es un vaciarse de algo para llenarse de lo Otro, un desprenderse de unas vestiduras para vestirse con otras.[10]

(2) se observa el uso de la metáfora del *horror vacui*, como modo de expresar la idea de que tal vacío ha de conducir a la plenitud.

---

6 La referencia común es obviamente Dionisio Areopagita, *De la teología mística*. Sobre la relación entre la mística española y la reno-flamenca, véase Orcibal, *La Rencontre du carmel théresien avec les mystiques du Nord*; Orcibal, *Saint Jean de la Croix et les Mystiques Rhéno-flamands*.

7 Cf. San Juan de la Cruz, *Subida del Monte Carmelo*, II, 6.

8 Señalemos que en términos teológicos esta discusión acerca del tránsito conducirá a la discusión sobre el paso de la meditación a la contemplación, y a la distinción entre la contemplación adquirida (también llamada activa, o asequible al propio esfuerzo) y la contemplación infusa (también llamada pasiva, sólo asequible por una gracia especial infundida por Dios). Cf. Román de la Inmaculada, "¿Es quietista la contemplación enseñada por san Juan de la Cruz?".

9 Nos referimos básicamente al *Tercer abecedario espiritual* de Francisco de Osuna.

10 Cf. San Juan de la Cruz, *Subida del Monte Carmelo*, I, 5, n.7. Expresiones similares en *Noche oscura*, II, 13, n.11.

La metáfora del *horror vacui*, aplicada a este ámbito espiritual, indica efectivamente que no se concibe un vacío estable, el supuesto vacío desolador del que se acusará a los quietistas. Como ha señalado Orcibal[11], lo que se ventila tras el uso de la metáfora del *horror vacui* tiene un gran alcance: se trataría ni más ni menos de afirmar que Dios no podría dejar de llenar ese vacío.[12] Con ello, pierden solidez las formulaciones dogmáticas acerca de una radical diferencia entre la contemplación adquirida –aquella que es asequible con el propio esfuerzo, también llamada activa– y la contemplación infusa –también llamada pasiva–. Y ha de saberse que esta distinción gravitará sobre toda la polémica del siglo XVII, especialmente sobre Molinos. Por otra parte, el vacío como medio subordinado a un fin, que no es exactamente la vacuidad sino la plenitud de la unión con Dios, relativiza toda interpretación que pretenda subrayar las identidades entre la unión mística cristiana y las modalidades orientales.[13] Aunque ciertamente sí pueden observarse ciertas convergencias, pues el vacío de la apofasis noética (o sea, la vacuidad anímica) se corresponde con el vacío de la apofasis ontológica (o sea, Dios como vaciado de determinaciones); y la plenitud mística, por lo tanto, se refiere a una divinidad no determinada ontológicamente.[14]

---

11 Orcibal, *Saint Jean de la Croix et les Mystiques Rhéno-flamands*, p.195 y n.5.

12 Así de claro lo dice san Juan de la Cruz: "Y vacando de esta manera el alma a todas las cosas, llegando a estar vacía y desapropiada acerca de ellas, que es, como habemos dicho, lo que puede hacer el alma de su parte, *imposible que deje Dios de hacer lo que es de la suya en comunicársele*, a lo menos secretamente" (*Llama de amor viva*, 3, n.46). [el subrayado es nuestro]. Expresiones similares –que recuerdan, pues, ese uso de la metáfora del horror vacui– en: *Subida del Monte Carmelo*, II, 15, n.4; *Cántico espiritual*, 9, n.6. En Osuna, el uso de esta metáfora era incluso más explícito: "así como lo vacuo atrae cosa que lo ocupe, así el corazón vacío de lo mundano atrae a Dios que ocupe y supla su falta" (Osuna, *Tercer abecedario espiritual*, Tr. 6, cap. 3, p. 241); "así como en la naturaleza de las cosas corporales no se da cosa vacía, así en lo espiritual" (Tr. 6, cap. 3, p. 241).

13 Dicho esto frente al criterio, por ejemplo, de Valente, *Ensayo sobre Miguel de Molinos*, p.16.

14 Cf. Orcibal, *Saint Jean de la Croix et les Mystiques Rhéno-flamands*, p.106 y 178. Quizás la concepción más cercana a la idea de Dios como vacuidad esté en Eckhart: "Dicen los maestros que Dios es un ser y un ser racional y conoce todas las cosas. Mas nosotros decimos: Dios no es ni ser ni racional ni conoce esto o aquello. Por eso, *Dios es libre (vaciado) de todas las cosas y por eso es (está en) todas las cosas*. [...] Por eso hace falta que el hombre aspire a no poder saber ni conocer nada de las obras divinas" (Del Sermón 'Beati pauperibus spiritu', Eckhart, *Tratados y Sermones*, p.689). [el subrayado es nuestro].

En resumen, la criatura ha de desprenderse de su condición como tal, incluidas sus facultades del alma, para acoger, no al Ser eminente, sino a la Divinidad que está situada más allá del Ser. Pese, pues, a la ambigüedad sobre el carácter pleno o vacío de la unión mística, en la corriente de la espiritualidad sanjuanista está clara la reivindicación del vacío.

Similar orientación se encuentra en Molinos, a pesar incluso de una menor referencia explícita al vacío. Molinos insiste más en los términos 'aniquilación', 'quietud', pero –salvo algunos matices– la pretensión es la misma: contemplación frente meditación, silencio frente discurso.[15] El problema de Molinos, no es una supuesta distancia doctrinal respecto a sus antecedentes místicos, sino el vivir en una época distinta que no quiere ni sabe renunciar a la centralidad del sujeto, época que a lo sumo opone al sujeto cognoscitivo el sujeto afectivo, pero ya no su disolución en la experiencia espiritual. En consecuencia, el vacío o la quietud del alma es una doctrina incómoda y finalmente condenada.

Tal condena anuncia el posterior divorcio entre la afirmación del vacío cosmológico y la negación del vacío interior: el siglo XVIII podrá afirmar el vacío espacial pero ya no el anímico –prácticamente lo olvidará–. A partir de ahí parecerá que la dimensión físico-cosmológica y la dimensión interior-anímica del vacío son dos cosas absolutamente distintas.[16]

Pero esta distinción no puede aplicarse antes. El problema es que la ambigüedad respecto a la plenitud o vacuidad aplicada a Dios (a la unión mística con Él) se proyecta en una similar ambigüedad respecto al espacio vacío de cuerpo, o sea la no-materia o no-criatura.

La confusión se justifica en mayor medida si se tiene en cuenta que la distinción radical entre materia y espíritu, al estilo del dualismo cartesiano, no es propia del pensamiento renacentista –y de sus prolongaciones en el XVII–. En la medida que la materia y el espíritu –los cuerpos y los espíritus– se entremezclan y se desplazan, cabe hablar tanto en términos de plenitud como de vacuidad. Y así también a la pregunta sobre dónde está el mundo, podrá responderse tanto que está situado en el centro de un espacio vacío como que está abrazado por la plenitud divina.

---

15 Cf. Molinos, *Guía espiritual*, III, 12, n.113 y 116; III, 22, n.208.

16 Tal consecuencia será en cierto modo el resultado del clima intelectual a finales de siglo, presidido por la mezcla perversa de quietismo, espinosismo, orientalismo y debate vacuista (ver cap.III.I.).

Por lo tanto, ha de reconocerse la influencia de estas corrientes de pensamiento (de filiación renacentista, en particular la corriente mística) en las concepciones y discusiones del siglo XVII. No directamente de la línea que va de san Juan de la Cruz a Molinos en cuanto a la influencia explícita en las cuestiones científicas, pues su incidencia ha de verse sobre todo en la génesis del importante asunto quietista. Pero sí de figuras como Paracelso, Valentin Weigel, o Jakob Böhme, de indudable influencia en las ideas científicas, algunos de ellos bastante próximos a las concepciones místicas sanjuanistas –dada además la común filiación a los maestros místicos renoflamencos–. Weigel, por ejemplo, se refiere también al vacío del alma para acoger a Dios y afirma que el mundo nada en un abismo vacío infinito.[17]

Estas influencias son bien perceptibles, por ejemplo, en Guericke:

> La infinita esencia de Dios no está contenida en el espacio, o vacío, sino que Dios, que está presente en todo lugar, estando en Sí mismo por Sí mismo es el espacio mismo y es todo lo vacío que hay en la criatura.[18]

En esta cita están claramente presentes las dos vertientes del vacío, o sea como espacio y como vacío interior, unidas en virtud de la omnipresencia divina. Evidentemente, estas relaciones tan estrechas entre divinidad y alma (lo vacío de la criatura), por una parte, y entre divinidad y espacio, por otra, serán objeto de dos discusiones casi paralelas: la crisis quietista es ejemplo de la primera, la polémica Leibniz–Clarke es ejemplo de la segunda.

Para seguir mostrando la génesis y las bases teóricas de estas discusiones ha de tenerse en cuenta otro importante componente: la tradición escolástica.

---

[17] Cf. Koyré, *Místicos, espirituales y alquimistas del siglo XVI alemán*, p.131, 137, 148-153. También de Koyré: *La philosophie de Jacob Boehme*.

[18] Guericke, *Experimenta nova*, p. 64.

II.II.2. *Antecedentes escolásticos. Suárez*

No puede reducirse la tradición escolástica a un único aspecto, como es el de la defensa del punto de vista tradicional, es decir la doctrina del *horror vacui*. Es cierto que, respecto a las cuestiones experimentales, su opinión mayoritaria es contraria a la admisión del vacío. Pero su aportación se desarrolla en otro orden: el de la mencionada relación entre divinidad, espacio y mundo. Al respecto, no hay opinión unánime acerca de un posible vacío en el espacio exterior o extracósmico. En este punto, las opiniones del XVI y del XVII siguen las pautas ya trazadas a raíz de las condenas de 1277; es decir, unos se atienen a la concepción aristotélica y otros la ponen en cuestión.[19]

Si se siguiera la tradicional opinión aristotélica no cabría hablar de espacio extracósmico ni, por lo tanto, preguntarse sobre el vacío en él. Pero un mundo limitado y cerrado sugiere hacerse esa pregunta; además, una visión de este tipo resulta natural a la imaginación geométrico-espacial, y resuelve de paso el viejo problema del lugar del mundo.

Una corriente de la tradición escolástica toma esta opción, salvando las objeciones con sutiles distinciones sobre la dimensionalidad o la realidad del espacio extracósmico. Siguen aquí la pauta de las opiniones del siglo XIV –de Bradwardine, particularmente– dónde se calificaba de "imaginario e infinito" al espacio extracósmico. Suárez es uno de ellos. Y a medida que avance el siglo XVII, lo calificado como 'imaginario' toma más tintes de realidad. Así, estas opiniones favorables al vacío 'imaginario' se convierten en soporte de los filósofos vacuistas –aunque ciertamente sujetas a las dudas e incluso a las condenas teológicas–.

Suárez efectivamente se pronuncia por el correlato espacial de la inmensidad divina. Explica:

> No podemos concebir la disposición e inmensidad de la divina sustancia sino es en relación a cierta extensión, la cual necesariamente concebimos como relaciones entre cuerpos. Cuando separamos los cuerpos de esa extensión, sea real o imaginariamente, percibimos forzosamente cierto espacio capaz de ser llenado por cierto cuerpo, un espacio en el que está presente la totalidad de la

---

[19] Ver apartado I.III.2.

sustancia divina (totalidad de la sustancia en el todo del espacio y en cada una de sus partes). Al afirmar esta presencia, nos referimos a la citada disposición de la divina sustancia.[20]

Por ello, el espacio 'imaginario' equivale a espacio vacío y su lugar más propio es la extensión extracósmica. Suárez puede así concluir que el espacio vacío "no es realmente distinto a la substancia divina" y que "cuando concebimos el espacio al modo de un vacío capaz de ser llenado por un cuerpo, allí la sustancia divina está más presente y llena substancialmente el todo".[21]

Estas conclusiones son ciertamente radicales, pues llevan inscritas una cierta identificación entre espacio y divinidad. Pero se está lejos todavía de la identificación entre la divinidad y el espacio 'real', dimensional –al modo que lo entenderá More y a partir de él la cosmología newtoniana–, pues Suárez se atiene al espacio 'imaginario'. En última instancia, las respuestas de Suárez derivan de los atributos de omnipresencia, inmensidad e infinitud de Dios, y de la consideración de la divinidad como la referencia para el lugar del mundo. Son respuestas que se corresponden con la visión cosmológica tradicional –que llamamos 'clausura teológica del mundo'– con su firmamento, su empíreo y su trono celeste presidiendo el mundo.

En la medida que en el futuro esa visión cosmológica cerrada y clausurada se ponga en cuestión, el espacio vacío podrá ya no referirse sólo a los espacios extracósmicos y se planteará la relación entre la totalidad del espacio y la inmensidad divina; lo mismo ocurrirá cuando la tradicional negación del vacío intramundano –en virtud del principio del *horror vacui*– deje de ser una conjetura segura. Entonces, ese vacío intramundano podrá ser reivindicado con el bagaje teórico de los escolásticos como Suárez.

Ciertamente, no todos los escolásticos están en la línea de Suárez. Esto se comprueba, por ejemplo, en el *Dictionnaire* de Bayle. Ahí se cita a Suárez como representativo de la opinión favorable a la concepción de la presencia divina en los espacios; pero también se cita la corriente opuesta, encabezada por Vázquez, que niega el correlato espacial a la divinidad.[22] Se

20 Suárez, *Disputationes Metaphysicae*, II, p.100, §16.

21 Suárez, *Disputationes Metaphysicae*, II, p.107, §37.

22 Ambos (Suárez y Vázquez), citados por Bayle en el art. "Francus", VI, p.589, del *Dictionnaire*. Vázquez fue leído por Leibniz. Cf. Couturat, *La logique de Leibniz*, p.27.

tendría, pues, dos corrientes escolásticas: una daría soporte a la divinización del espacio y a la afirmación del vacío; la otra daría soporte a la negación del vacío y se opondría al espacio como entidad independiente.

Pese a tal disparidad de criterios –disparidad que alimentará la disputa hasta entrado el siglo XVIII–, la corriente encabezada por Suárez tiene un importante peso. Junto a él cabe destacar al jesuita conimbricense Fonseca y al oratoriano Maignan. Fonseca se plantea la pregunta: ¿está o no Dios más allá del cielo? Su respuesta es afirmativa, incluyendo en ella la refutación de cinco argumentos contrarios[23]; pero sigue opinando al modo tradicional respecto al vacío intramundano. En cambio, Maignan –miembro del 'Grupo de Roma'– combina los términos escolásticos con el conocimiento directo de los experimentos científicos. Admite que los *microvacua* (o sea el vacío intersticial) y los *macrovacua* (o sea el vacío continuo) son posibles en este mundo, aunque como excepción artificial; y enfatiza que Dios está en los infinitos espacios extracósmicos. Maignan, siguiendo la terminología escolástica, tiene sumo cuidado en atribuir carácter dimensional al espacio-inmensidad divina; por ello, recurre al calificativo ya clásico de espacio 'imaginario', para oponerlo al espacio mundano y lleno.

Aunque 'imaginario' no quiera decir 'irreal', tal calificativo resta efectivamente realidad al espacio. Ahí radica el límite de la aportación escolástica al debate vacuista. Falta dar el paso hacia la consideración del espacio real, es decir dimensional y ocupado –o no– por cuerpos; y falta decir explícitamente que ese espacio real se corresponde con la inmensidad divina. Tal paso será dado por Guericke, por More y, a partir de éste, por la cosmología newtoniana.

23 Cf. Grant, p.160.

II.II.3. *Ontología renacentista y tradición rosacruz*

La llamada 'filosofía oculta', representada especialmente por el movimiento rosacruz, es en cierto modo una prolongación del Renacimiento.[24] Una de sus características es una erudición profusa, que se corresponde con una visión de la naturaleza también como compendio profuso de maravillas, con la integración de lo sobrenatural en el orden mismo de la naturaleza, integración reflejada en la noción de 'magia natural'. Este estilo de erudición y de visión de la naturaleza no se agota con el siglo XVI; se prolonga en el XVII.[25] Ejemplos son las ya mencionadas obras de Kircher y de Schott. Sus *pot–pourris* son muy propios de aquella visión. En cierto modo, la experimentación científica depende en parte de ella, cuando los experimentos no derivan de sistemas y sí de una pericia técnica que pretende que la naturaleza muestre sus secretos –no sus leyes–. Otra característica es la referencia de autoridad basada en las fuentes antiguas, fuentes que muy a menudo se superponen asistemáticamente.

En relación a la cuestión del vacío, como ya se ha dicho, la falta de una clara diferenciación entre 'materia' y 'espíritu' –o más bien, la convicción de la presencia (espacial) muy real de los espíritus– conduce a una ambigüedad sobre el estatuto ontológico del vacío. A grandes rasgos puede decirse que en el primer tercio del siglo XVII, coincidiendo con la explosión rosacruz, hay mayor tendencia a referirse en términos de plenitud; y a partir de mediados de siglo, con una mayor difusión del atomismo y una mayor clarificación de la filosofía mecánica, se dibuja ya en los círculos de

---

24 Sobre el movimiento rosacruz, son de obligada consulta: Yates, *El iluminismo rosacruz*; Arnold, *Histoire des Rose-Croix et les origines de la francmaçonnerie*; Quincey, *Historico-Critical Inquiry into the origins of the Rosicrucians and the Freemasons*. La explosión rosacruz se produce hacia 1610-1618. El desarrollo de la Guerra de los 30 años (1618-1648) marcará su declive, especialmente en el continente europeo, en forma de una persecución explícita. Su influencia, soterrada, se traslada a Inglaterra: los manifiestos rosacruces *Fama Fraternitatis* y *Confessio Fraternitatis R. C.* serán reeditados en 1652 por Vaughan, *The Fame and Confession of the Fraternity of R. C. Commonly of the Rosie Cross*.

25 El problema es que la visión retrospectiva tiende a olvidar estas prolongaciones y se concentra en las anticipaciones o desarrollos de lo moderno. La ontología mágica renacentista no se disuelve en la nada, sigue presente y latente; incluso habría que considerar su papel en la génesis de movimientos muy posteriores, como es en el caso del romanticismo. Véase al respecto Viatte, *Les sources occultes du romantisme. Illuminisme - Théosophie (1770-1820)*.

similar filiación –por ejemplo, Guericke– la tendencia a referirse en términos de vacuidad.

En las dos opciones –plenitud o vacuidad– se da un manejo de las mismas fuentes: bíblicas, platónicas, herméticas, cabalísticas. Así es en Fludd, que pone especial énfasis en el principio de plenitud, y en More, que defiende la vacuidad pero entendiendo que en ella se extiende la sustancia espiritual.

Según Fludd –representante de la corriente rosacruz–, la plenitud equivale a la omnipresencia divina, al principio unificador de la naturaleza, basándose para ello en cierta interpretación de la cosmogonía bíblica.[26] También se observa la vigencia en Fludd del pensamiento tradicional con la referencia al principio del *horror vacui*. Es, pues, una plenitud y un horror al vacío en términos de afirmación de la presencia y de la inmanencia divina. Claro está, estas apreciaciones se producen antes de los primeros experimentos propiamente vacuistas, y antes de la primera consolidación de la filosofía mecánica. Aunque, de hecho, de Fludd y de los rosacruces no ha de esperarse aclaraciones de tipo empírico, sino fundamentalmente afirmaciones de tipo metafísico. Así por ejemplo, uno de los manifiestos rosacruces, el *Fama Fraternitatis*, además de contener una referencia a una "sabiduría que renueve y transforme todas las artes", concluye con este principio: "*Nequaquam vacuum*" (no hay vacío en ninguna parte).[27]

Este principio está de acuerdo con ciertas fuentes herméticas, pues no ha de olvidarse que la tradición rosacruz hace suya la comentada declaración de Hermes Trimegisto acerca de la imposibilidad del vacío y la reafirmación de la plenitud divina.[28] Este *dictum* será utilizado para afirmar

---

26 Cf. Fludd, *Mosaicall Philosophy*, p.52 (citado por Lovejoy, *La gran cadena del Ser*, p.121). Sobre Fludd y su proximidad (o pertenencia) al movimiento rosacruz, véase: Yates, *El iluminismo rosacruz*, p.94-118.

27 Formulado en la parte final del texto, y presentado a modo de inscripción que figura en la sepultura del legendario fundador de la hermandad rosacruz –Christian Rosencreutz–. Cf. Yates, *El iluminismo rosacruz*, p.297. En cuanto a la referencia a una "sabiduría que renueve y transforme todas las artes", ésta ha de tomarse como coincidente con el espíritu baconiano, el que propugna una 'ciencia activa' que instaure el dominio del hombre sobre la naturaleza. Al decir de Yates, p.222 y p.225-7, el año 1642 señala la fusión de la corriente baconiana y la rosacruz; uno de sus frutos es la creación del Colegio Invisible en 1645 –entre otros, por Boyle–, sociedad que es el inmediato precedente de la Royal Society, o sea de la institución científica más influyente de Europa.

28 Cf. *Asclepius*, según la versión del vol. I de *Hermetica*, ed. Scott, p.319. Sobre el influjo de la tradición hermética, consúltese: Yates, *Giordano Bruno y la tradición hermética*; Yates,

la omnipresencia divina, en particular en la región extramundana. Es decir, será utilizado para una cierta afirmación de la existencia del espacio extracósmico, aunque sea en términos de plenitud divina. Y este principio también servirá para concluir la infinitud del mundo: cómo ya dijo Bruno, la infinita potencia creadora del Dios infinito no se limita a una creación finita.[29]

Junto a estas referencias de tipo hermético, que parecen inclinarse por la plenitud, hay otras que derivan hacia la consideración de la vacuidad. Son las referencias hebreas, en especial las cabalísticas. También subrayan la omnipresencia divina –con su correlato espacial–, y tratan con especulaciones de orden cosmogónico. El concepto clave es el de *simsum*, que puede traducirse como autolimitación divina: la creación consistiría en esa autolimitación, en un retirarse y concentrarse de Dios, produciéndose el espacio vacío original (llamado *tehiru* por los cabalistas) que hace posible el mundo. En lugar de una creación *ex nihilo* o de una emanación, aquí la creación se basa en el exilio de Dios, exilio o destierro que produce un espacio vacío.[30] Esta opción enfatiza las diferencias de esencia entre Dios y mundo, aunque éste haya sido creado por Aquél. Es decir, nada obliga a que Dios colme con la materia-mundo la totalidad del espacio vacío primigenio, producto del retiro divino.

La influencia judía y cabalística ha de integrarse en el conjunto de fuentes que manejan los magos renacentistas y sus herederos del siglo XVII, una más en el conjunto de su erudición, una influencia que no es ni unívoca ni sistemática, pero que empuja sin duda en la dirección de la divinización del espacio –espacio considerado al margen de la materia–. Así ocurrirá en More.[31]

El balance del estilo de pensamiento rosacruz, aunque de difícil resumen –pues afecta al conjunto de la Revolución científica, a sus aspectos

---

La filosofía oculta en la época isabelina; Yates, "The Hermetic Tradition in Renaissance Science"; Rossi, "Hermeticism, rationality and the Scientific Revolution"; Westfall, "Newton and the hermetic tradition".

29 Ver apartado I.IV.2.

30 Sobre la cábala es de obligada consulta Scholem, *Les grands courants de la mystique juive* (sobre Isaac Luria y su escuela, el cap.VII).

31 La influencia cabalística se localiza especialmente en Holanda (y de ahí a Inglaterra a partir de 1660). Cf. Yates, *La filosofía oculta en la época isabelina*, p.279-310. Pero pudo dar dos productos: Spinoza, que es plenista; y More, que es vacuista. En ambos se da la divinización del espacio, sólo que para Spinoza el espacio es materia y naturaleza.

de ruptura y a sus aspectos de continuidad–, podría incluir tanto el plenismo de Fludd o de Leibniz como el vacuismo de Guericke o de More.

Lo que hay de común, incluido el caso Leibniz[32], es el énfasis en la cohesión universal y el rechazo al reduccionismo mecanicista.[33]

Los éxitos de la interpretación mecanicista, por una parte, y la derrota o persecución del movimiento rosacruz, por otra, hacen que esta corriente de por sí subterránea deba fundirse con la filosofía mecanicista triunfante. Los casos Guericke o Charleton son indicativos. Charleton, por ejemplo, que evoluciona desde el hermetismo al mecanicismo y atomismo, es el introductor del atomismo de Gassendi en Inglaterra y fuente directa para Newton.[34] Así, en general, la derrota continental de los rosacruces desvía hacia Inglaterra su rastro e influencia. Ahí se producirá la fusión entre esta difusa corriente y la filosofía mecanicista, que culmina en Newton.

La evolución desde un plenismo hasta el vacuismo, aún partiendo de similares presupuestos y fuentes, se explica por ese componente mecanicista y su correlativa clarificación de qué es la materia. En efecto, el auge de las concepciones corpusculares o atomistas implica la progresiva consideración del peso como característica universal de la materia, incluyendo –como se ha visto– el aire como un caso más de esa materia y ese peso. Ni el 'aire' ni el 'fuego' (cuya independencia como elemento ya se pone en cuestión) pueden confundirse ahora con lo que en el modelo estoico era el πνεῦμα ('espíritu'), diferenciado de la ὕλη ('materia', formada únicamente por 'tierra' y 'agua'). El papel que juega el πνεῦμα en el modelo estoico como principio de cohesión universal, bastante similar a la copresencia espiritual en el plenismo de un Fludd, viene a desempeñarlo el vacío como consecuencia de la sustitución de la inclinación estoica por la atomista y mecanicista. Además, una vez clarificada la naturaleza común de

32 Al propio Leibniz se le ha atribuido una filiación rosacruz. Guhrauer, *Leibniz: eine Biographie*, I, p.46, explica que en Nürnberg en 1666 Leibniz se afilió a una sociedad rosacruz creada, al parecer, por Andreae en 1628. Cf. Yates, *El iluminismo rosacruz*, p.194.

33 Prolongaciones del estilo rosacruz son el movimiento pansófico de Comenius, las investigaciones alquímicas y de los fenómenos de magnetismo, la medicina de inspiración paracelsiana, ámbitos todos ellos donde el reduccionismo mecanicista se desenvuelve con grandes dificultades. Cf. Koyré, *De la mystique à la science*, p.25-26; Yates, *El iluminismo rosacruz*, p.196-210.

34 Sobre la evolución de Charleton véase Vickers (comp.), *Mentalidades ocultas y científicas en el Renacimiento*, p.286-292. La obra de Charleton, *Physiologia Epicuro - Gassendo - Charletoniana*, de 1654 servirá de mediación entre Gassendi y Newton.

los elementos 'aire' y 'fuego' con las restantes materias, es preciso un nuevo énfasis en la distinción entre materia y Dios. El espacio vacío hace que esta distinción se mantenga, que la dignidad divina no se confunda con la bajeza de la materia.

Este es, en síntesis, uno de los factores que explica la adopción del vacuismo en gentes que, como Guericke y More, están en la órbita de las influencias del estilo rosacruz.

II.II.4. *El peligro panteísta*

Ya puede adivinarse que en cualquiera de las soluciones adoptadas planea el problema de la relación entre Dios y mundo. Dos son las opciones extremas: la identificación entre ambos –o sea el problema del panteísmo y como caso particular, el espinosismo–; la exclusión mutua –con el peligro de ser acusado de 'nullibista', caso del cartesianismo–.

Aunque el término panteísmo' como tal aparece por primera vez a inicios del s. XVIII[35], con ciertas reservas puede aplicarse retrospectivamente. Los contenidos de las disputas, de las acusaciones, en el siglo XVII –y antes–, están perfectamente emparentados con las posteriores. La continuidad de la calificación viene autorizada especialmente por la continuidad de la referencia al espinosismo. Pero también por otras continuidades: el parentesco con el estoicismo, con las heterodoxias místicas y religiosas, con el llamado panpsiquismo renacentista y rosacruz, y sobre todo con las doctrinas de Oriente, que entran en la escena europea en la segunda mitad del XVII.

El esquema de la acusación "antipanteísta" consiste en señalar que estas desviaciones, aunque explícitamente no nieguen a Dios, diluyen los fundamentos mismos del Dios cristiano (por ejemplo, en el antitrinitarismo de los socinianos, y obviamente en el *Deus sive natura* de Spinoza), lo cual conduce al ateísmo. Así ocurre también al denunciar el "ateísmo" de las sectas de Oriente.

---

35 Por obra de Toland en su opúsculo de 1705 (*Socinianism truly Stated*) de evidentes influencias espinosistas, que da lugar a la controversia con La Faye (*Defensio religionis*, de 1709). A finales del XVIII se producirá la famosa disputa del panteísmo, a propósito de Spinoza, donde intervienen Jacobi, Lessing, Mendelssohn.

Tal esquema sería aplicable a la heterodoxia religiosa más influyente en el debate del XVII. En ella han de incluirse figuras como Sebastian Franck, Valentin Weigel, Jakob Böhme. Su influencia es perceptible en el pensamiento rosacruz y sus prolongaciones, a partir de la fusión de su espiritualismo con los componentes mágicos, alquímicos, cabalísticos; fusión que se ha designado con el término 'esoterismo monista' y que impregna a un buen número de los grandes filósofos del XVII.[36] Y será sobre todo en la Inglaterra revolucionaria dónde esa influencia cuajará en forma de explicaciones vacuistas de la interrelación entre Dios y mundo.

Así, no es casual que en el artículo "Francus" [referido al citado Franck] del *Dictionnaire* de Bayle se discuta sobre la relación entre la extensión y la esencia y sustancia de Dios, citándose a Suárez –representante de la opinión de Dios como presente en los espacios imaginarios– y la refutación basada en Vázquez. El excesivo énfasis en la proximidad entre la criatura –su fondo divino– y Dios sería, pues, una de las formas del peligro panteísta, y concomitante a la afirmación de la inmensidad de Dios con su correlato espacial.

En una línea paralela habría que referir las polémicas que enfrenta Fludd, en particular con Mersenne y Gassendi, coincidiendo con la explosión rosacruz (1620-1623). Gassendi llega a decir que prefiere el viejo aristotelismo a esas nuevas doctrinas. Y Mersenne hace la crítica bajo el rótulo de la acusación de deísmo, crítica igualmente aplicable a los magos renacentistas, a los alquimistas. De acuerdo con Yates, se produce así una extraña alianza entre el nuevo mecanicismo y la escolástica de corte más aristotélico contra los magos naturalistas –de inspiración platonizante–. No es simplemente la lucha de un supuesto racionalismo emergente frente al irracionalismo u ocultismo arcaico. Es también una lucha entre el fondo monista –o si se prefiere, "panteísta"– de las corrientes de raíz premoderna y la emergencia del dualismo moderno.[37]

---

36 Cf. Faivre, "El esoterismo cristiano de los siglos XVI al XX", p.329.

37 Cf. Yates, *El iluminismo rosacruz*, p.142-3. Pese al rechazo de la tradición mágica y rosacruz, ni Mersenne ni el propio Descartes escapan a la sospecha de pertenecer a sociedades rosacruces. Cf. Garin, *Descartes*, p.57. Sobre estas polémicas, véase también: Lenoble, *Mersenne ou la naissance du mécanisme*, p.27-31, 153, 418-420; Yates, *La filosofía oculta en la época isabelina*, p.286-296. La polémica viene reflejada en la obra de Mersenne, *L'impieté des déistes* (1624).

Como se ha dicho, este estilo de pensamiento de raíz premoderna tiende a expresarse en la primera mitad de siglo como principio de plenitud divina, y sólo en la segunda mitad adquiere el rasgo vacuista. En este contexto, la cuestión panteísta, o más en general la cuestión acerca de las relaciones entre Dios y mundo, podría resumirse en este esquema:

1) Si Dios –la inmensidad divina– es concebido también en términos de extensión (y la extensión es lo propio de la materia y del mundo), puede darse una tendencia a confindir ambos conceptos –Dios y mundo–. Se dan tres posibilidades:

1.1) En la opción espinosista, mundo y Dios son modos de la única sustancia. Sería la opción más netamente "panteísta" y sujeta al escándalo que supone rebajar la dignidad de Dios a la materia. Y sería un "panteísmo" antivacuista, pues Spinoza no admite vacíos en la constitución de la naturaleza.

1.2) En la opción vacuista (More, Guericke, Newton, etc.), el vacío (el espacio) expresa la copresencia divina en el mundo, su cohesión. La diferencia entre materia y vacío (espacio) preservaría a Dios de la bajeza material. Pero está opción también está sujeta a la crítica antipanteísta.

1.3) En la opción de cierta escolástica, y de acuerdo con la cosmología tradicional, el mundo es finito y está abrazado por la inmensidad divina. Es el modelo pseudo-estoico de un mundo cerrado y pleno, separado de unos espacios extracósmicos "imaginarios", infinitos y vacíos. La acusación planea en este caso sobre la identificación entre infinitud espacial e infinitud divina.

2) Si Dios no es concebido en términos de extensión, es posible la neta diferenciación entre Dios y mundo. Pero, en lugar del peligro ateísta a través del panteísmo, aparece el peligro del 'nullibismo'; es decir, que Dios no esté en ninguna parte, que se excluya la intervención divina en el mundo. Es otro modo de acercarse a la impiedad y al ateísmo. Esta opción puede darse en dos supuestos:

2.1) Admitiendo el vacío en la constitución del mundo, sin asociar éste a la divinidad. Este es el supuesto atomista en su formulación más clásica: un mundo formado por vacío y átomos en su movimiento azaroso.

2.2) Negando el vacío, o sea concibiendo el mundo como un *plenum* de materia. Es el supuesto cartesiano con su identificación entre materia y extensión, con su radical separación entre extensión y sustancia espiritual, supuesto que será atacado por nullibista. [38]

En resumen, el dilema enfrenta como opciones extremas el peligro panteísta, por una parte, y el peligro 'nullibista', por otra; dos opciones igualmente problemáticas. El vacuismo está relacionado con ambas. Su ubicación incierta se expresa fundamentalmente en la inflexión que puede percibirse entre la primera y la segunda mitad del siglo XVII: lo que antes se formuló como plenitud (de la omnipresencia divina, de la cohesión universal) se formulará luego como vacuidad. Esta inflexión, junto a la incidencia de las filosofías mecanicistas y corpusculares, es el meollo del debate vacuista en la segunda mitad del XVII.

II.II.5. *Gassendi y More frente a Descartes*

En estos dos personajes está resumida una parte de las opciones vacuistas frente al plenismo de los filósofos modernos, ejemplificados en Descartes. Y simbolizan la citada ubicación incierta del vacuismo entre 'panteísmo' y 'nullibismo'. Veamos algunos de sus rasgos sobresalientes.

Gassendi ejemplifica el auge del sistema atomista, su irrupción como una de las referencias insoslayables para la filosofía natural del siglo XVII en adelante. El papel de Gassendi en esa recuperación es fundamental.[39] Desde el punto de vista del problema del vacío –y recordando la vieja clasificación entre el intersticial, el continuo y el cósmico–, la concepción

---

[38] La opinión cartesiana se halla formulada sistemáticamente en sus *Principia Philosophiae* (1644). La acusación de nullibismo la formulará More.

[39] Sobre Gassendi y la recuperación del atomismo véase: Rochot, *Les travaux de Gassendi sur Epicure et sur l'atomisme 1619-1658*; Koyré, "Gassendi et la science de son temps".

atomista es claramente favorable al primero –lo es por definición–, pero no es concluyente respecto a los dos restantes.

Esto se comprueba en las consideraciones de Gassendi acerca de los experimentos barométricos –los experimentos italianos (de los que se informó gracias a Mersenne) y los franceses (particularmente el experimento del Puy–de–Dôme)–. Evidentemente, Gassendi entiende que tales experimentos confirman la verdad del vacío, pero manifiesta cierta confusión sobre si es un vacío absoluto o no. Por una parte, se refiere al vacío continuo (*inane coacervatum*); pero, por otra parte, al intentar explicar las variaciones de la elevación del mercurio según las condiciones climáticas, recurre a la presencia de corpúsculos (átomos) distintos a los del aire, como si estuvieran presentes en la zona "vacía". Se refiere, por ejemplo, a unos ciertos corpúsculos de calor.[40]

A pesar de todo, la opinión de Gassendi es, a efectos de la polémica de su época, básicamente vacuista. Al fin y al cabo, la elevación del mercurio por la ausencia del aire en su interior es equivalente a un alto grado de vacío; pues no cabe otra cosa que átomos (la materia) o el vacío, no cabe otro tipo de sustancia intermedia. Y, sin ninguna duda, la incidencia filosófica del atomismo va en la dirección vacuista: el solo hecho de darlo como componente esencial del mundo implica admitirlo.

Otra cosa es la imagen física y cosmológica que promueve el atomismo. Del mismo modo que para el vacío continuo se observan ciertas vacilaciones, igual ocurre con el vacío cósmico. Gassendi, aunque conciba el espacio –en tanto espacio independiente– como vacío, no lo ve así en su constitución real. Es decir, el espacio realmente existente, en el que se producen las interrelaciones entre los cuerpos celestes, no es para Gassendi un espacio perfectamente vacío. Por ejemplo, no concibe que en el espacio vacío pueda darse la atracción entre cuerpos. Y es que su teoría del peso, o sea de la gravedad y de la atracción, se atiene a un modelo estrictamente atomista: no hay acción (atracción) a distancia, sino que esa atracción se ejerce por el intermedio de *effluvia* –en último término, cadenas de átomos– que comunican de modo continuo los cuerpos.[41]

---

40 La discusión detallada en: Rochot, "Comment Gassendi interprétait l'expérience du Puy de Dôme".

41 Cf. Koyré, "Appendice G.: Gassendi à propos de l'attraction et de la gravité", *Études newtoniennes*, p.213-216.

Por lo tanto, los espacios cósmicos no estarán verdadera ni completamente vacíos, en la medida que soportan la transmisión de la luz o de las atracciones planetarias. Como señala Koyré, esta concepción es bastante similar a la de Descartes (con su solución de los torbellinos) y está muy lejos de la cosmología newtoniana (con su afirmación tajante de la atracción gravitatoria a través del vacío).[42]

Así pues, aunque Gassendi no alcance a protagonizar la revolución cosmológica de los espacios vacíos –que es la revolución newtoniana–, su labor de difusión del atomismo es, evidentemente, una contribución a la causa vacuista. Los espacios reales no estarán perfectamente vacíos, pero el espacio vacío es la realidad subyacente a los cuerpos, es el receptáculo del mundo.

Gassendi define ese espacio independiente como una nueva categoría; es decir, se niega a admitir la alternativa 'substancia'/'accidente' aplicada al espacio. Añade, pues, las categorías 'espacio' y 'tiempo' a aquéllas: todo ente ha de ser o 'substancia', o 'accidente', o 'espacio', o 'tiempo'.[43] Esta entidad específica del espacio bascula, en Gassendi, entre una plena realidad dimensional, y un carácter negativo –como espacio increado, incorporal e 'imaginario'–; es decir, entre la afirmación de la realidad del espacio, al modo atomista, y la definición escolástica de su carácter 'imaginario'. Esta ambigüedad corresponde también a la de su modelo cosmológico, modelo que mezcla el paradigma atomista con el estoico.

En resumen, y de acuerdo con Grant[44], en Gassendi se da una síntesis entre las fuentes clásicas (modelo cosmológico estoico y estructura física atomista), algunas fuentes renacentistas (especialmente Patrizzi), y la influencia escolástica sobre la inmensidad divina y los espacios 'imaginarios'. A diferencia de Patrizzi o Bruno, con sus confusiones sobre el espacio como vacío o éter-luz, Gassendi considera puro vacío al espacio, un espacio en el que se expresa la misma cohesión del mundo y la inmensidad divina. Esta concepción del espacio, junto a la difusión de la física atomista, son las dos grandes influencias que persistirán en el futuro.

---

42 Cf. Koyré, *Études newtoniennes*, p.215.

43 Cf. Gassendi, *Synthagma Philosophicum, Physica*, p.182, col.1. Gassendi no es el primero en rechazar el dilema 'substancia/accidente' aplicado al espacio. Antes lo hizo Patrizzi y Bruno. El argumento se repite en Pascal, Guericke, Locke. Cf. Grant, p.203-5.

44 Grant, p.210-12.

A través de Charleton, la influencia en Inglaterra alcanzará a Boyle y a Newton.

En cuanto a More, su contribución al vacuismo es algo indirecta: se da sobre todo en la dirección de la divinización del espacio, vía que en Newton efectivamente conduce a la afirmación de los espacios vacíos. A More se le puede considerar vacuista en la medida que defiende la entidad de la no-materia: contra el criterio de Descartes, también opina que caso de aniquilarse la materia subsistiría un espacio vacío.[45] Pero, en realidad, no le interesa tanto el problema del vacío cuanto el del espacio. Para More el vacío de materia equivale a la plenitud divina, opinión que representa el punto exacto de la inflexión desde la plenitud a la vacuidad.

Por lo tanto, las contribuciones de More no se sitúan propiamente en el ámbito científico –y menos aún en el campo experimental–. Su discusión trata del problema metafísico del espacio, de su afirmación como entidad independiente de los cuerpos y de la extensión como atributo común a la materia y al espíritu.[46] More se atiene, pues, a la tradición de raíz renacentista. Su antidualismo le enfrenta directamente con Descartes, rechazando sus definiciones de *res extensa* y *res cogitans*. Entiende que la extensión es común a ambas –materia (*res extensa*) y espíritu (*res cogitans*)–; y no puede compartir la definición cartesiana que identifica extensión y materia.[47] Así se lo comunica a Descartes en su carta de 1648:

> Establecéis una definición de materia o de cuerpo que resulta excesivamente amplia. Ciertamente parece que Dios es una cosa [*res*] extensa, así como el Ángel, y en general todo lo que subsiste por sí mismo.(...) Por lo que a mí respecta, creo que está claro que Dios es extenso a Su manera precisamente porque es omnipresente y ocupa íntimamente toda la máquina del mundo así como sus partículas singulares.[48]

---

45 Cf. More, *An antidote against atheism* (1652), apéndice, p.338.

46 La cuestión del espacio en general –y en More– es tema que ya ha sido bastante tratado. Véase: Koyré, *Del mundo cerrado al universo infinito*, cap.VI; Grant, p.221-228; Jammer, *Concepts of space*, p.43-48.

47 La definición cartesiana de materia en Descartes, *Principia Philosophiae*, II, §4. Véase la interesante crítica de Heidegger, *El Ser y el Tiempo*, p.111-112.

48 Carta de More a Descartes de 11 diciembre 1648, en Descartes, *Œuvres*, V, p.238 [citada y comentada en Koyré, *Del mundo cerrado...*, p.108].

La respuesta de Descartes retomará el clásico argumento sobre la divisibilidad de la extensión, señalando que ésta no puede aplicarse a Dios.[49] A su vez, la segunda carta de More salva la objeción cartesiana por el recurso a otra distinción clásica, entre extensión material y extensión inmaterial, no siendo aplicable a la segunda la divisibilidad por no ser separable en partes.[50] El espacio, considerado en esa vertiente de extensión inmaterial, viene prácticamente a coincidir con el espíritu: no son separables y son distintos de la materia, aunque compartan el atributo de la extensión. La finalidad última es afirmar la independencia del espacio con respecto a la materia.

Por otra parte, desde el punto de vista cosmológico, hay que señalar que More evoluciona desde una concepción de inspiración atomista –de pluralidad de mundos– a otra de inspiración estoica: un solo mundo rodeado por los espacios infinitos y vacíos. La adopción de este modelo estoico es muy eficaz en la crítica de las ambigüedades cartesianas sobre la infinitud o no del mundo. Pues, siendo el mundo –o sea la materia– limitado y el espacio ilimitado –en esas regiones extramundanas–, es obvio que 'materia' y 'espacio' son cosas distintas –contra el criterio de Descartes–.

Este mundo, aunque siga el modelo estoico, no es un *plenum* en el sentido estrictamente estoico, pues su cohesión y unidad no viene garantizada por un cierto tipo de cuerpos (como lo es de hecho el pneuma de los estoicos), sino por el elemento espiritual-espacial. Por eso, ese espacio, reverso de la materia, puede ser concebido simultáneamente en términos de vacuidad (de ausencia de materia) y en términos de plenitud (de la plenitud de la sustancia espiritual).

Ahí reside la importancia de More, pues da pie a esta significativa inflexión conceptual: la que va de la plenitud a la vacuidad. Y éste es justamente el proceso que resume el tránsito desde la primera mitad del siglo XVII a la segunda mitad. Este proceso está referido, principalmente, a las corrientes de filiación mágico-renacentista. Es decir, pese a la aparente discrepancia entre el "plenismo" de un Fludd y el vacuismo del newtoniano Clarke, el paso dado por More explicaría la continuidad entre ambos.

---

49 Cf. Descartes en la 1ª carta a More de 1649, en Descartes, *Œuvres*, V, p.267ss; Koyré, *Del mundo cerrado...*, p.112s.

50 Cf. segunda carta de More a Descartes (1649), en Descartes, *Œuvres*, V, p.298ss; Koyré, *Del mundo cerrado...*, p.115s.

La afirmación de la independencia del espacio y de la presencia en él de ese 'espíritu de la naturaleza' está relacionada con los límites de la explicación mecánica. Ese 'espíritu de la naturaleza' sería una sustancia incorpórea que

> invade toda la materia del Universo y que ejerce en ella un poder plástico, de acuerdo con las diversas predisposiciones y ocasiones de las partes sobre las que actúa, produciendo en el mundo, mediante la dirección de las partes de la materia y su movimiento, aquellos fenómenos que no se pueden resolver en mero poder mecánico.[51]

Y los ejemplos aducidos serían la gravedad, el magnetismo, la luz, es decir, todos los que se venían asociando a la cohesión universal y al éter. More no aporta, sin embargo, una clarificación –en el sentido moderno– de la materia. Corresponderá a Newton dar las pertinentes explicaciones mecánicas, aunque en sintonía con la concepción del espacio de More.

Esta concepción se cierra en su *Enchiridium metaphysicum* (de 1671) con la explícita divinización del espacio. Es su famosa enumeración de 21 atributos, aplicables tanto a Dios como al espacio.[52] Como se verá, esta concepción alcanzará a la cosmología newtoniana: sin grandes dificultades podrá adaptarse perfectamente a la afirmación del vacío actual en los espacios cósmicos, afirmación mucho menos explícita en More. Lo que sí es claro en More, es la referencia a un espacio real, único a pesar de estar compuesto por la región intracósmica y la extracósmica –ésta, vacía de materia–. Ya no es la tradicional divinización del espacio 'imaginario' extracósmico de la tradición escolástica; ahora se trata de la divinización del espacio real, único e infinito.[53]

Obviamente, esta solución está en la órbita del peligro panteísta; y así se verá en los argumentos de Leibniz contra Clarke. Los plenistas podrán argumentar que tal concepción conduce a la identificación entre mundo y

---

51 More, *The inmortality of the soul*, p.193. Cf. Koyré, *Del mundo cerrado...*, p.128.

52 More, *Enchiridium metaphysicum*, p.69. Los 21 atributos son: Uno, Simple, Inmóvil, Eterno, Completo, Independiente, Existente en sí mismo, Subsistente por sí mismo, Incorruptible, Necesario, Inmenso, Increado, Incircunscrito, Incomprensible, Omnipresente, Incorpóreo, Omnipenetrante, Omniabarcante, Ser por su esencia, Ser actual, Acto puro. Sobre estos 21 atributos ver: Koyré, *Del mundo cerrado...*, p.140-2; Grant, p.227-8.

53 En opinión de Koyré, *Del mundo cerrado...*, p.122, ésta es la principal contribución de More: la infinitización del espacio real.

Dios, o sea al panteísmo. Y a la inversa, el vacuismo podrá reprochar el 'nullibismo' de sus oponentes –tal como hiciera More a Descartes al denunciar que éste excluye y expulsa a Dios del mundo–.[54]

Como se ve, entre el peligro panteísta y el peligro 'nullibista' bascula el dilema entre vacuismo y plenismo.

II.II.6. *Guericke*

A diferencia de More, cuya actividad científica es escasa, Guericke desarrolla una alta competencia científica. En él se reúnen tres vertientes: un trabajo sistemático en el orden científico-experimental, una alta pericia empírica, y una concepción general de la naturaleza. Desgraciadamente, como ya se dijo, esta coherencia ha sido subvalorada o ignorada, pasando a primer plano la referencia a lo anecdótico y espectacular –por ejemplo, la demostración de Magdeburgo–.[55]

Esta coherencia obedece a una cierta síntesis de diversas tradiciones. Está la tradición empírica, ejemplificada en su calidad de ingeniero y fortificador: es la que conecta su pericia experimental con la tradición renacentista de los ingenieros, una mezcla de la vieja 'magia natural' y de la nueva pericia empírico-científica. Está la adhesión a las nuevas ideas cosmológicas (de Copérnico, Gilbert, Kepler) con la consecuente preocupación sobre la entidad del espacio. Está la conexión con el estilo rosacruz, con el significativo interés por los fenómenos de magnetismo, que siempre son el ejemplo aducido contra las estrictas explicaciones mecánicas. Está la tradición escolástica de la inmensidad divina y los espacios imaginarios, que es una referencia muy explícita. Y finalmente son reconocibles claros ecos de la tradición mística, con una muy evidente reivindicación de la Nada.[56]

---

54 More en *Enchiridium metaphysicum*, cap. 27, sec.2, llama a Descartes "Príncipe de los nullibistas". De *nullibi* (en ninguna parte), que sería la respuesta de los cartesianos a la pregunta 'dónde está Dios'. Sobre este calificativo, ver: Koyré, *Del mundo cerrado...*, p.133, 186; Grant, p.399 n.238; Koyré, *Études newtoniennes*, p.111,114.

55 Ver apartado II.I.5.

56 La historiografía ha descuidado bastante la figura de Guericke, centrándose casi únicamente en los aspectos experimentales: sigue así el criterio de su propia época que lo conoció por sus demostraciones experimentales espectaculares pero poco por ser un

Ya se dijo que el punto de partida de Guericke es el problema del espacio, asumiendo las influencias –sobre todo– de Gilbert. Esto es: un modelo de atracción planetaria de tipo magnético, atracción que puede actuar a través del espacio vacío; una posición contraria a los supuestos orbes planetarios que, según la concepción tradicional, arrastraban consigo los planetas; una opinión escéptica respecto a la supuesta estabilidad de un firmamento o esfera de las estrellas fijas y de su supuesto número limitado; y finalmente una opinión contraria al dogma aristotélico contra el vacío. Probar que el vacío es posible y demostrar que en él se producen efectos "magnéticos" constituirá el programa científico-experimental de Guericke.

Pero además del vacío experimental –en sus modalidades intersticial y continuo–, se trata del vacío cósmico. Ahí reside la radicalidad de Guericke, al vincular el vacío empírico con el vacío cósmico, este último no demostrable y sujeto a una conjetura teórica. Esta es la vertiente que la obra divulgadora de Schott no había tratado, y que Guericke desarrolla en su propia obra *Experimenta nova* (1672), especialmente en el libro II.

Ahí se pretende explicar la realidad del espacio vacío, su actualidad, más allá de la idea del espacio como conceptualmente vacío, como ausencia de materia –que era el paso dado por More–. Para ello se recurre, entre otras, a las fuentes escolásticas y a su habitual concepto de espacios 'imaginarios' extracósmicos. Y Guericke ataca algunas de las interpretaciones dadas a ese espacio imaginario, especialmente las que entendían tal espacio como simple nada –o sea, no existente– o como convención ficticia o imaginativa, para concluir que ese espacio es real.[57]

Como en Gassendi o More, es un espacio único aunque lo formen la región extracósmica y la intracósmica. En el caso de Guericke esa unidad

pensador original. La importancia de Guericke reside en esa confluencia de las corrientes citadas: cosmología copernicana, animismo magnético, tradición rosacruz, formación escolástica, tradición mística. En cuanto a la tradición rosacruz, cabe recordar que cursó estudios en Leiden (en 1622-1625), ciudad inscrita en la geografía rosacruz (Fludd había publicado en Leiden en 1617 su apología de los rosacruces: *Tractatus Apologeticus Integritatem Societatis de Rosae Cruce*). En cuanto a la tradición mística, es seguro que Guericke tuvo acceso a la de ámbito reno-flamenco. Estas influencias están, sin embargo, pendientes de estudio, aunque citadas por la mejor de las monografías sobre Guericke: Krafft, *Otto von Guericke*. Otras referencias sobre Guericke: Kauffeldt, *Otto von Guericke: Philosophisches über den leeren Raum*; Kauffeldt, "Otto von Guericke on the Problem of Space"; Grant, p.213-221; Krafft, art. "Guericke (Gericke), Otto von" en *DSB*.

57 Cf. Guericke, *Experimenta nova*, p.52.

del espacio viene subrayada por su común carácter vacío en ambas zonas, un vacío que es en acto. No antes de Guericke se había afirmado con tal contundencia, pues ni en Gilbert, ni en Torricelli, ni en Gassendi, ni en More, todos ellos bastante próximos conceptualmente, hay una afirmación tan explícita. Sólo la cosmología newtoniana llegará a similar contundencia.

Ahí interviene la interesante explicación sobre la Nada: el espacio vacío como Nada, y ésta como lo Increado, que es obviamente el propio Dios. Es una identificación, no por la vía de la plenitud y de la acumulación de atributos, sino por la vía de la simplicidad y de la negación de atributos. Según Guericke, 'nada' es siempre la negación de algo, pero también la afirmación de algo otro: esa 'nada' no es la 'Nada absoluta'. Por ello, la división pertinente es entre lo Increado y lo Creado. El primero, lo Increado, se corresponde con Dios, con aquello que no está limitado, y en ese sentido con la Nada absoluta, en cuanto no determinada. Así lo expresa Guericke en este pasaje del libro II, calificado como "Oda a la Nada":

> ... todas las cosas están en nada, y si Dios redujese la fábrica del mundo que Él creó en nada, ninguna cosa subsistiría mas que la Nada, tal como era antes de la Creación, esto es, lo Increado. Pues lo Increado es aquello cuyo inicio no preexiste; y la Nada también es aquello cuyo principio no preexiste. La Nada contiene todas las cosas. Es más preciosa que el oro, sin principio ni final, más gozosa que la percepción de la luz bienhechora, más noble que la sangre de los reyes, es comparable a los cielos, superior a las estrellas, más poderosa que el rayo, santa y perfecta. La Nada siempre inspira. Donde está la Nada, ahí cesa la jurisdicción de todos los reyes. La Nada es sin mácula. Según Job, la tierra está suspendida sobre la Nada. La Nada está fuera del mundo y en toda parte. Por eso, el vacío es Nada; y el espacio imaginario –y todo el espacio– es Nada.[58]

No hay duda que en esta "Oda a la Nada" resuenan los ecos de la tradición mística. Los conceptos son muy próximos a los de Eckhart (un Dios vaciado de determinaciones), de Böhme (el *Ungrund*), o de Weigel; y también a las ideas de desnudez, vacío y aniquilación de la tradición mística sanjuanista. Claramente hay aquí una adscripción a la vía apofática –y de un modo muy radical–, pues se establece la identificación entre divinidad y

[58] Guericke, *Experimenta nova*, p.63. Cf. Grant, p.215-6. Nótese la alusión a Job (26,7), como hiciera Fludd, pero con otra intención: Fludd deducía la imposibilidad del vacío, el imperativo del principio de plenitud; Guericke, lo contrario.

'nadeidad'. El espacio vacío e infinito, como Nada, viene a ser lo Increado, el propio Dios; no es que Dios llene el espacio, pues Guericke argumenta que no puede haber dos infinitos increados. Del mismo modo que Dios es lo vacío, o la Nada, de la criatura; no que Dios venga a rellenar la criatura:

> La infinita esencia de Dios no está contenida en el espacio, o vacío, sino que Dios, que está presente en todo lugar, estando en Sí mismo por Sí mismo es el espacio mismo y es todo lo vacío que hay en la criatura.[59]

Puede pensarse que la solución de Guericke está en la línea panteísta, como un preludio de Spinoza. Pero más bien habría que entender, pese a la plausible interpretación panteísta, que Guericke se refiere con distintos nombres a lo mismo: espacio infinito, lo Increado, la Nada, el vacío, Dios mismo.

En cualquier caso, destaca el rechazo a referirse al espacio, o a la relación entre el espacio y Dios, en términos de plenitud –que era el modo más habitual de concebirla–. Así, no hay en Guericke concesión a una materia o fluido sutil, ni a un éter, ni a una sustancia extensa distinta de la materia, que fueran los que rellenasen el espacio.[60] Defiende un vacío actual más allá de los límites de la atmósfera terrestre, conclusión que se apoyaba en el cálculo del peso total del aire terrestre. Y es que Guericke, siendo un riguroso experimentador, no halla en sus pruebas ningún rastro del supuesto éter o materia sutil cartesiana.

En resumen, Guericke representa al más radical vacuismo. Ya no se dice que el espacio (vacío de materia) sea equivalente a la plenitud divina o a un cierto espíritu de la naturaleza. En él se consuma el tránsito desde la plenitud hasta la vacuidad, tránsito que en Gassendi o More –por razones distintas– era más tímido. En esta adopción radical de la tesis vacuista, interviene su elaboración sobre la Nada, doctrina derivada básicamente de la tradición mística. En este aspecto, la vía seguida por Guericke es original y distinta a la vía inglesa que conduce a Newton.

---

59 Guericke, *Experimenta nova*, p.64, col.2.

60 Este rechazo del éter y la defensa radical del vacío puede comprobarse en una interesante correspondencia cruzada con Leibniz (1671-72), en particular en su Carta del 6/16 junio 1671 a Leibniz (en Leibniz, *Die Philosophischen Schriften*, ed. C.I. Gerhardt, vol. 1, p.95s).

II.II.7. *El rechazo del valor probatorio de los experimentos: Hobbes y Spinoza*

La aportación de Guericke tuvo sólo el eco de sus espectaculares demostraciones empíricas. Ni siquiera –como ya se dijo[61]– sus experimentos científicos sobre el "magnetismo" (en realidad electricidad estática) consiguieron una continuidad. Una de las razones de este olvido de Guericke ha de buscarse en la creciente influencia de los principios mecanicistas en los principales sistemas de filosofía natural. Este mecanicismo –en el sentido más amplio del término– es poco proclive a considerar el magnetismo como fenómeno digno de consideración o de suficiente entidad para desautorizar las explicaciones mecánicas. Ese rechazo es una cierta constante en la historia de las doctrinas mecanicistas: lo hubo en Lucrecio[62], y sigue en Descartes o en Hobbes.

Lo mismo cabe decir de la demostración empírica del vacío –como ya se mostrado someramente en el anterior capítulo–. Esta demostración no logra cambiar las convicciones de los plenistas, convicciones que se apoyan, ya en los prejuicios tradicionales, ya en coherentes sistemas de filosofía natural. Al segundo caso pertenecen los más importantes filósofos del siglo: Descartes, Hobbes, Spinoza, Leibniz. El rechazo de esta mayoría de filósofos no se circunscribe a las pruebas empíricas del vacío. Es un rechazo al valor probatorio de los experimentos en cuanto tales; es un negar que puedan decidir sobre la verdad o falsedad de ciertos principios físicos. Consideran que la cuestión del vacío –como otras cuestiones de principio– no se resuelve por la vía empirista.

Frente a este apriorismo se situaría la defensa de la filosofía experimental a cargo de Boyle, por ejemplo en su obra *Some Considerations touching the Usefullness of Experimental Philosophy* de 1663.[63] Pero esta defensa choca con las objeciones de los apriorismos.

En esa confrontación entre filosofía experimental y apriorismo destacan los casos de Hobbes y de Spinoza. Ambos polemizaron con Boyle en la

---

[61] En apartado II.I.5.

[62] El rechazo de la acción a distancia y del magnetismo en Lucrecio: *De Rerum Natura* IV, 906-1089 (también en IV, 522-569; V, 500-509).

[63] La obra, aunque publicada en 1663, fue escrita hacia 1650, lo que supone toda una declaración de intenciones por parte del joven Boyle (nacido en 1627).

misma época: los inicios de la década de los 1660, correspondiendo al período de los primeros experimentos pneumáticos de Boyle.

Hobbes se apoya en las irregularidades experimentales para discutir la validez de las conclusiones de Boyle.[64] Pero en realidad a Hobbes no le interesa el perfeccionamiento de las pruebas empíricas. Su posición anti-vacuista es previa a esos experimentos y remite a unos principios apriorísticos.[65] Son estos principios los que impiden la aceptación del magnetismo y del vacío. Ya no admitió la prueba de Torricelli[66] y tampoco iba a admitir la prueba de Boyle.

Estos principios versan sobre los fundamentos de una filosofía estrictamente mecánica y materialista, con exclusión de operaciones ocultas o acciones de agentes incorpóreos. La física, o filosofía natural, consiste según Hobbes en el encadenamiento mecánico de causas y efectos, o sea en el movimiento de la materia. Ese movimiento sólo es concebible como la acción entre cuerpos contiguos. Por eso, esa contigüidad excluye la posibilidad del vacío, pues en tal caso habría que admitir la acción a distancia, algo inadmisible para Hobbes. La negación del vacío no es, pues, algo sujeto al arbitrio de las pruebas empíricas, sino algo deducible de estos principios mecanicistas.

Por otra parte, el modelo cosmológico de Hobbes se atiene a la disposición copernicana, postulando un éter material que transmite circularmente el movimiento a los planetas. Por lo tanto, niega la posibilidad de una atracción magnética entre los astros –contra Gilbert– y concluye que el mundo es un espacio inmenso y lleno.[67]

Se comprende que la no admisión del vacío y la crítica del magnetismo sean dos aspectos absolutamente solidarios. Ambos remiten a unos principios de causalidad física que excluyen la acción a distancia y que se circunscriben al único principio del movimiento por contacto de los

---

64 La polémica hace referencia principalmente a estas obras: Boyle, *New Experiments Physico-Mechanical, Touching the Spring of the Air and its Effects* [1660]; y la crítica de Hobbes, *Dialogus Physicus de natura aeris* (1661). La polémica prosigue hasta al menos 1674; se puede seguir en Shapin-Schaffer, especialmente p.110-153.

65 La filosofía natural de Hobbes está expuesta en la parte IV, la *Physica*, de su obra *De Corpore* (publicada en 1655 y su traducción inglesa en 1656).

66 Cf. Hobbes, *De Corpore*, IV, XXVI, 4, p.343.

67 Cf. Hobbes, *De Corpore*, IV, XXVI; Gargani, *Hobbes e la scienza*, p.271-8, sobre la refutación del magnetismo hecha por Hobbes.

cuerpos. De ahí que Hobbes critique los experimentos pneumáticos de Boyle, viéndolos como simples exhibiciones exóticas pero no como verdadera ciencia.[68]

Finalmente, conviene señalar alguna de las discrepancias con Descartes, pues lo dicho hasta aquí subraya las concomitancias con la concepción cartesiana, también plenista, antimagnética y contraria a la acción a distancia. Esta discrepancia se refiere a la identificación cartesiana entre materia y extensión. Hobbes no la comparte: considera al espacio –o sea, la noción abstracta de la extensión– como mero 'fantasma', mero objeto de nuestra imaginación. Para Hobbes, todo se reduce a cuerpos, a la interacción mecánica de cuerpos, y el espacio –al igual que el tiempo– es sólo medida de los cuerpos en movimiento, o sea unos parámetros geométricos. Si se eliminan los cuerpos sólo resta una memoria o imaginación de sus dimensiones, un fantasma de nuestra mente, pero no una entidad real.[69] Se comprende que esta precisión es importante pues apunta a Locke, a Hume, a Kant: el espacio y el tiempo como relativos únicamente al entendimiento humano, sin entidad real e independiente.

La confrontación entre racionalismo y empirismo es, si cabe, más tajante en la polémica de Spinoza con Boyle, pues para Spinoza el vacío es simple y radicalmente una imposibilidad metafísica. Esta polémica se desarrolla por mediación de su correspondencia con Oldenburg entre 1661 y 1665.[70]

Para Spinoza el vacío es un puro absurdo. Aunque la discusión a veces descienda a ciertos detalles de tipo empírico, la cuestión del vacío suele liquidarla desde el punto de vista de los principios. Es significativa, por

---

68 Cf. Hobbes, *Dialogus Physicus de natura aeris*, p.236-7.

69 Cf. Gargani, *Hobbes e la scienza*, p.286-7. Grant, p.226, subraya la dependencia del esquema de Hobbes respecto al espacio "imaginario" de los escolásticos, pero además hay que subrayar la mutación moderna que se da en Hobbes, el espacio como fantasma de nuestra mente.

70 Henry Oldenburg (1617-1677) –el gran animador de la actividad científica inglesa y secretario de la Royal Society de Londres– está en el centro del debate científico de su época: mantiene relaciones, entre otros, con Boyle, Huygens, Leibniz y Spinoza. A éste último le remite las obras de Boyle de 1660-1661. La correspondencia con Spinoza alcanza el período 1661-1676, aunque para nuestro propósito basta referirse a 1661-1663. Cf. Spinoza, *Correspondencia*, especialmente las cartas 4, 6, 11, 13, 14, 16. Consúltese también Hall-Boas, "Philosophy and natural Philosophy: Boyle and Spinoza". Las respuestas de Spinoza han de inscribirse en el contexto de la inmediata publicación de sus *Principia Philosophia Cartesianae* en 1663

ejemplo, la confrontación de las cartas 11 y 13 acerca del término 'hipótesis', referido a la imposibilidad del vacío. En la carta 11, Oldenburg transmitía la opinión de Boyle sobre la supuesta necesidad de una materia sutilísima –alegada por Spinoza–, señalando que tal necesidad no era probada por ningún fenómeno, "sino tan sólo inferida de la hipótesis de la imposibilidad del vacío".[71] Spinoza critica en la carta 13 esa terminología de Boyle: entiende que esa imposibilidad no es una "hipótesis" sino un principio.[72]

La imposibilidad del vacío no es, pues, una hipótesis sino un principio; el vacío se equipara a la nada, o más precisamente a una imposible cantidad sin sustancia. Estas opiniones tajantes remiten de modo coherente a sus *Principia* –y éstos a los *Principia* de Descartes–; en particular, a la proposición 3ª de la parte II: "repugna la existencia del vacío". La demostración no hace más que retomar la concepción cartesiana sobre la materia y la extensión.[73]

Se comprende además que aquí la negación del vacío es absolutamente necesaria –como recordará oportunamente Bayle[74]– para preservar la unicidad e indivisibilidad de la sustancia, que es como preservar la unicidad de Dios. El sistema espinosista es, pues, plenista por principio; no puede plegarse a los avatares de la experimentación. Y es que Spinoza es poco dado a las discusiones empíricas. Su rigidez en los principios físicos le aleja de algunas de las mutaciones que la ciencia física va a adoptar. Por ejemplo, como en Descartes, no tiene ninguna consideración del concepto de masa. Así, en *Principia*, II, corolario de la proposición 4ª, afirma que "cuerpos que ocupan misma cantidad de espacio, por ejemplo oro o aire, contienen la misma cantidad de materia o de sustancia corporal", afirmación absurda desde el punto de vista del concepto de masa.

---

71 Carta 11 (3 abril 1663): Spinoza, *Correspondencia*, p.125.

72 Carta 13 (de 17/27 julio 1663): Spinoza, *Correspondencia*, p.143.

73 Los *Principia Philosophia Cartesianae* de Spinoza fueron publicados en 1663. En esta argumentación Spinoza remite a Descartes, *Principia Philosophiae*, II, §§ 17 y 18.

74 Cf. Bayle, art. "Spinoza" en *Dictionnaire*, p.441.

Concluyendo: la filiación del plenismo de Spinoza es explícitamente cartesiana, pero aportando un importante matiz, el de considerar la materia y la extensión como modos de la sustancia única, Dios. Con ello se cierra el círculo de las dos identificaciones aparentemente contradictorias: la identificación entre la materia y el espacio, y la identificación entre el espacio (vacío) y Dios.[75] Aunque el espacio no sea vacío para Spinoza, su identificación con la única sustancia conduce a que el reproche de espinosismo también sea aplicable al caso del espacio vacío.[76] Por otra parte, también ha de destacarse el principio de acuerdo entre el racionalismo de Spinoza y el empirismo de Boyle: la admisión de una filosofía natural de tipo mecánico.

Pero, claro está, la admisión o no del vacío define dos tipos de mecanicismo, dos tipos que remiten a los argumentos clásicos sobre el vacío y el movimiento: si el movimiento exige el vacío (entre partículas); o si justamente exige la contigüidad de los cuerpos y, por lo tanto, la negación del vacío. Las concepciones corpusculares y experimentalistas tienden hacia la primera opción; las concepciones racionalistas y matemáticas tienden hacia la segunda.

Corresponderá a Newton establecer la síntesis entre ambas, promoviendo además una revolución de gran alcance: todo lo que se dijo del vacío intersticial (o intercorpuscular) se proyectará al vacío cósmico (o interplanetario).

75 Así lo subraya Grant, p.229-230. Spinoza tomará de Descartes la identificación entre extensión y materia, y tomará de la corriente de la divinización del espacio la identificación entre Dios y extensión, para hacer coincidir finalmente a los tres: extensión, materia, Dios. Así, según Grant, se cierra también la distinción entre materia y espíritu, una de las bases de la metafísica occidental. No será extraño que el impacto de las doctrinas orientales, con la aparente confusión entre espíritu y materia, conduzca a calificarlas de espinosistas. Ver apartados III.I.2. y III.II.3.

76 Tal es, efectivamente, la argumentación de Bayle: ver apartado III.I.2.

II.II.8. *Newton: inercia, vacío, masa, atracción*[77]

Como es sabido, la ciencia física ha estado presidida por el sistema newtoniano hasta las primeras décadas del siglo XX, sistema que incluye la llamada ley de la gravitación universal.

Esta podría resumirse, siguiendo cualquiera de los manuales de física, como aquella ley que rige la atracción gravitatoria entre cualesquiera cuerpos, aplicable tanto a la física terrestre (el peso de una piedra que cae a tierra) como a la celeste (la atracción del Sol a los planetas o de éstos a sus satélites). Es una atracción directamente proporcional a las masas de los cuerpos e inversamente proporcional al cuadrado de la distancia que separa esos cuerpos. La ley presupone que esta atracción se ejerce a través de cualquier medio, incluido –sobre todo– el vacío, y que el medio no es transmisor de la atracción ni del impulso del móvil sino únicamente responsable de los rozamientos que eventualmente aminoren su velocidad.

Se comprende que, a pesar de la aparente simplicidad de la ley, aquí están implícitamente enunciados nuevos conceptos y radicales mutaciones respecto a los anteriores modelos físicos. Destaquemos concretamente éstos: el principio de inercia, el nuevo estatuto ontológico del movimiento, la relación entre masa y materia, el concepto de atracción gravitatoria. Y en relación con todos ellos destaca especialmente el vacío. El vacío es pieza esencial de la coherencia del sistema, pues sería el medio más idóneo en el que se muestran sin interferencias las leyes físicas.

---

[77] Como es natural, en este apartado y en el siguiente sólo se trata de resaltar los aspectos más directamente relacionados con la cuestión del vacío en el contexto de un pensamiento sistemático; no puede tratarse extensamente de la génesis ni de la evolución del pensamiento de Newton –tema que, por otra parte, cuenta con una abundante bibliografía. Destaquemos:

1) estudios sobre el significado de la revolución newtoniana: Burtt, *Los fundamentos metafísicos de la ciencia moderna. Ensayo histórico y crítico*; Casini, *El Universo máquina. Orígenes de la filosofía newtoniana*; Cohen, *La revolución newtoniana y la transformación de las ideas científicas*; Koyré, *Études newtoniennes*;

2) estudios sobre aspectos del pensamiento de Newton: Fierz, *Ueber den Ursprung und die Bedeutung der Lehre Isaac Newtons vom absoluten Raum*; Snow, *Matter and gravity in Newton's philosophy*; Westfall, *Force in Newton's Physics. The science of Dynamics in the seventeenth century*; Dobbs, *The foundation of Newton's alchemy: the hunting of the greene lyon*; Koyré, *Études newtoniennes. II: Les Queries de l'Optique*; Manuel, *The Religion of Isaac Newton.*

Por ejemplo, el principio de inercia se formula así:

> Todos los cuerpos perseveran en su estado de reposo o de movimiento uniforme en línea recta, salvo que se vean forzados a cambiar ese estado por fuerzas impresas.[78]

Así pues, conceptual y empíricamente la manifestación sin interferencias del principio de inercia exige un medio vacío, el único donde no se den rozamientos que, de otro modo, frenarían inevitablemente el movimiento del móvil.[79] Aplicando esta idea, podrá estudiarse el movimiento en medio vacío y sujeto el móvil a la atracción gravitatoria, o en medio pleno –caso del medio fluido de los torbellinos cartesianos–, y concluir que sólo en el primer caso se explican las leyes efectivas de los movimientos planetarios. Este es el programa que desarrolla Newton. En el libro II de sus *Principia* demuestra que en un medio fluido los planetas no podrían conservar sus órbitas fijas y se daría una debilidad progresiva del movimiento. Concluye, pues, que la hipótesis de los torbellinos es incompatible con las leyes de Kepler de los movimientos planetarios. Y en libro III desarrolla su propia explicación, la ley de atracción gravitatoria, que exige espacios vacíos entre el Sol y los planetas.[80] Ahí está formulada la revolución newtoniana en su vertiente cosmológica. El vacío de los espacios cósmicos pasa a ser un requisito fundamental de la constitución efectiva del universo.

Otra de las piezas de la coherencia del sistema es el concepto newtoniano de masa. Ya el propio Newton había señalado en sus explicaciones sobre el medio donde se desplazan los planetas (si vacío o fluido) que el sistema solar sería estable –con órbitas planetarias regulares– en el caso límite que la densidad de los cuerpos celestes fuera exactamente igual a la densidad del medio fluido, o, lo que es lo mismo, que un mundo lleno

---

78 Newton, *Principios matemáticos*, ley 1ª de los Axiomas o leyes del movimiento, p.41. Sobre la historia del concepto de inercia véase, además del propio Koyré, *Études newtoniennes*: Jammer, *Storia del concetto di massa*, p.59-69; Cohen, "Quantum in se est: Newton's Concept of Inertia in Relation to Descartes and Lucretius"; Grant, "Motion in the Void and the Principle of Inertia in the Middle Ages"; Kouznetsov, "La notion cartésienne de l'inertie et la science moderne"; Koyré, *Études galiléennes. III: Galilée et la loi d'inertie*.

79 Newton lo señala en *Principios matemáticos*, p.477-480 (lib.III, prop.VI, T.6), y luego en *Optica*, p.313-320 (Cuestión 28). Cf. Koyré, *Études newtoniennes*, p.115.

80 Cf. Newton, *Principios matemáticos*, p.444-456 (lib.II, prop.LI, T.39 - prop.LIII, T.41); Koyré, *Études newtoniennes*, p.118-122. En cuanto al libro III (o *Sistema del Mundo*), cf. Newton, *Principios matemáticos*, p.471-486 (lib.III, prop.I, T.1 - prop.X, T.10).

exigiría que todos los cuerpos (y medios intercorporales, o sea espacios interplanetarios) tuvieran la misma densidad, lo cual para Newton es absurdo. Pero si recordamos, por ejemplo, las aseveraciones de Spinoza sobre la idéntica cantidad de materia en idéntica porción de espacio cualquiera que sea el tipo de materia[81], se deduce que la conclusión de Newton no era unánimemente compartida. Justamente, para los plenistas esa correlación entre la cantidad de materia y el volumen ocupado indica el no reconocimiento del concepto de masa tal como es concebido modernamente (o sea la masa como equivalente a densidad por volumen).[82]

Este pequeño rodeo permite comprender que el concepto newtoniano de masa, con su correlato, la diversidad de densidades de los cuerpos, integra la coherencia de su concepción cosmológica vacuista; pero también indica la coherencia del punto de vista plenista al partir de otra concepción de la masa –o más precisamente, de la materia y de la cantidad de materia–. Sin embargo, la ciencia física, tras Descartes, iba en la dirección del concepto newtoniano de masa, un concepto además más acorde con la intuición empírica dada la evidente diversidad de pesos y de consistencias de los cuerpos que se nos ofrecen a la experiencia. Pues, aunque conceptualmente 'masa' (o 'cantidad de materia') y 'peso' difieran, la relación unívoca entre ambos permite pasar del peso a la masa y comprobar las evidentes densidades diversas de los cuerpos.

En último término, esta concepción cuantitativa y sistemática de la masa depende en gran medida de una inclinación de tipo atomista o corpuscular en la filosofía natural, inclinación compartida por Newton. Las densidades diversas resultarían de la diversa cantidad de corpúsculos. Es a la vez 'masa inercial', o sea medida cuantitativa de la tendencia inercial de resistencia al movimiento y de mantenimiento del impulso, y 'masa gravitatoria', o sea la que se manifiesta en forma de peso.

Siendo el peso la principal manifestación de la masa, cuya relación se rige por la ley de la gravedad, resulta que el peso o gravedad es variable,

---

81 Spinoza en *Principia Philosophia Cartesianae*, II, corolario de la prop. 4ª, afirma que "cuerpos que ocupan misma cantidad de espacio, por ejemplo oro o aire, contienen la misma cantidad de materia o de sustancia corporal".

82 Así también Descartes, en *Principia Philosophiae*, IV, §25, ignora la masa como propiedad intrínseca de la materia. Según Descartes, la cantidad de materia equivale a volumen, siendo el peso y la gravedad aspectos accidentales, generalmente no proporcionales a la cantidad de materia. Opinión similar es la de Leibniz: ver cap.III.III.

pues depende de la distancia entre los cuerpos–. La masa sería una cualidad primaria de la materia, junto a la extensión, la movilidad, la impenetrabilidad; pero la gravedad –que es variable para un mismo cuerpo– no podría serlo.[83] Ahí reside una de las dificultades, de orden físico y metafísico, del sistema newtoniano; dificultad correlativa al "extraño" modo en que se ejerce la gravedad, o sea como una atracción ejercida a distancia y a través del vacío. Es lógico que esta revolucionaria concepción suscitara la crítica, pues parecía postularse la acción a distancia, además en medio vacío, algo absolutamente incompatible con los habituales principios mecánicos.

Newton, ciertamente, se abstuvo de caracterizar a esa fuerza de atracción como fuerza física y la entiende como una fuerza matemática, cuya explicación última no puede dar. Pues Newton, también, es contrario a la acción a distancia. Luego, en la edición de 1713 de los *Principia*, incluirá el Escolio general con el famoso *hypotheses non fingo* :

> Pero hasta el presente no he logrado descubrir la causa de esas propiedades de gravedad a partir de los fenómenos, y *no finjo hipótesis*. Pues todo lo no deducido a partir de los fenómenos ha de llamarse una hipótesis, y las hipótesis metafísicas o físicas, ya sean de cualidades ocultas o mecánicas, carecen de lugar en la filosofía experimental. En esta filosofía las proposiciones particulares se infieren a partir de los fenómenos, para luego generalizarse mediante inducción. (...) Y es bastante que la gravedad exista realmente, y actúe con arreglo a leyes que hemos expuesto, sirviendo para explicar todos los movimientos de los cuerpos celestes y de nuestro mar.[84]

Como es sabido, esta declaración pasó a ser célebre –tomándola como una especie de manifiesto de la actitud empirista– y pudo engañar a muchos sobre la posición de Newton acerca de tal actitud. En realidad, Newton sí

---

83 Newton enuncia en la Regla 3ª de sus *Regulae philosphandi*, en efecto, las cualidades citadas, concluyendo: "Para nada afirmo que la gravedad sea esencial a los cuerpos. Por la fuerza ínsita (*vis inertiae*) sólo entiendo su fuerza inercial, que es inmutable. Su gravedad disminuye a medida que se alejan de la Tierra." (*Principios matemáticos*, lib.III, Regla 3ª, p.463). Sobre esta importante cuestión consúltese todo el "Appendice C. La gravité, une propiété essentielle de la matière?", Koyré, *Études newtoniennes*, p.188-202.

84 Newton, *Principios matemáticos*, Escolio general, p.621. La traducción tradicional (tomada de la ed. Motte y luego Motte-Cajori) de *hypotheses non fingo* es: "no imagino hipótesis". Koyré (*Del mundo cerrado*, p.212 n.13; *Études newtoniennes*, p.60) se inclina por el 'finjo'.

imaginaba hipótesis.[85] Lo que se ventilaba tras esa declaración era la suave inflexión hacia la consideración de la gravedad como simple propiedad física, con estatuto similar al de otras propiedades de la materia, o sea la inflexión hacia la consideración de la gravedad como simple hecho empírico. Newton no daría el paso explícito pero sí lo darían la mayoría de newtonianos, especialmente Maupertius y Voltaire.[86] Y ese sería el bagaje de la victoria newtoniana a partir del siglo XVIII: la gravedad como no-problema, el vacío cósmico a través del que se ejerce la atracción gravitatoria como no-problema.

Pero la situación en el cambio de siglo no es todavía la de la victoria newtoniana, y la atracción como aparente acción a distancia y el vacío siguen siendo problemas. Estos problemas tienen una dimensión claramente metafísica y teológica, pues se trata –en este caso, bajo el sistema de la atracción gravitatoria universal– de los principios de la cohesión universal, del papel del espacio y de Dios en ésta.

En conclusión, la atracción gravitatoria centra un cúmulo de dudas acerca de su estatuto ontológico, al margen de la bondad de los cálculos explicativos de los efectivos movimientos celestes –bondad que a la postre hará olvidar aquellas dudas–. Claramente, la universalidad de la atracción y el modo como opera expresan un principio de cohesión universal y un orden –mucho más nítidos que en los antecedentes atomistas de esta cosmología de los inmensos espacios vacíos–.

Pero la atracción gravitatoria no es el único principio universal. Su operatividad depende de principios como el de inercia que apuntan a la concepción de un espacio absoluto, geométrico, infinito, vacío, y a un principio supremo que ha ordenado de un modo preciso esa cohesión universal. Atracción, espacio (vacío) y Dios son realidades totalmente imbricadas.

---

85 Koyré ha mostrado perfectamente el equívoco: mostrando, por ejemplo, que en la primera edición de *Philosophiae naturalis Principia mathematica* 'hipótesis' no tenía connotación negativa (cf. Koyré, *Études newtoniennes*, p.36 n.39 y p.29 n.7); que obviamente Newton sí imagina hipótesis (cf. Koyré, *Del mundo cerrado...*, p.211-214); que el ropaje positivista es sobre todo un recurso retórico, muy habitual en la historia de la ciencia (cf. Koyré, "De l'influence des conceptions philosophiques sur l'évolution des théories scientifiques", p.264-267); y finalmente rastreando el uso del término 'hipótesis' en Newton (cf. Koyré, "L'hypothèse et l'expérience chez Newton", *Études newtoniennes*, p.51-84).

86 Gracias a ellos, entre otros, se producirá la victoria newtoniana; consúltese: Brunet, *L'introduction des théories de Newton en France au XVIIIe siècle*; Guerlac, *Newton on the Continent*. Ver cap.III.IV.

II.II.9. *Newton: geometrización y divinización del espacio*

De la concepción de Newton sobre el espacio y de sus fuentes –que es tema ya muy debatido– aquí sólo se ofrece una caracterización general, bajo los dos rótulos del precedente título. Las influencias y las fuentes son muchas. De hecho, en Newton confluyen las diversas corrientes tratadas en este capítulo. Está la influencia de la corriente mística, especialmente de Böhme; hay en Newton terminología escolástica; es perceptible una influencia de la tradición mágico-renacentista, puesta de manifiesto en su dilatado interés por la alquimia; y finalmente están la influencia del atomismo de Gassendi y del hermetismo platonizante de More y de los platónicos de Cambridge.[87]

A modo de resumen, puede señalarse la confluencia en Newton de la línea atomista-mecánica y de la línea hermética-platonizante. La síntesis es siempre problemática y está sujeta a diversas interpretaciones; más aún, si se observan discrepancias entre las obras publicadas y las no publicadas. Tal actitud se manifiesta en el palpable contraste entre lo que aflora a la superficie, la característica mecánica y experimental de su sistema, y las convicciones teológicas y metafísicas, más soterradas en las obras públicas.

Estas tensiones aparecen en las sucesivas definiciones del concepto de espacio. En los *Principia*, definirá el 'espacio absoluto', distinto del empírico 'espacio relativo' –relativo a los cuerpos–, y ensayará una demostración sobre la base de consideraciones experimentales, comparando el movimiento relativo y el absoluto.[88] Es decir, las consideraciones teológicas están prácticamente ausentes. Pero en el Escolio general de la edición de 1713 de los *Principia* y en las cuestiones 19 a 31 de la *Optica* estas consideraciones sí aparecen, aunque veladamente. La más explícita es la que aparece en la Cuestión 28 de la *Optica*, la famosa definición del espacio

---

87 Sobre estas diversas influencias y su confluencia en Newton, la bibliografía es abundante. Una muestra representativa es ésta: Popp, *Jacob Böhme und Isaac Newton*; Hobhouse, "Isaac Newton and Jacob Boehme"; Strong, "Newton and God"; Rattansi, "Newton alchemical Studies"; Westfall, "Newton y la alquimia"; Westfall, "The role of the alchemy in Newton's career"; Westfall, "Newton and the hermetic tradition"; McGuire, "Neoplatonism and active principles: Newton and the Corpus Hermeticum".

88 Las definiciones de tiempo, espacio, lugar y movimiento (absolutos y relativos) en Newton, *Principios matemáticos*, Escolio a las definiciones, p.32-39. Evidentemente, estas consideraciones, por ejemplo acerca del espacio absoluto, han sido muy discutidas. Cf. Jammer, *Concepts of space*, p.99-106.

como *Sensorium Dei* –que hace del espacio absoluto una especie de expresión de la omnipresencia divina–. Dice Newton:

> ¿No es el sensorio de los animales el lugar en que está presente la substancia sensitiva y a donde son llevadas las formas sensibles de las cosas a través de los nervios y el cerebro, a fin de que sean allí percibidas por su presencia inmediata en dicha substancia? Habiendo despachado estas cosas correcta-mente, ¿no se sigue de los fenómenos naturales que hay un Ser incorpóreo, viviente, inteligente, omnipresente que ve íntimamente las cosas mismas en el espacio infinito, *como si fuera en su sensorio*, percibiéndolas plenamente y comprendiéndolas totalmente por su presencia inmediata en él?[89]

Las citas en una línea similar podrían multiplicarse.[90] En conjunto, documentan la conocida tendencia a la 'divinización' del espacio, objeto de disputa entre Leibniz y Clarke. Pero esta tendencia a la 'divinización' no es contraria a la tendencia a la 'geometrización' del espacio. Son dos componentes de la conceptualización newtoniana del espacio absoluto.[91] Este concepto de espacio absoluto y geométrico ya venía apuntado en la

---

89 Newton, *Optica*, Cuestión 28, p.320. Corresponde a la Cuestión 20 de la ed. latina de la *Optica* (1706) y a las sucesivas ediciones –pero no aparecía en la 1ª ed. inglesa de 1704–. La expresión latina es "tanquam in sensorio suo". Este *tanquam* ('como') parece evitar la acusación de que Newton identifique el espacio con el sensorio de Dios –que es la acusación que le dirige Leibniz en la polémica con Clarke–, pues no dice que 'sea' sino que 'es como'. En realidad, como han mostrado Koyré y Cohen (en "The case of the missing Tanquam: Leibniz, Newton & Clarke"), este *tanquam* es una añadido de última hora de Newton; es decir que éste sí se reconocía en la idea de la simple identificación e hizo un añadido para evitar una interpretación demasiado explícita. Lo cierto es que, modificada o no, la expresión sería objeto de agria polémica entre Leibniz y Clarke. Cf. Koyré, *Del mundo cerrado*, p.220-3; Koyré, *Études newtoniennes*, p.153 y n.144; Newton, *Optica*, n.37 p.431-5, ed. Solís.

90 Grant, p.241-7, da el conjunto de referencias.

91 Koyré (por ejemplo en *Études newtoniennes*, p.29-30) ha insistido en este aspecto de la geometrización del espacio. Sobre este punto, téngase en cuenta la crítica de Grant (p.232-4, "Was space 'geometrized' in the seventeenth century?"), aunque esta crítica no parece pertinente: no tienen porqué ser aspectos contradictorios. Ambos componentes –el teológico y el geométrico– inciden en la infinitización del espacio y en la consideración de su vacuidad. Bayle en su *Dictionnaire* (ver apartado III.I.2.) aporta un testimonio significativo: los *mathématiciens*, o sea los que se interesan por el aspecto simplemente geométrico del espacio, tienden al vacuismo. Por otra parte, en favor de la tesis de la geometrización puede aportarse, aunque en otra clave, el estudio de Panovsky, *La perspectiva como forma simbólica*.

tradición atomista, concepto vinculado evidentemente a su carácter vacío e independiente de los cuerpos. En Newton lo absoluto del espacio se refuerza por la necesidad de definir movimientos absolutos, pues, según Newton, el principio de inercia determina que no todo sistema de referencia (de los movimientos relativos) es válido; no lo es precisamente como referencia del movimiento rectilíneo propio de la tendencia inercial.

Ocurre, sin embargo, que la tradición atomista, o sea la de los principios mecánicos, es insuficiente para dar una base a la acción gravitatoria. Ni el mecanicismo del choque entre átomos próximos, ni el mecanicismo de la contigüidad plenista, se avienen al modelo newtoniano de la atracción. Siendo los principios mecánicos insuficientes, y situados en el tradicional rechazo a la 'acción a distancia', es la tradición animista, la de la plenitud divina, la que –con toda clase de dudas y prevenciones– viene en ayuda del sistema newtoniano. Y no hay que tomarla, pese a las connotaciones posteriores del newtonismo, como un simple recurso retórico. El sistema está definido por la tensión y la síntesis de estas dos grandes corrientes.

Sin la concurrencia de ambas no sería concebible la síntesis newtoniana. Pues la tradición atomista, pese a su vacuismo, no puede imaginar acciones distintas a las de interacción mecánica entre átomos, y, por lo tanto, no puede imaginar un espacio vacío extenso realmente existente –limitación ésta ya comentada a propósito de Gassendi[92]–. Y la tradición de la plenitud divina, debido a su falta de clarificación del concepto de materia, adolece de una ambigüedad insalvable acerca del carácter vacío o lleno del espacio. Esa ambigüedad –al menos, en los términos tradicionales– ya no puede darse en Newton, vista su adopción de un concepto de materia en línea con los atomistas y con la cuantificación mecánica.

Puede concluirse que la síntesis entre el componente geometrizador del espacio y el componente divinizador equivale aproximadamente a la síntesis entre la tradición mecanicista y la tradición de la plenitud divina. Así pues, geometrización y divinización del espacio son dos aspectos complementarios, aunque al cabo de las décadas de la victoria newtoniana prevaleciera el primer aspecto sobre el segundo –cumpliéndose, a modo de ironía, el desvanecimiento de la presencia de Dios en el espacio, en favor

92 Ver apartado II.II.5.

del puro vacío sin Dios–.[93] Pero ese futuro del newtonismo no puede proyectarse a la época de su génesis, ni tampoco se pueden invertir los términos como si sólo hubiera intervenido el componente divinizador.

Finalmente, es obvio que el gran impacto del sistema newtoniano había de ser su nueva imagen cosmológica. Definitivamente, a la pregunta clásica por los tres tipos de vacío (intersticial, continuo, cósmico) se respondía afirmativamente a los tres y con una especial contundencia en relación al tercero. Ahora no sólo el vacío era posible sino que devenía imprescindible.

93 Koyré, *Del mundo cerrado...*, p.255, concluye: "el espacio de Newton pasó a ser cada vez más el vacío de los atomistas, ni substancia ni accidente, la nada infinita e increada, el marco de la ausencia de todo ser y, por tanto, también de la ausencia de Dios."

CAPÍTULO II.III.

LA VERTIENTE COSMOLÓGICA

II.III.1. *El modelo pseudoestoico cristiano*

Como ya se ha indicado en varias ocasiones, el modelo cosmológico vigente hasta bien entrado el siglo XVII sigue un esquema bastante próximo al antiguo modelo estoico, al menos en lo referente a las dimensiones limitadas del mundo y a su carácter pleno. Sin embargo, la revolución copernicana influye en la crisis de esas dimensiones limitadas. Por lo pronto, un modelo cosmológico de tipo copernicano implica, cuando menos, un incremento muy considerable de las dimensiones del mundo: del orden equivalente a la proporción de 1 a 400.000.[1] Y aunque el mundo, por mucho que aumenten sus dimensiones, siga siendo finito, tal incremento se nos presenta como el paso intermedio hacia su infinitización.[2]

Antes, pues, de la definitiva explosión de la última esfera celeste se reconoce, tanto desde la óptica tradicional como desde la copernicana, el firmamento como límite del mundo. Lo nuevo es la progresiva afirmación de un espacio extracósmico, afirmación matizada en función de los calificativos dados anteriormente a esa región como espacio imaginario o no dimensional, es decir como espacio no exactamente equivalente al intracósmico. En realidad, la inflexión importante va a ser la que conduce a la unificación de estas dos regiones del espacio, a pesar de reconocer en el

1 Cf. Kuhn, *La revolución copernicana*, p.217s y 265ss. Consúltese también: Van Helden, *Measuring the Universe: Cosmic Dimensions from Aristarchus to Halley*.

2 Observación también de Koyré, *Del mundo cerrado al universo infinito*, p.37: "La burbuja del mundo ha de hincharse antes de explotar". Este aspecto 'psicológico' de la percepción del infinito a partir de lo muy grande viene ilustrado en la ambigüedad del término 'immensum': inmenso es lo que no se sabe contar, y juega un papel intermedio entre lo finito y lo infinito.

firmamento el límite que las separa. Es decir, la unificación e infinitización del espacio es previa a la infinitización del mundo.

Es a ese mundo limitado, pero inserto en un espacio exterior, al que llamamos 'pseudoestoico', pues el solo hecho de considerar un exterior lo aleja de la ortodoxia aristotélica –para la que no cabe siquiera tal consideración–. Es 'estoico' porque difiere del modelo atomista de la pluralidad de mundos y porque se afirma como un *plenum*. Y es 'pseudo' porque está cruzado de influencias platónicas y sobre todo de la concepción cristiana de la 'clausura teológica del mundo'.[3] Tal modelo se anuncia en Burley, Bradwardine o Cresques, y sigue, aunque transformado, en el propio Copérnico, en Patrizzi y luego en More. Mundo limitado, *plenum* intracósmico y espacio exterior son, salvando las distintas interpretaciones dadas a estos conceptos, las tres características generales del modelo pseudoestoico.

Como ya se ha dicho, este modelo es el que conviene a la continuidad de la tradición de la 'clausura teológica del mundo'. Es aplicable tanto al esquema precopernicano como al copernicano: ambos son compatibles con aquella concepción sobre Dios como el lugar del mundo. Ese lugar del mundo sería el espacio extracósmico infinito y vacío de materia, pero lleno de la sustancia divina. La concomitancia entre esta visión tradicional cristiana y la estoica –reivindicada por los modernos– está perfectamente ilustrada en este pasaje de More:

> Mientras que, por lo que a los estoicos respecta, Plutarco atestigua que no admitían ningún vacío dentro del mundo, sino sólo uno infinito fuera. Platón dice en su *Fedro* que sobre el cielo superior, donde sitúa las almas más puras, hay un cierto *lugar supraceleste no muy distinto de la morada de los justos de los teólogos*.[4]

Hay que recordar que el contexto de este pasaje trata de la crítica de More a Descartes sobre la identificación entre materia y espacio. More aduce éstas y otras autoridades antiguas en favor de la distinción entre materia y espacio y del reconocimiento del vacío, sea intracósmico en los atomistas o extracósmico en los estoicos. Pero lo más significativo es la

---

3 Ver apartado I.III.3.

4 More, *Enchiridium metaphysicum*, p.44; cf. Koyré, *Del mundo cerrado*, p.135.

subrayada identificación entre el espacio vacío extracósmico y la 'morada de los justos' de los teólogos, morada efectivamente reseñada en el diagrama de Apiano [véase Fig. I.III.1] y en muchas otras cosmografías tradicionales. Se recordará también que este modelo de mundo finito permitía a More –en su crítica a Descartes– destacar la distinción entre la finitud del mundo y de la materia frente a la infinitud de Dios y del espacio, argumento que también se aplicará a la crítica del espinosismo.

Además de las dos razones señaladas [(1) continuidad con la tradición de la clausura teológica del mundo, (2) énfasis de la finitud mundana frente la infinitud divina], hay otras que avalan la conveniencia del modelo estoico.

En primer lugar, existe una cierta similitud entre la concepción estoica del vacío como privación y la tradición escolástica de los espacios imaginarios: o sea, el vacío como concepto negativo, no propiamente existente al modo de la materia creada. Esta similitud puede observarse en la concepción de Guericke del vacío (o Nada) como lo increado.[5]

En segundo lugar, la concepción del *plenum* estoico (el *pneuma* que cohesiona el conjunto mundano) es parecida a las concepciones renacentistas –y posteriores– sobre un *spiritus mundi*. Sólo cabía sustituir ese *pneuma* o *spiritus* por un vacío con similares cualidades; y esta sustitución se realiza efectivamente a lo largo del siglo XVII.

En tercer lugar, la concepción estoica de la interpenetración de los cuerpos (concretamente del pneuma con la materia), al oponerse al argumento aristotélico contra el espacio (vacío) separado, permitía ser trasladada a la interpenetración entre cuerpo y espacio. Mientras para Aristóteles tal interpenetración era inconcebible, sí lo era para el punto de vista estoico.

Y finalmente, la concepción estoica de los cuerpos y de sus componentes elementales difería de la aristotélica. La posibilidad –para los estoicos– de la mezcla en todo lugar del cosmos de los cuatro elementos –sin un quinto elemento especial–, ha de interpretarse como un argumento más del proceso, propio de la revolución científica, que conduciría a la unificación de la física terrestre con la celeste.

Sin embargo, la influencia estoica no es la única, pues forma parte de todo el bagaje de la recuperación de las fuentes clásicas que se enfrenta a la

[5] Ver apartado II.II.6.

tradición de filiación aristotélica. Comparte, pues, con el atomismo, con el platonismo y con otras fuentes antiguas, el papel de fuente de autoridad para las nuevas concepciones físicas y cosmológicas.

La similitud con el estoicismo viene subrayada por esa referencia a un espacio extracósmico infinito y vacío de materia. Pero en lo referente a la vacuidad del espacio intracósmico, la filiación estoica –con su afirmación del *plenum*– se enfrenta a la atomista que sí admite el vacío intracósmico. Soluciones como las de Gassendi, Guericke o More, testimonian del cruce entre ambas filiaciones. Claro está, para la aceptación del vacío intracósmico es más determinante la influencia atomista; pero, de hecho, tal aceptación se abrirá camino también con la síntesis de ambas influencias. Y progresará en la medida que las anteriores afirmaciones sobre el éter y la plenitud divina se proyecten a una nueva correlación entre vacío y plenitud divina: es la inflexión ya descrita entre la primera y la segunda mitad del XVII.[6]

En resumen, una imagen cosmológica bastante común en el siglo XVII, tanto en copernicanos como en no-copernicanos, tanto en plenistas como en vacuistas, fue la de un mundo limitado inserto en un espacio extramundano infinito y preferentemente vacío, distinguiendo por lo tanto entre la finitud del mundo y la infinitud del espacio.[7] Frente a ella se situaría la posición cartesiana, que rechaza la distinción entre espacio y mundo, y la concepción de la pluralidad de mundos que, de Bruno en adelante, también va abriéndose camino en el XVII. Estas tres posiciones (pseudoestoica, cartesiana, pluralidad de mundos) intervienen en la definición de los problemas que ha de enfrentarse la cosmología: la infinitización del mundo-universo y la unificación del espacio.

Estos problemas, en la vertiente cosmológica, van a plantearse especialmente en relación al proceso de crisis de los orbes celestes. La afirmación del vacío intracósmico y su unificación con el vacío extracósmico depende de la eliminación de estos obstáculos.

---

[6] Ver apartados II.II.3., 4. y 5. Inflexión ya anunciada en las confusiones entre éter y vacío en Bruno o Patrizzi: ver apartado I.IV.3.

[7] Ejemplos de esta diversidad de filiaciones son: Fludd (que no es copernicano, y es plenista), Hobbes (copernicano y plenista), Gassendi (copernicano y vacuista), More (copernicano, y vacuista o plenista según se mire). Grant, p.192 y n.58, cita como seguidores del modelo estoico y copernicano a: Patrizzi, Gassendi, More, Barrow, Guericke, Locke, Raphson. Unos son vacuistas, otros plenistas.

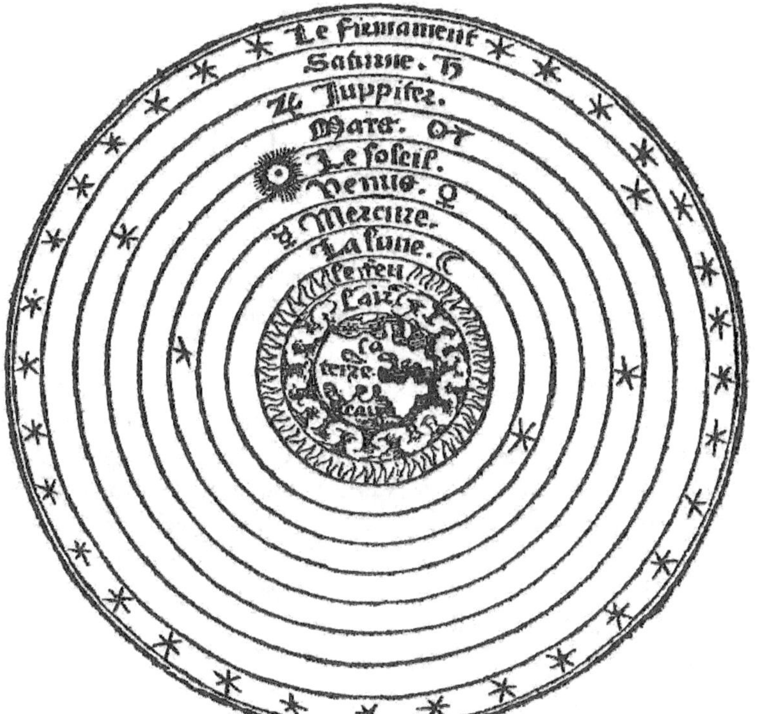

Fig. II.III.1 Diagrama del universo precopernicano. Finé *Théorique des ciels* (1528) [reproducido por Taton II, p.75]

II.III.2. *La progresiva crisis de las esferas celestes*

Como se sabe, en el modelo cosmológico tradicional –de inspiración aristotélica y ptolemaica– el movimiento de los planetas viene explicado porque son arrastrados por unas esferas u orbes que giran solidariamente con ellos. La sustancia de estos orbes no es material, o sea no está compuesta de los cuatro elementos; es un éter o quintaesencia, o sea, una sustancia incorruptible –que es lo propio de una región donde preside lo inmutable, donde no hay ni generación ni corrupción–. Pero, aunque no sea material, esta sustancia no es en absoluto el vacío.

La disposición cosmológica tradicional consiste en siete orbes planetarios, un firmamento (o esfera de las estrellas fijas), eventualmente otros orbes superiores y un Empíreo; y a efectos prácticos, consiste –como se ve en el diagrama de 1528 de Finé [ver Fig. II.III.1]– simplemente en ocho esferas, puesto que las restantes no contienen cuerpos celestes (ni planetas ni estrellas fijas), siendo esferas perfectamente diáfanas.

Para que se abra camino la concepción de un espacio vacío intracósmico es preciso, pues, que esta disposición de los orbes planetarios entre en crisis. Y para que se abra camino la unificación del espacio extracósmico con el intracósmico es precisa también la crisis de la octava esfera o firmamento. Estos dos procesos van a producirse, efectivamente, como efecto de la revolución copernicana y de otras aportaciones científicas.

La crisis de la concepción del Firmamento como esfera incorruptible puede fecharse en 1572, a raíz de las observaciones hechas en distintos puntos de Europa. Entre otros[8], Tycho Brahe concluirá que el fenómeno celeste observado (se trataba de la explosión de una supernova) no puede confundirse con un cometa y que está produciéndose en la zona supralunar, lo cual desmiente la supuesta inmutabilidad e incorruptibilidad de esas esferas celestes.[9] Más adelante, las observaciones con el telescopio hacen ver un número de 'estrellas fijas' muy superior a las canónicas 1022. Tycho Brahe, aunque no se adhiera al sistema copernicano –pues elabora su propio

[8] Entre esos otros hay que citar a Jerónimo Muñoz, autor del *Libro del nuevo cometa* de 1573. Cf. Navarro, *La obra astronómica de Jerónimo Muñoz*.

[9] Sobre la significación de estas observaciones ver: Hellman, "The gradual abandonment of the Aristotelian universe"; Rosen, "The dissolution of the solid celestial spheres".

sistema cosmológico, el llamado sistema ticónico–, concluye que ha de prescindirse de los orbes planetarios.[10]

Por otra parte, corresponde a Digges ser el primero en formular –en términos astronómicos copernicanos– un modelo infinitista en el que quede desdibujado el papel de un firmamento como límite del mundo. En su diagrama [ver Fig. I.IV.2] se observa una ubicación dispersa de estrellas más allá del firmamento convencional. Esta es la primera formulación astronómica moderna de tipo infinitista, aunque en este caso, pese a la crisis del firmamento, siguen subsistiendo los orbes planetarios.

Los siguientes hitos astronómicos son fundamentalmente los derivados de los trabajos de Galileo y de Kepler, ambos en la línea copernicana, que contribuyen al creciente escepticismo sobre los orbes celestes, escepticismo que se apoya además en el carácter elíptico –no circular– de las trayectorias planetarias.

Este clima de escepticismo ya había sido expresado por Gilbert en el 1600. En él están resumidas las principales dudas respecto al modelo cosmológico tradicional: dudas sobre la estabilidad de un firmamento o esfera de las estrellas fijas, sobre los orbes planetarios, sobre el número total de estrellas fijas, sobre el medio en que se insertan estos cuerpos celestes, sobre las dimensiones de la "esfera imaginaria".[11] Gilbert ofrece una triple alternativa respecto al medio donde se sitúan los cuerpos celestes: "el éter más raro", o "la más sutil quintaesencia", o "el vacío"; y dice respecto a la cuestión de la distancia de las diversas esferas fijas que es "cuestión de opinión más que de verificación".[12] Son interrogantes que cumplen un claro cometido: minar la confianza en el modelo tradicional.

Las dudas y aseveraciones de Gilbert dan testimonio del impulso hacia la infinitización del mundo y del espacio, aunque sea mediante el ambiguo

---

10 Con el sistema ticónico se produce también una expansión muy notable de las dimensiones del mundo, mayor incluso que en el sistema copernicano: la distancia entre Saturno y el firmamento deviene 700 veces la distancia del Sol a Saturno. Cf. Kuhn, *La revolución copernicana*, p.265.

11 Cf. Gilbert, *De magnete* (1600), VI, III, p.215s; Koyré, *Del mundo cerrado*, p.57-8.

12 Efectivamente, hasta el siglo XIX no hay medios técnicos para demostrar que las estrellas (fijas) estén situadas a distancias variables. Son razones "no técnicas" las que condujeron (hacia 1700) a la convicción de que esas estrellas estaban diseminadas y no a distancias equivalentes. Cf. Kuhn, *La revolución copernicana*, p.241 y 300ss. En el siglo XVIII, Euler ya da una primera argumentación técnica. Cf. Speiser, "The distance of the fixed stars and the riddle of the sun's radiation".

término de 'inmensurable'. Similar ambigüedad mostrará Descartes a propósito de la indefinitud o infinitud del mundo.[13] Precisamente, entre estas dos referencias –Gilbert (1600) y Descartes (1644)– se situaría, según Kuhn[14], el período de subterránea maduración del infinitismo, un infinitismo que, además de enfrentar las objeciones de tipo metafísico, debe manifestarse prudentemente a la vista de la reciente condena eclesiástica del copernicanismo (1616) o la anterior de Bruno (1600).

En cualquier caso, si la infinitización del mundo halla obstáculos en su camino, no ocurre igual con la infinitización del espacio (o, si se quiere, del Universo), ni con la progresiva unificación del espacio, intra y extracósmico.

Todos estos procesos, obviamente, no progresan sin polémica y, por lo tanto, no son objeto de opiniones unánimes. La desaparición de las esferas planetarias y la desaparición del firmamento, aunque sean procesos relacionados, no se producen a igual ritmo. Podría decirse que tras un primer impulso infinitista, las condenas eclesiásticas frenan la adopción tajante de la disolución del firmamento. Además, en las fuentes bíblicas, se afirma más explícitamente el firmamento que los orbes planetarios; de modo que estos orbes serán eliminados antes.[15]

La eliminación de estos orbes planetarios, se conserve o no la esfera de las estrellas fijas, implica evidentemente la homogeneización del espacio del mundo. Ahora la defensa de la plenitud de ese espacio-mundo ya no recurre al modelo de unas esferas sólidas, sino a un medio fluido (éter o materia sutil) que todo lo llena.[16] El arrastre de los planetas ya no se debe a

---

[13] Cf. Descartes, *Principia philosophiae*, III, §1-2; Koyré, *Études newtoniennes*, p.226-8.

[14] Kuhn, *La revolución copernicana*, p.366-7.

[15] Hacia 1650, la disolución de los orbes ya es una conclusión bastante generalizada. Cf. Donahue, "The dissolution of the Celestial Spheres 1595-1650". Leibniz en el *Tentamen de motuum coelestium causis* (1689) se refiere a "la reciente eliminación de los orbes sólidos". Ha de esperarse a 1700 para la consideración de la dispersión de las estrellas fijas (cf. Kuhn, *La revolución copernicana*, p.300), aunque ésta no pasa de ser una conjetura pues, por ejemplo, en la polémica Leibniz–Clarke (1715-1716) todavía se habla del espacio exterior más allá de las estrellas fijas.

[16] Grant, sin embargo, en "Celestial Orbs in the latin Middle Ages", ha negado el carácter sólido de los orbes celestes en la cosmología tradicional; argumenta que la idea de su solidificación se produce en el XVI –no antes–, justo cuando al cabo de poco tiempo vayan a disolverse. Esta opinión es contraria a la más comúnmente aceptada. Sobre esta polémica véase: Aiton, "Celestial Spheres and Circles"; Grant, *Planets, stars, and orbs : the medieval cosmos, 1200-1687*; Donahue, "The dissolution of the Celestial Spheres 1595-

que estén solidariamente encastados en sus orbes; se produce por la acción de los torbellinos de esa materia fluida que rodea todo cuerpo celeste. Tal es la opción de Descartes.

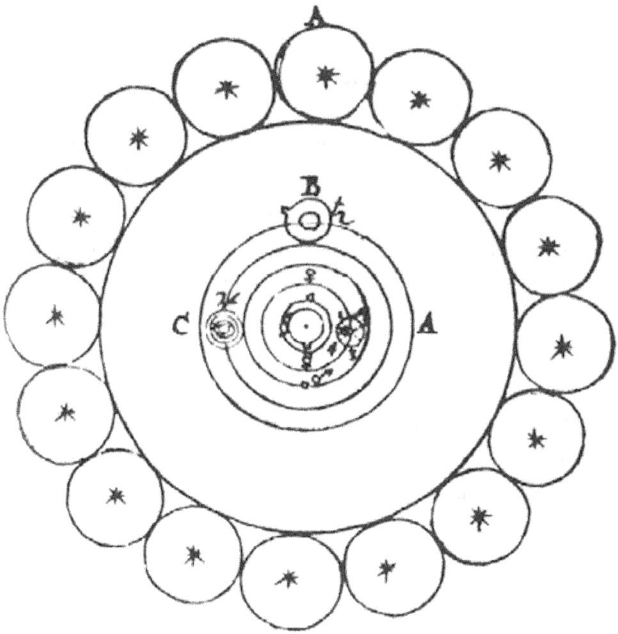

Fig. II.III.2 Diagrama cartesiano de la pluralidad de mundos
Figura tomada de Henry Regius, *Philosophia naturalis* (1654)
[reproducido por Dick, *Plurality of Worlds*, p.114]

1650"; Jardine, "The Significance of the Copernican Orbs"; Rosen, "The dissolution of the solid celestial spheres".

Frente a la opción cartesiana –que es plenista–, caben otras opciones más o menos vacuistas, una vez desplazado el obstáculo de las esferas y afirmada de un modo u otro la homogeneidad del espacio. Cabe un pseudovacuismo, como el plenismo espiritual de More; cabe el animismo de Kepler; cabe el vacuismo de la hipótesis magnética (Gilbert, Guericke); cabe el vacuismo de inspiración atomista (Gassendi). En definitiva, caben todas las opciones entre el puro vacío y el éter (sea éste inmaterial o material); pero, en todo caso, el medio en que se mueven los cuerpos celestes es, cuando no vacío, un medio fluido. A Newton corresponderá estudiar y comparar los movimientos planetarios en medio fluido y en medio vacío (ni siquiera se le ocurrirá analizar un medio sólido).

Esta unanimidad sobre el medio en que se mueven los cuerpos celestes afecta incluso a la concepción del firmamento: las estrellas fijas podrán estar situadas a una misma distancia –como si ocuparan una esfera última– o estar dispersas a distancias variables, pero ya no se imaginan encastadas en una esfera sólida o firmamento que sea el límite impenetrable del mundo. Así ocurre en todos aquellos (como Gassendi, Guericke o More) que adoptan un modelo cosmológico de inspiración estoica (mundo limitado y espacio infinito). Así ocurre también en los cartesianos [ver Fig. II.III.2] que aplican el modelo de los torbellinos a las estrellas fijas.

Se comprende que ante esta disolución de las esferas celestes –o al menos su desolidificación– la unidad del espacio sea la conclusión consecuente. Ya tendrá menos sentido la radical separación entre espacio extracósmico (llamado 'imaginario' en la tradición escolástica) y espacio intracósmico, vista la fluidez de los límites y la homogeneización del medio espacial.

Para las opciones vacuistas, el tránsito desde un vacío exterior a un vacío intracósmico es una operación que se realiza sin dificultad. Para las opciones plenistas, amén de los argumentos sobre la imposibilidad metafísica del vacío, ha de recurrirse a una materia sutil o éter que llene las inmensidades espaciales. En cualquier caso, la disolución de las esferas celestes transforma totalmente los términos cosmológicos de la discusión entre plenismo y vacuismo.

II.III.3. *La revolución newtoniana: espacios vacíos frente a torbellinos*

Las cosmografías a partir del último tercio del siglo XVII tienden mayoritariamente al modelo heliocéntrico, asumiendo las leyes de Kepler sobre las órbitas planetarias. También incide en ellas la creciente influencia de una cosmología infinitista –de inspiración atomista– que afirma la pluralidad de mundos.[17]

Todas esas tendencias contribuyen a la definitiva disolución de los orbes, dejando despejado un espacio homogéneo y no jerarquizado para el que se plantea el problema de la interacción entre los cuerpos celestes, cuyo número es además creciente. Este problema es común a todas las cosmografías, sea la pseudo-estoica, la cartesiana, la atomista de la pluralidad de mundos, o cualquiera de las combinaciones entre éstas tres.[18] Y es de reseñar que, a partir de la segunda mitad del siglo XVII, se observa el peso creciente de la especulación sobre la pluralidad de mundos. La suposición de que las estrellas fijas sean como soles rodeados de sus propios planetas es bastante común.

Para cualquiera de estas diversas disposiciones cosmográficas, el problema básico con respecto a la vacuidad o no de los espacios intracósmicos depende en gran medida de las explicaciones que vayan a darse sobre los modos de la interacción de los cuerpos celestes. Y las dos respuestas que compitieron a finales del siglo XVII e inicios del XVIII fueron básicamente la newtoniana de la atracción universal y la de los torbellinos. Atrás quedaban las diversas explicaciones de tipo magnético (Gilbert, Guericke), pues al fin y al cabo esa explicación magnética se veía culminada y superada por la teoría newtoniana –al tomar en sus manos el viejo concepto

---

[17] Sobre la historia premoderna de la concepción de la pluralidad de mundos, ver Dick, *Plurality of Worlds*, cap.3 (Infinite Worlds revisited: the Revival of Atomism), p.44-59. El caso de Bruno ya ha sido tratado en apartado I.IV.3.

[18] En realidad estas combinaciones son muy habituales. Recuérdese, por ejemplo, Gassendi que se inclina por un modelo cosmológico de tipo estoico aunque él pertenezca a la tradición atomista. Otros ejemplos de combinación de influencias es el de los cartesianos (opuestos, por tanto, al atomismo) que insinúan modelos de pluralidad de mundos. Así por ejemplo: Borel, *Discours nouveau prouvant la pluralité des mondes* (1657); Rohault, *Traité de physique* (1671). Cf. Dick, *Plurality of Worlds*, cap.5 (Cartesian Vortices, the Infinite Universe, and the Plurality of Solar Systems), p.106-141.

de atracción–.[19] Tampoco era satisfactoria la explicación atomista, por ejemplo de Gassendi, al menos desde el punto de vista vacuista, pues conducía también a un modelo de torbellinos bastante similar al cartesiano.[20]

Así pues, frente a la explicación newtoniana de la atracción universal a través de un espacio vacío, sólo se alzaban las teorías de los vórtices o torbellinos, teorías de hecho más populares que la newtoniana hasta bien entrado el siglo XVIII. La filiación de la teoría de los torbellinos es básicamente cartesiana, aunque tal teoría también fue adoptada por críticos con el cartesianismo –como Leibniz o Huygens–. En realidad, todos los que se oponen a la teoría newtoniana recurren a una teoría de torbellinos, es decir a un medio fluido y liviano que transmite la rotación solar (o de otros cuerpos celestes) a sus planetas.

Tal es el caso, como se ha dicho, de Leibniz, que en su obra *Tentamen de motuum coelestium causis* se esfuerza en hacer compatibles las leyes de Kepler de los movimientos planetarios con el modelo plenista de los torbellinos. Leibniz comenta que ya no pueden aceptarse las anteriores hipótesis, sea suponer unas inteligencias particulares a los planetas, sean las órbitas sólidas, o sean las simpatías y magnetismos. Y se inclina por el movimiento circular del éter. La dificultad es reconciliar ese movimiento o torbellino circular con unas trayectorias que son elípticas, dificultad que Leibniz afronta con la consideración del llamado 'movimiento armónico'.[21] Pero, sobre todo, la principal dificultad es, como mostrará Newton, hacer compatible la estabilidad y regularidad de unos movimientos planetarios con un medio que, siendo pleno, ha de frenar inevitablemente esos desplazamientos. Esta es la crítica que aborda Newton en el libro II de sus *Principia* y que ha de concluir en el libro III con el establecimiento de su propia teoría de la atracción universal, con la consiguiente eliminación de todo medio no vacío en los espacios interplanetarios.

---

19 Sobre los antecedentes del concepto de atracción, ver Koyré, *Études newtoniennes*, apéndices A, B, E, p.157-188, 207-210.

20 En realidad, tal idea de torbellino no es nueva en la tradición atomista: ya en la cosmología atribuida a Leucipo se habla de torbellino (δίνη); así en DK 67 A 1 (= BCG III 453). Cf. BCG III, p.242-256. En general sobre los torbellinos, ver Aiton, *The vortex theory of planetary motion*.

21 Cf. Leibniz, *Tentamen de motuum coelestium causis*, p.150-3; Koyré, *Études newtoniennes*, p.168-172.

Como se sabe, la bondad de los cálculos de Newton no impediría el rechazo de sus oponentes, vistas las objeciones –sobre todo de orden metafísico– al sistema de Newton. En el cambio de siglo y durante una buena parte del XVIII subsistirá, pues, el enfrentamiento entre el modelo newtoniano de los espacios vacíos y las teorías plenistas de los torbellinos. Voltaire en 1733 reflejará en una de sus *Lettres* perfectamente esta discrepancia.[22]

Lo que ha de destacarse ahora, una vez más, es la contribución newtoniana: una verdadera revolución cosmológica que integra los espacios vacíos en el sistema del mundo. No antes de Newton (sólo con la excepción de Guericke) se había afirmado y argumentado el vacío intracósmico; recuérdense las vacilaciones de Torricelli o las limitaciones de la cosmología atomista, y recuérdese que anteriores afirmaciones del vacío adolecían de la ambigüedad de una paralela afirmación de la plenitud (del éter, de la sustancia espiritual).

Afirmado el vacío intracósmico, además de los clásicos intersticial y continuo, se produce su unificación con el tradicional vacío extracósmico de los espacios imaginarios. De hecho, ya es muy difícil entender alguna porción del espacio como imaginaria, pues en cualquiera de los modelos cosmológicos –en el cambio de siglo– prospera la idea infinitista y de pluralidad de mundos.[23] Así es en los modelos de los torbellinos donde es aceptada la concepción acerca de las estrellas como si fueran soles rodeados de planetas, soles que están a distancias enormes pero variables.[24] Y en el modelo newtoniano también se especula con estas estrellas-soles. La diferencia entre ambos modelos es, obviamente, la afirmación o negación del componente vacío del Universo.[25]

---

22 Cf. Voltaire, *Lettres philosophiques*, 14ª carta, vol.2, p.1 [ed. esp. *Cartas filosóficas*, Catorceava carta, p.117-8], donde se dice irónicamente que en Francia el mundo era lleno, mientras en Inglaterra uno lo hallaría vacío.

23 Este será uno de los errores de la argumentación de Leibniz contra Clarke: suponer que el mundo es limitado y que en su exterior sólo cabe hablar de espacios imaginarios, deduciendo que todo vacío es imaginario. Cf. Robinet, p.85 y 109. Ver más adelante cap.III.III.

24 Modelo popularizado por Fontenelle, en sus *Entretiens sur la pluralité des mondes* (1686-7). Más adelante, la idea de los torbellinos y la pluralidad de mundos será recogida en la *Encyclopédie* (arts. "Élements des sciences", "Espace" de D'Alembert). Cf. Dick, *Plurality of Worlds*, p.123-135.

25 Por ejemplo, Bentley, en *A Confutation of atheism from the origin and frame of the world* (1693), p.14, calcula que en el sistema solar el vacío ocupa $8{,}6 \,.\, 10^{17}$ veces la materia.

Finalmente, como es sabido, prevalecería la imagen newtoniana de los inmensos espacios vacíos entre los diversos cuerpos celestes. Pero esta afirmación victoriosa del vacío tiene su contrapunto en otras afirmaciones acerca del éter, problema –éste del éter– que ha venido arrastrándose hasta los inicios del siglo XX. Pues, si bien la afirmación del vacío se producía también a partir de una clarificación de qué es la materia, las dificultades en la reducción de todo fenómeno físico a su aspecto material o mecánico conducían nuevamente a la consideración del éter para esos fenómenos no reducibles a la sola componente mecánica. Es la contradicción entre la consideración del vacío para los fenómenos mecánicos y la consideración del éter para fenómenos como los ópticos.

II.III.4. *El problema del éter*

Esta confusión entre vacío y éter es, de hecho, una cierta constante a lo largo de esta historia. La vimos en Patrizzi y Bruno, también en Beeckman, y sigue aquí –aunque en otros términos– en Newton.

El primer problema es la definición precisa del éter, pues las diversas alusiones al éter remiten en realidad a distintas concepciones, que se remontan por lo menos a los clásicos griegos.[26] Así, para los estoicos, que se inclinarán por el término pneuma (πνεῦμα), se trata de la mezcla adecuada del aire y del fuego; ésta es principio vital y sustancia de cohesión del mundo al interpenetrar con la materia (formada únicamente por tierra y agua), cumpliendo así un papel similar al de la forma aristotélica. Según Aristóteles, el éter es quintaesencia, ni materia ni forma; no pertenece a este mundo sublunar de la generación y la corrupción, sólo es la sustancia inmutable y característica de las esferas celestes. La concepción neoplatónica concibe un éter que, siendo inmaterial según la concepción no-estoica de la materia, no ocupa una región particular del mundo sino que es el espacio-luz del mundo en su conjunto.

[26] Remite, por ejemplo, a la crítica de Aristóteles a Anaxágoras sobre la etimología de éter (αίθηρ). Aristóteles propone erróneamente que αίθηρ deriva de 'correr siempre' (ἀεί θέω), en lugar de 'quemar, encender' (αἴθω). Los diccionarios etimológicos de la lengua griega dan la razón a Anaxágoras. La referencia aristotélica a Anaxágoras en DK 59 A 73 (= BCG II 717-718).

Estas tres referencias estarán presentes en el período renacentista, al darse la recuperación de las fuentes clásicas; pero a menudo se superpondrán dando pie a cierta confusión en las concepciones renacentistas del éter. Esta confusión corre paralela y depende también de las imprecisiones sobre los conceptos de materia y de espíritu, de sus relaciones con la extensión, con la penetrabilidad, la consistencia, el peso, etc. El éter podrá ser inmaterial al modo estoico o al modo aristotélico, podrá ser prácticamente equivalente al *spiritus mundi*, o podrá ser material.

Así pues, el segundo problema del éter es su estatuto en relación a la materia o al espíritu, problema que depende evidentemente de las caracterizaciones de esos conceptos. En realidad, en la medida que estos conceptos no alcancen una clarificación, el éter sigue ocupando una ambigua posición. Por ejemplo, en contexto renacentista no es excepcional referirse a una "materia espiritual", lo cual parece una contradicción en los términos. Igual ocurre en Gilbert, con sus dudas sobre el medio espacial (si éter, quintaesencia o vacío)· La ambigüedad se resuelve o en versión cartesiana o en versión de More, es decir dependiendo de la relación de la sustancia espiritual con la extensión. Si esta relación no se da –caso de Descartes–, sólo cabe afirmar que es la materia la que llena el espacio, y, por eso, Descartes prefiere hablar de "materia sutil" y no de éter.[27] Si la sustancia espiritual también es extensa –caso de More–, el éter adquiere claras cualidades espirituales, coincidiendo el vacío de materia con la plenitud de la sustancia espiritual.

En realidad, a partir de la segunda mitad del XVII, 'materia sutil' y 'éter' serán términos bastante intercambiables.[28] Y, como efecto del peso creciente de la filosofía mecánica, el concepto de 'éter' adquiere una clara connotación de materialidad; proceso que es paralelo al descrito sobre la inflexión hacia el vacuismo por parte de las corrientes que antes subrayaron –en términos de éter y de sustancia espiritual– la plenitud de la cohesión universal. Por ello, observamos en Guericke la renuncia a toda confusión entre el vacío y el éter.

---

27 Cf. Descartes, *Principia philosophiae*, II, §§4-19 (que realiza la crítica del vacío), y especialmente II, §§6-7 (sobre la materia sutil). También Spinoza y Hobbes usan el término 'materia sutil'.

28 El matiz distintivo consiste en que 'materia sutil' suele referirse a la hipótesis plenista aplicada a los fenómenos terrestres y 'éter' suele referirse a los espacios cósmicos y a la cuestión específica de la naturaleza de la luz.

La plenitud y la vacuidad se discuten –a partir de ahí– en términos de materia, de su presencia o ausencia. El plenismo adoptará la tesis de la materia sutil, mientras el vacuismo precisa su concepto del vacío como una estricta ausencia de materia; y todo ello a pesar de las discrepancias acerca del concepto de materia, en particular acerca de la importancia de la masa (o peso) en la caracterización de la materia. Justamente el punto débil de la opción plenista es su insuficiente clarificación del concepto de materia, su no consideración de la masa como cualidad esencial de la materia. Ahí Newton asesta el golpe a sus oponentes, precisamente en el terreno de la mecánica, en una dirección que prolonga, aunque superándola, la línea atomista o corpuscular. Es, de hecho, la otra opción del mecanicismo, la del vacío como intervalo necesario para el movimiento de las partículas de materia (átomos o corpúsculos). Así, la función del éter en el modelo mecánico plenista –muy similar al pneuma de los estoicos– viene a realizarlo el vacío en el modelo mecánico vacuista.

De ahí surge la consideración del tercer problema del éter: qué función cumple. Para Descartes y el plenismo mecanicista, cómo todo se reduce a interacción mecánica, el éter –o más precisamente, la 'materia sutil'– sólo tiene funciones mecánicas, por ejemplo en el modelo de los torbellinos cósmicos.[29] Esta concepción del éter como medio que comunica el movimiento es obviamente rechazada por Newton en su modelo cosmológico de la atracción gravitatoria universal: el movimiento no requiere un medio como el éter; al contrario, los intervalos interplanetarios han de ser vacíos.[30] El problema es que no todo fenómeno físico es reducible a una explicación mecánica; de modo que la eliminación del éter para el ámbito mecánico no es aplicable al ámbito extramecánico.

---

[29] Es igual en Hobbes o Spinoza. La reivindicación del estricto mecanicismo de la contigüidad les lleva a rechazar toda idea de atracción y a menospreciar los fenómenos magnéticos; la gravedad, el movimiento de los planetas, sólo puede ser explicado por el arrastre mecánico de un éter que es simplemente un tipo de materia (la 'materia sutil').

[30] Esta es la solución clásica del Newton de los *Principios matemáticos* (1687); luego en la edición de 1713 y en las Cuestiones agregadas a las sucesivas ediciones de la *Optica*, resurge la consideración del éter. Consideración ésta que conecta con las preocupaciones juveniles de Newton: hallar una explicación de la gravedad compatible con la existencia de un medio etéreo. Para este importante aspecto: ver Burtt, *Los fundamentos metafísicos de la ciencia moderna*, cap.VII, sec.5 (La concepción newtoniana del éter), p.290-308, especialmente p.295-304 (Las primeras especulaciones de Newton); Jourdain, "Newton's Hypotheses of Ether and Gravitation".

Esa es, precisamente, la situación en el último tercio del siglo XVII (y en adelante). El éter (o los éteres) puede tener funciones mecánicas o funciones extramecánicas. Y de acuerdo con este dilema van a enfrentarse todas las posibles opciones: desde reducir todo a interacción mecánica hasta subrayar la importancia del componente no mecánico; desde inclinarse por un éter material a uno inmaterial.[31]

Este es el contexto general en que se inscriben las dudas y vacilaciones de Newton cuando ha de enfrentarse a fenómenos extramecánicos como la electricidad, el magnetismo, la gravedad, la cohesión, la sensación y el movimiento animal, la refracción óptica, la reflexión, y los colores de la luz. Estas dudas recorren toda la trayectoria de Newton, desde los trabajos previos a los *Principia* hasta las reediciones de la *Optica*.[32]

Así, Newton en sus anotaciones y cartas previas a los *Principia* había considerado un modelo etéreo para la explicación de la gravedad, aunque criticando la concepción cartesiana de la materia sutil. Y en los propios *Principia*, en la 2ª edición de 1713, sigue considerando la necesidad de un éter –que ahora llama "cierto espíritu sutilísimo" y también "espíritu eléctrico y elástico"– para dar cuenta de los fenómenos no mecánicos (electricidad, luz, etc.).[33] Tal apunte anuncia un tratamiento más extenso en la *Optica* –especialmente en la 2ª edición inglesa (1717)–. Aquí la hipótesis del éter, que Newton entiende de estructura corpuscular con fuerzas de atracción y repulsión entre sí, ha de ser compatible con la necesidad de que

---

31 En el primer caso, el del éter material, están los citados Descartes, Hobbes, Spinoza; en el segundo caso, el del éter inmaterial, está el citado More (al hablar de una substancia incorpórea que ejerce un poder plástico). En cuanto a las dos funciones (mecánicas o extramecánicas) del éter, éstas se corresponden evidentemente con los dos modelos de éter; y ya fueron enunciadas por Boyle. Cf. Burtt, *Los fundamentos metafísicos de la ciencia moderna*, p.207-212. Sobre la lucha entre los modelos de éter, véase Whittaker, *History of the theories of aether and electricity* (vol. I: The classical theories).

32 La enumeración de los fenómenos extramecánicos es del propio Newton en 1675 (en carta a Oldenburg), o sea antes de *Principia*. Cf. Burtt, *Los fundamentos metafísicos de la ciencia moderna*, p.299-300. Obsérvese la inclusión de la gravedad como fenómeno no mecánico; esta convicción juvenil es retomada en la 2ªed. inglesa de la *Optica* (1717), concretamente en la Cuestión 21. Cf. *Optica*, n.21, p.417-421, ed. Solís; Koyré, *Études newtoniennes*, p.200-1. Newton intentó en tres ocasiones a lo largo de su vida una explicación de la gravedad compatible con esa visión extramecánica y con el éter. Cf. Jourdain, "Newton's Hypotheses of Ether and Gravitation".

33 Cf. Newton, *Principios matemáticos*, Escolio general, p.621. Con estas consideraciones se cierra el Escolio general y toda la obra.

el medio espacial no ofrezca resistencia al movimiento de los cuerpos celestes. Y conjetura:

> ¿No puede ocurrir que su resistencia sea tan pequeña como para ser inconsiderable? Por ejemplo, si el Éter (como lo denominaré) fuese, digamos, 700.000 veces más elástico que nuestro aire y más de 700.000 veces más raro, su resistencia sería más de 600.000.000 veces menor que la del agua. Una resistencia tan pequeña difícilmente habría de producir una alteración sensible en los movimientos de los planetas en un período de diez mil años.[34]

La conclusión es, pues, que el medio espacial estaría vacío a efectos inerciales, pero ya no sería un perfecto vacío. Es decir, Newton mantiene la hipótesis del éter a partir de la consideración de ciertos fenómenos extramecánicos, y así se ve obligado a entender el vacío de un modo más pragmático, o sea como una alta rarificación del aire pero no como una completa ausencia de materia. A menos que la ausencia radical de materia sea compatible con la presencia del éter porque ese éter no es material –cosa que Newton no aclara explícitamente–. Pero si no fuera material no se comprende bien su relación con la materia, a menos que materia y espíritu fueran más similares de lo que se supone.[35]

En cualquier caso, Newton se inclina por un vacío espacial más pragmático, lo suficientemente raro para los comportamientos inerciales, pero dejando abierta la posibilidad de acoger un éter –sea espíritu sutil o sea materia superrarificada– que dé cuenta de los innumerables fenómenos no mecánicos. Y declara en un pasaje muy significativo de la *Optica* que lo dicho respecto al éter y al 'vacuum' es prácticamente equivalente.[36] Con

---

34 Newton, *Optica*, Cuestión 22, p.306.

35 Esta concepción, que materia y espíritu fueran más similares de lo comúnmente aceptado, es una importante hipótesis. Como ha señalado y documentado Koyré (*Études newtoniennes*, p.113-4 y n.103) Newton pensó, desde su juventud hasta su muerte, en la creación de la materia como una operación de condensación del espacio (idea de clara inspiración platónica). De este modo, espacio vacío, éter, cuerpos densos e impenetrables, serían como gradaciones de la condensación del espacio. Esta hipótesis sería, sin embargo, uno de los tantos apuntes olvidados a raíz de la victoria newtoniana.

36 Cf. Newton, *Optica*, Cuestión 29, p.323. Como señala Koyré (*Études newtoniennes*, p.200-201), se trata de hacer compatible el modelo gravitatorio (que exige el vacío) con el modelo etéreo: la consideración de un éter muy raro (700.000 veces más raro que el aire) parece garantizar la compatibilidad a efectos prácticos. Pero no la garantiza a efectos teóricos. Koyré explica que no se prestó atención a estas discrepancias, vista la progresiva victoria de la física newtoniana.

ello se apunta a una escisión entre lo que se dice en términos mecánicos y lo que se dice en términos no mecánicos. Para el primer punto de vista es necesario el vacío, para el segundo es necesario el éter: este es el dilema que afronta Newton. En suma, estos problemas dan testimonio de los límites de la explicación mecánica.

II.III.5. *El triunfo mecanicista y sus límites*

Como se ha hecho notar anteriormente, Newton se esforzó en varias ocasiones por dar una explicación de la gravedad en términos de la acción del éter –la última vez en la edición de 1717 de la *Optica*–. La razón –ya se dijo– es que no admitía la 'acción a distancia'; y, por lo tanto, no podía estar satisfecho con la sola descripción del cómo operaba la atracción gravitatoria. Sin embargo, esas vacilaciones pasarían prácticamente desapercibidas en el futuro y sería la famosa declaración de "hypotheses non fingo" la que se tomaría como suficientemente satisfactoria: no se sabía porqué ocurría la atracción gravitatoria, pero se sabía perfectamente cómo ocurría; y finalmente ese 'cómo' se transformó en un 'porqué' que no requería más explicación. Esa transformación es la propia de la victoria newtoniana en el siglo XVIII por obra de Voltaire y otros.[37]

Con ella el sistema newtoniano es concebido como un sistema mecánico. Pero antes, la defensa de la física newtoniana tiene el carácter de un ataque a las insuficiencias de las explicaciones mecánicas. Tal era el tono de la crítica de More a Descartes y luego el de la crítica del newtoniano Clarke a Leibniz. Por explicación mecánica se entendía que la comunicación del movimiento sólo se producía por el choque directo de los cuerpos (la materia sutil empuja a los planetas, etc.). Por ello, la gravedad newtoniana no era propiamente mecánica, y se la criticaba como una inaceptable 'cualidad oculta'.

Estos son, pues, los términos de la discusión en el cambio de siglo: los newtonianos enfrentados a los defensores de la filosofía mecánica; términos distintos a los del final del XVIII –con la victoria del sistema newtoniano– cuando este sistema es presentado como la culminación de la filosofía mecánica.

[37] Ver apartado III.IV.1.

Situados en el clima de la confrontación del cambio de siglo, efectivamente la concepción newtoniana se presenta como un modo de preservar la presencia directa de Dios en el mundo. Serían los límites de la explicación mecánica los que justificarían –según esta genuina concepción newtoniana– la necesidad de una permanente intervención divina. Esta necesidad se apoya en la convicción –expresada por ejemplo en la Cuestión 31 de la *Optica*[38]– de la continua disipación del movimiento, convicción rechazada por los cartesianos, por Huygens y por Leibniz. Esta discusión está expresada técnicamente por la confrontación entre dos medidas de la fuerza (hoy diríamos energía) del movimiento: la cantidad de movimiento (*momentum*) frente a la energía cinética (*vis viva*). Newton opina, frente a Descartes, que no se conserva la cantidad de movimiento; Huygens y Leibniz opinan que sí se conserva la *vis viva*[39]; y de ahí se deducen respectivamente la necesidad o no de la intervención divina.

La ironía de la historia posterior a esa confrontación es que, mientras vence el modelo newtoniano de la gravitación universal, la clarificación del concepto de energía y de su conservación niega la convicción newtoniana acerca de su disipación. Se impondrá, pues, un modelo cosmológico que no requiere la renovación energética atribuida a la intervención divina.

Desde el punto de vista del vacío, esta mutación significaba la sustitución del vacío-espacio como *sensorium Dei* por el vacío como simple ausencia de ser. En suma, la victoria de la concepción atomista del espacio vacío, tan criticada por su ateísmo.[40]

Puede decirse, pues, que, a medida que ese postulado de la permanente intervención divina para la regeneración energética del mundo entre en crisis, también el espacio vacío dejará de ser un espíritu sutil que cohesiona el mundo y será simple nada –o referencia geométrica como espacio absoluto–. De modo análogo, el sistema newtoniano, de ser prueba de la

---

38 Contiene la famosa afirmación acerca de que "el movimiento es mucho más proclive a perderse que a ganarse y siempre está extinguiéndose". Cf. Newton, *Optica*, Cuestión 31, p.343-4, y n.62 p.448-451.

39 Sobre estas importantes cuestiones de la medida de la fuerza y de la conservación o no del movimiento, véase: Jammer, *Storia del concetto di forza*, cap.7-8; Hiebert, *Historical Roots of the Principle of Conservation of Energy*; Dubarle, "Sur la notion cartésienne de quantité de mouvement".

40 Como dice Koyré, *Del mundo cerrado al universo infinito*, p.255, el espacio dejó de ser marco de la presencia de Dios y se hizo "marco de la ausencia de todo ser y, por lo tanto, también de la ausencia de Dios."

insuficiencia del mecanicismo, pasará a ser su culminación cuando se admitió, sin mayores problemas, que la fuerza de atracción gravitatoria era una propiedad esencial de los cuerpos. Y correlativamente, de la necesaria intervención y presencia divinas se pasará al Dios ocioso o ausente.[41]

Estas tres mutaciones, que parecen confirmar la victoria mecanicista, tienen, sin embargo, su contrapunto en la subsistencia de aquellos ámbitos donde la explicación mecánica se revelaba insuficiente. Si bien la gravedad caería del lado mecánico –olvidándose los esfuerzos de Newton por un modelo etéreo de la gravedad–, los fenómenos como la electricidad, el magnetismo, la cohesión, la sensación y el movimiento animal, la refracción óptica, la reflexión, y los colores de la luz, escapaban al reduccionismo mecanicista. Para estos ámbitos la referencia genérica al éter seguirá siendo necesaria, y ese éter seguirá siendo tan ambiguo respecto a la disyuntiva materia / espíritu como lo fue antes, sólo que expresada en términos distintos.

En lugar del 'espíritu', como polo opuesto a 'materia', cabe retener otros términos como 'onda', 'energía', 'fluido eléctrico', 'éter', 'organismo', 'dinamismo'. Son los que presiden el post-newtonismo y los nuevos límites de la victoria mecanicista. Pues, según ha señalado Koyré[42], la victoria newtoniana se infectó con los conceptos cartesianos y leibnizianos: el espíritu se ubicó según el esquema dualista cartesiano dejando de lado sus transacciones con la materia y la extensión, y la materia dejó de ser algo inerte que requiere impulsos exteriores. La materia, aunque sometida al criterio corpuscular y mecánico, resultaba animada por fuerzas propias. En suma, se está en los albores de una nueva polaridad, característica del nuevo devenir científico –hasta el presente siglo–: la polaridad 'materia' / 'energía'.[43]

Desde el punto de vista del vacío, la victoria newtoniana puede describirse como la mutación desde la concepción de un vacío como mediador activo a un vacío como simple intervalo inerte. El principio de actividad, que residía en ese espacio vacío (como *sensorium Dei*), se traslada a la

---

41 Ver todo el cap. XII (Conclusión: el artífice divino y el "Dieu fainéant") de Koyré, *Del mundo cerrado*, p.253-6.

42 Koyré, *Del mundo cerrado*, p.253-5.

43 Efectivamente, hasta la famosa ecuación de Einstein (la equivalencia de la energía y la masa: $E= mc^2$), estos dos ámbitos han sido perfectamente estancos. [E=energía; m= masa; c=velocidad de la luz].

propia materia. En esta inflexión habrá de reconocerse, por una parte, el papel del monismo de Spinoza y del organicismo de Leibniz[44], y, por otra, ciertas similitudes con las corrientes orientales de pensamiento que son reacias a la habitual disyuntiva materia / espíritu.

Esta cuestión, vista desde el recorrido del pensamiento europeo –con el añadido del impacto de las informaciones venidas de Oriente–, es el objeto siguiente de esta obra.

[44] Sobre el organicismo de Leibniz ver: Needham, *SCC* II, p.496-505 (Chu Hsi, Leibniz, and the philosophy of organicism); y el apartado III.III.1.

TERCERA PARTE

EL CLÍMAX DE LA POLÉMICA
INFLUJOS ORIENTALES

CAPÍTULO III.I.

ESTADO DE LA CUESTIÓN EN EL CAMBIO DE SIGLO

En la Segunda Parte se ha hecho el recorrido de las principales opiniones del siglo XVII en torno a la cuestión del vacío. En algún caso se ha desbordado ese marco cronológico estricto para señalar hacia qué problemas apuntaban las soluciones dadas. Así ha sido, por ejemplo, al dar cuenta de la aportación de Newton. Apuntados ya algunos rasgos de la victoria newtoniana[1], conviene ahora centrarse en el período anterior a esa victoria, o sea el que va del fin de siglo a la muerte de Leibniz (1716). Tomamos dos referencias para ese período: la edición del *Dictionnaire historique et critique* de Bayle, y el carteo entre Leibniz y Clarke.[2] Tal será el objeto básico de esta Parte III, sumándole también un importante rasgo de contexto, cuál es el contraste –visto desde Europa– con las doctrinas orientales. Esta triple referencia marca este período que hemos definido de 'clímax de la polémica'.

---

1 El estudio de la victoria newtoniana será ampliado en el apartado III. IV.1.

2 La primera edición del *Dictionnaire* de Bayle es de 1697; la segunda, con añadidos muy interesantes para nuestro propósito, es de 1702. Sobre las ediciones del *Dictionnaire*, consúltese el apartado bibliográfico de Rétat, *Le Dictionnaire de Bayle et la lutte philosophique au XVIIIe siècle*. La polémica Leibniz-Clarke se desarrola en 1715-1716.

III.I.1. *Recapitulación de un siglo*

Antes de entrar en materia será interesante señalar las principales conclusiones de la parte precedente, conclusiones que también sirven para señalar la base sobre la que se edifica la nueva polémica. Estas son:

(1) *Sobre el vacío experimental*
Se ha visto que todas las pruebas empíricas del vacío estuvieron sujetas a discusiones, a réplicas, a contraejemplos. No sólo las resistencias apriorísticas del pensamiento tradicional jugaron un papel crítico; también ha de reconocerse que, pese a los avances técnicos, las irregularidades experimentales daban pie a esas críticas o resistencias. Por lo tanto, las demostraciones experimentales no fueron totalmente concluyentes, y ha de admitirse –contra las habituales simplificaciones– unos claros límites en esa vertiente experimental.

Las únicas conclusiones más o menos unánimes serían el destronamiento final del principio del *horror vacui* y la aceptación del papel del peso (o presión) del aire en los fenómenos barométricos. Pero estas aserciones no condujeron a una pareja unanimidad respecto a la admisión del vacío. Además, respecto a los tres tipos de vacío –intersticial, continuo, cósmico–, ha de recordarse que los experimentos sólo podían "probar" los dos primeros tipos de vacío pero no el vacío cósmico. Por su parte los antivacuistas postularon, sobre todo por razones no estrictamente experimentales, la existencia de un éter o materia sutil que todo lo llena. La discusión del vacío remite, pues, a la discusión sobre ese éter –en cualquiera de sus formulaciones–.

(2) *Sobre el espacio vacío extracósmico*
Va dibujándose a lo largo del siglo XVII una progresiva aceptación de un espacio vacío e infinito más allá de los límites del mundo –o sea, más allá del firmamento que cierra el mundo–. Al margen de las imprecisiones sobre el estatuto de tal espacio, se tiende a tomarlo como un espacio perfectamente real –a pesar del calificativo tradicional de espacio 'imaginario'–.

Tal aceptación de la realidad del espacio extracósmico equivale de hecho a la aceptación de un espacio infinito, geométrico y homogéneo, realidad que no depende de sus contenidos precisos; en definitiva, de un espacio único no jerarquizado. Y se ha hecho notar que la infinitización del espacio es previa –y paso obligado– a la infinitización del mundo, lo cual corrobora esa dominante opinión sobre la independencia del espacio. A ese proceso del pensamiento se le ha calificado como 'geometrización' del espacio, proceso que no puede ser interpretado como contradictorio frente a la llamada 'divinización' del espacio.

Con mayor razón, las dudas sobre la firmeza y estabilidad del firmamento y el destronamiento de las antiguas esferas celestes contribuyen a diluir la frontera mental entre el espacio extracósmico y el espacio intracósmico. La visión tradicional sobre la vacuidad del espacio exterior podrá, pues, proyectarse también al espacio intracósmico, realizándose de este modo –en la imagen cosmológica– la unificación del espacio.

En definitiva, la imaginación cosmológica empuja hacia un espacio que difícilmente puede concebirse limitado por una supuesta limitación del mundo. Y ese espacio infinito hereda los calificativos dados a los tradicionales espacios imaginarios, por ejemplo el calificativo de 'vacío'. O al menos, cuando se dice que ese espacio no es vacío en acto –que está ocupado completamente por materia o por otra sustancia como el éter– se tiende a reconocerlo como una entidad independiente de los cuerpos y, por lo tanto, conceptualmente vacío.

(3) *Sobre la extensión y la divinidad*

Como complemento de la vertiente geometrizadora del espacio se ha indicado también el importante papel de su vertiente divinizadora. Ambas están presentes en la afirmación del espacio vacío, especialmente en la síntesis newtoniana. Los antecedentes más remotos tienen que ver con las soluciones escolásticas dadas al problema de la presencia divina en el mundo, o sea con los modos de concebir la omnipresencia divina. Los antecedentes más inmediatos arrancan del problema planteado por el dualismo cartesiano con su radical separación de la *res extensa* y la *res cogitans*, separación que ha de calificarse como verdadera revolución metafísica. Esa distinción tan neta es la que obliga, por contraposición, a definir también de un modo radical la identificación –o la correlación– entre la divinidad y la extensión. Tal sería el meollo de la polémica de Descartes con More.

Es la opción de More –o sea, la afirmación de la correlación entre divinidad y extensión– la que sustenta la afirmación de la vacuidad del espacio, por ejemplo en Newton, coincidiendo tal afirmación con la citada tendencia a la divinización del espacio. Este espacio vacío divinizado viene a realizar el viejo principio de la cohesión universal, entendiendo que la materia por sí sola no puede –en virtud de su carácter inerte– encarnar tal principio, principio que equivale a un principio de actividad del todo mundano.

En resumen, la divinización del espacio vacío es un proceso correlativo al de clarificación de los términos antitéticos 'materia' y 'espíritu', antítesis que proviene en su formulación más neta del dualismo cartesiano.

(4) *De la plenitud espiritual al vacío de materia*

En efecto, el principio de la cohesión universal venía expresándose en términos de plenitud espiritual, o incluso mediante el viejo principio del *horror vacui*. Puesto en duda este supuesto *horror vacui*, y situados en un proceso de clarificación de qué son materia y espíritu, se abre camino la reivindicación del vacío entre los partidarios del principio de la cohesión universal.

Este proceso ha sido descrito como una significativa inflexión, ocurrida a mediados del XVII: las corrientes de filiación post-renacentista, que antes enfatizaron la plenitud espiritual, vendrán a resaltar el aspecto complementario de la posible –y necesaria– ausencia de materia. Plenitud espiritual y vacío de materia vienen a ser equivalentes. Esta inflexión se explica, entre otras razones, por la creciente influencia del atomismo –o de una genérica filosofía corpuscular–, lo cual implica cierta clarificación del concepto de materia. Es así que los plenistas también vienen obligados a mostrar qué tipo de materias son las que supuestamente llenan todos los resquicios del mundo, y ya no es admisible el sólo recurso al puro argumento metafísico.

En resumen, la inflexión de mediados del XVII sitúa la cuestión del vacío –de su posibilidad o imposibilidad– básicamente en términos de ausencia o presencia de materia (aunque, ciertamente, la cuestión del éter seguirá planteando los límites de esa disyuntiva).

(5) *Las variedades del mecanicismo*

Movimiento y materia vienen a ser los dos elementos centrales de la filosofía natural. Ello significa el triunfo de la filosofía mecánica. Pero esta filosofía comprende dos variedades principales: la de filiación atomista y la de filiación cartesiana; y éstas remiten a los argumentos clásicos sobre el movimiento y el vacío. O el movimiento exige el vacío, o el movimiento se produce en el *plenum*.

Estas son las dos variedades del mecanicismo, la una vacuista y la otra plenista. Aunque son tendencias opuestas en cuanto a la cuestión del vacío, tienen en común la concepción –propia del mecanicismo– de reducir toda interacción física al choque entre cuerpos y a las características geométricas de éstos, desestimando las llamadas 'cualidades ocultas' o la 'acción a distancia'. El olvido o la crítica del magnetismo sería un claro indicio de esta concepción.

Pero para el vacuismo mecanicista (o sea, atomista) no es posible asumir interacciones en la inmensidad de los espacios cósmicos si éstos fueran perfectamente vacíos. A Newton corresponde superar los límites de tal reduccionismo mecanicista, realizando la síntesis entre tal vacuismo mecaniscista y las corrientes antimecanicistas de la cohesión universal expresada en el espacio vacío y absoluto, aunque ha de enfrentarse a sólidas críticas (por ejemplo, la antigua cuestión de la acción a distancia).

(6) *Espacios vacíos frente a torbellinos*

Sólo el sistema newtoniano ofrece una coherente cosmología vacuista. Como ya se dijo, las pruebas empíricas del vacío no alcanzaron –excepto en Guericke– esta dimensión cósmica, y, por su parte, el atomismo no podía admitir unas interacciones planetarias a través de un espacio perfectamente vacío.

Así pues, frente a la cosmología vacuista newtoniana se presentan las más populares teorías de los torbellinos. Tal es el enfrentamiento a inicios del siglo XVIII, y no se resolverá a favor de Newton hasta bien entrado el siglo. En el frente de las teorías de los torbellinos se alinean posiciones diversas: desde aquellas que resaltan la imposibilidad metafísica del vacío (cartesianos, Leibniz), hasta ciertos *mathématiciens* (como Huygens) que, reconociendo la posibilidad del vacío en el espacio considerado geométricamente, niegan la virtualidad del vacío en las interacciones planetarias.

La discusión sobre el vacío y los modelos cosmológicos es, pues, sólo una parte de un gran debate entre sistemas. Lo discutido acerca del vacío depende de la discusión de otros conceptos como son la 'atracción', la 'masa', la 'inercia'. Y es la falta de acuerdo sobre esos conceptos y sobre sus fundamentos metafísicos el que imposibilita el acuerdo entre cosmologías. Evidentemente, una vez superadas estas resistencias, la asunción del vacío alcanzará una dimensión verdaderamente revolucionaria, la dimensión cósmica: los espacios del mundo resultarán ser inmensidades vacías, concepción que antes de Newton había sido enunciada de modo bastante tímido.

(7) *Sobre las relaciones entre divinidad y mundo*

La confrontación entre vacuismo y plenismo viene reflejada en las acusaciones cruzadas de 'panteísmo' y de 'nullibismo'. Bajo el rótulo de 'panteísmo' –término, en realidad, acuñado a principios del XVIII– ha de entenderse toda tendencia a la confusión entre Dios y Mundo–. Bajo el rótulo de 'nullibismo' –aplicado por More a los cartesianos– se entiende toda tendencia a subvalorar la intervención divina en el mundo. Entre estos dos peligros –el panteísta y el nullibista– se juegan las implicaciones teológicas del vacuismo y del plenismo.

El problema de la relación entre divinidad y extensión, y el problema de la intervención divina en la regulación del movimiento del mundo, serían dos aspectos solidarios de esa problemática. El vacuismo se inclinaría por un Dios extenso, ocupando un espacio vacío en el que se realizaría el principio de actividad de la materia; el plenismo negaría la correlación espacial a la divinidad eximiéndola de un papel de "relojero" perpetuo del mundo. En este último caso, el principio de actividad, comunicado por Dios en el instante de la creación, residiría en la propia materia. Serían dos modos de entender el principio de actividad y la intervención divina en el mundo: en un caso se tendría el caricaturizado 'Dios-relojero'; en el otro caso, el 'Dios ocioso'. Estas implicaciones teológicas del plenismo y del vacuismo estarán presentes en la polémica Leibniz-Clarke.

Una vez recapituladas estas conclusiones, podemos ya situarnos en el período del clímax de la polémica. El *Dictionnaire* de Bayle y el carteo entre Leibniz y Clarke ciñen ese período.

III.I.2. *Un estado de opinión: el* Dictionnaire *de Bayle*

El *Dictionnaire historique et critique* es una buena muestra de las grandes resistencias que las tesis vacuistas encuentran todavía en el cambio de siglo, sobre todo en Francia. Interesa el *Dictionnaire* en tanto documenta esta particular coyuntura, muestra los argumentos en presencia, pero especialmente porque señala un estado de opinión en el que la cuestión del vacuismo confluye con otros asuntos polémicos, muy particularmente la percepción en clave espinosista de las doctrinas orientales. En este estado de opinión, se expresa el sentimiento de que existe un irresistible clima de impiedad de aspecto multiforme. El vacuismo sería una de sus caras.

El análisis de los contenidos que nos interesan del *Dictionnaire* puede subdividirse en dos apartados: el vacío y la cuestión correlativa del espacio; la crítica a Spinoza.

III.I.2.1. *El vacío físico y la cuestión correlativa del espacio*

En cuanto al primero, hay que decir que las referencias al vacío experimental son más bien escasas en el *Dictionnaire*. Básicamente las hallamos en los artículos "Pascal", "Magni", y "Leucippe"[3], pero sin una exposición detallada ni exhaustiva de la historia de los experimentos científicos. Bayle se limita a señalar las dos conclusiones principales que se desprenden de los experimentos de Torricelli y de Pascal: la caducidad del viejo principio del *horror vacui* y el papel del peso del aire en ellos. Al margen de estas dos referencias, no hay más información sobre la vertiente experimental: por ejemplo, se echa en falta alguna explicación sobre los famosos experimentos de Guericke, los de Boyle, o al menos los desarrollados en París en el ámbito de las actividades de la Académie Royale de Sciences en las últimas décadas del siglo. Y es que el aspecto científico y experimental del vacío le interesa poco.

[3] En el artículo "Pascal" (tomo XI, 419-437a) sólo es abordado –sobre un total de nueve notas– en la nota F (*Après avoir travaillé... aux expériences de la nouvelle philosophie, il abandonna cette étude*: 424b-427b). En el artículo "Magni" (tomo X, 50a-53b), se aborda en la nota B (*On prétend qu'il se voulut attribuer l'invention... de Torricelli*: 51ab). En el artículo "Leucippe" (tomo IX, 196a-206a) –que es una de las principales entradas para la cuestión del vacío– la referencia al vacío experimental se circunscribe a unas pocas informaciones en la nota G (204a-206a).

Pero además, este enfoque tan reducido nos confirma el verdadero peso de la vertiente experimental en el debate vacuista del cambio de siglo, un peso ciertamente limitado a pesar de la unanimidad sobre las dos conclusiones ya reseñadas: no al *horror vacui* y papel del peso del aire. Esta unanimidad no impide la discusión sobre los fundamentos metafísicos de la aceptación o no del vacío –que es la discusión que interesa de verdad a Bayle– ni anula las objeciones cartesianas a la afirmación del vacío. Bayle se encarga de recordar –en el artículo "Pascal"[4]– cómo Descartes opinaba que tales experimentos eran conformes a sus principios antivacuistas (con su explicación basada en la materia sutil).

Se está, pues, en presencia de las dos interpretaciones opuestas de los experimentos barométricos, una vacuista y la otra plenista; o sea, en presencia de los límites de la aportación experimental. Y la polémica no puede circunscribirse, pues, a esta vertiente, y ha de derivar forzosamente hacia otros contenidos y otras correlaciones. El *Dictionnaire* da fe de la amplitud de esas correlaciones. La cuestión del espacio es una de las principales.

Como se ha dicho, a Bayle le importa la cuestión del vacío sobre todo como una discusión en términos de confrontación entre sistemas. Este enfoque se desarrolla principalmente en los artículos "Leucippe" y "Zénon"[5], en los que se remite la discusión moderna a los antecedentes clásicos –en este caso, al atomismo (Leucipo) y a las aporías de Zenón de Elea–.

Por una parte, Bayle, en efecto, entiende que la discusión entre vacuismo y plenismo se reduce en gran medida a la confrontación entre el atomismo (vacuista) y las diversas refutaciones del atomismo. Por eso reseña los argumentos clásicos del atomismo y sus críticas sucesivas, citando, entre otras, la refutación de Maimónides de los atomistas árabes.[6]

---

4 Cf. art. "Pascal", tomo XI, 425b-426.

5 Del artículo "Leucippe" (tomo IX, 196a-206a), téngase en cuenta especialmente la nota F (*Il y a eu une secte de philosophes orientaux qui admettait les atomes et le vide*: 203a-204a) y la citada nota G (*Le vide... devient l'idole favorite des plus célèbres mathématiciens*: 204a-206a). Del artículo "Zénon d'Élée" (en tomo XV, 30b-67a), téngase en cuenta la nota I (*Je trouve très-apparent qu'il n'oublia pas les objections que l'on peut fonder sur la distinction du plein et du vide*: 52b-57b).

6 En la nota F (*Il y a eu une secte de philosophes orientaux qui admettait les atomes et le vide*) del art. "Leucippe" Bayle acude a la *Guía de Perplejos* de Maimónides en su crítica a los atomistas árabes, los *mutakallimun* (o *loquantes* –que Bayle traduce como *les parlans*–). Bayle cita *Guía de Perplejos*, I, cap. 69-73 y 76.

En cuanto a los protagonistas modernos, Bayle identifica principalmente a Gassendi, como representante del atomismo y del vacuismo modernos, y a Descartes, como aglutinador de las posiciones plenistas. Y los argumentos son los ya conocidos: por parte vacuista, el argumento de la estructura de la materia (átomos y vacío), el argumento de que el movimiento exige el vacío; y, por parte cartesiana, la identificación entre cuerpo y extensión y el recurso a la materia sutil que parece conciliar la plenitud y el movimiento.

Lo más destacable en ese esquema polarizado en torno a Gassendi y a Descartes es que Bayle reconoce que la hipótesis del vacío gana sobre la opuesta. Y lo dice en estos significativos términos:

> Digamos que el vacío, redescubierto por Gassendi y refutado por Descartes, gana poco a poco la partida, y se convierte en el ídolo favorito de los más célebres *mathématiciens*.[7]

En este fragmento han de subrayarse dos importantes aspectos: por una parte, llamar 'ídolo' a la hipótesis del vacío, y por otra, recordar que son los *mathématiciens* –o sea, los científicos– quienes se inclinan por el vacío.

En el término 'ídolo' ha de reconocerse una evidente carga crítica y también –como se verá– el alineamiento de Bayle a la concepción del espacio como ídolo o fantasma, concepción extraída de Locke.[8] Y en la referencia a los *mathématiciens* viene a confirmarse el ya comentado diagnóstico sobre el papel del factor geometrizador del espacio en la asunción del vacuismo. Pues Bayle explica que estos *mathématiciens* vacuistas distinguen entre una 'extensión real' –la de los cuerpos–, que es divisible, impenetrable y móvil y una 'extensión abstracta' –o sea, el espacio geométrico y vacío–, que es indivisible, penetrable e inmóvil.[9]

---

7 Tal es el título completo de la nota G del artículo "Leucippe". *Mathématiciens* ('matemáticos') debería traducirse mejor por 'científicos'. Aquí respetaremos el término original de Bayle.

8 La idea del espacio como ídolo o fantasma ya está en Hobbes, antes de Locke. Las referencias de Bayle a Locke se encuentran sobre todo en el artículo "Zénon" (tomo XV: en 54b, 55b, 56a, 56b). Sobre la posición de Locke, ver el apartado III.I.3. de este capítulo.

9 Entre estos *mathématiciens* vacuistas, Bayle cita a Huygens (en el artículo "Leucippe", tomo IX, 205a; y en el artículo "Zénon", tomo XV, 53b). Esta atribución a Huygens de una posición vacuista no es exacta. Pero esta confusión es indicativa de la aceptación de un vacío geométrico por parte de científicos que opinaban –como Huygens al criticar a

Esta doble constitución del espacio es criticada por Bayle, porque representa una renuncia a una "idea clara y distinta', lo cual conduciría a una especie de pirronismo. Pero además, para socavar esas ideas sobre el vacío y el espacio, Bayle se encarga de recordarnos las peligrosas correlaciones entre estas ideas y las tendencias a identificar a Dios con el espacio.[10]

Ciertamente, Bayle también refiere las opiniones de los vacuistas modernos que renuncian a la distinción 'sustancia' / 'accidente'. Cita a Gassendi y sobre todo a Locke, recordando que éste decía ignorar –a propósito del espacio– qué son la sustancia y el accidente, el cuerpo y el espíritu.[11] Pero estas referencias no conducen –en la exposición de Bayle– a aceptar la noción de espacio vacío, sino a ilustrar las muchas dificultades que se concluyen de la hipótesis del espacio vacío, dificultades que ya vienen de antiguo, de las discusiones clásicas.

Siguiendo esta lógica, Bayle se apoya en Meliso y en Zenón para conducirnos hacia su moraleja. De Meliso toma el argumento de la implicación entre movimiento y vacío, de Zenón toma las aporías contra el movimiento, para deducir que no hay movimiento "real", sólo un movimiento "ideal e inteligible".[12] Y análogamente, respecto al espacio concluye:

> Entonces, si la naturaleza de la extensión penetrable [o sea, vacía] y de la extensión impenetrable [o sea, plena] conduce a tan graves inconvenientes, lo más correcto será decir que tal extensión sólo puede existir en nuestro entendimiento.[13]

Newton– que el espacio en su constitución real no podría estar vacío, pero por razones relacionadas con los mecanismos que explican los movimientos celestes, no por razón de una imposibilidad metafísica del vacío.

10 Critica Bayle a "algunos peripatéticos que han osado decir que el espacio no es más que la inmensidad de Dios". Cf. art. "Leucippe", 205ab. Bayle, en este contexto, alude también a la crítica de Arnauld a Malebranche a propósito de la supuesta atribución de extensión a la divinidad. Y en 206a remite a Maimónides para refutar la identificación entre extensión y divinidad. Similares términos se repiten en el artículo "Zénon" (especialmente 54b y 55b). La coincidencia en este artículo de las consideraciones sobre el vacío hechas en clave geométrica y en clave teológica confirma el criterio ya defendido: que el proceso de la geometrización del espacio y el proceso de su divinización son aspectos complementarios.

11 Cf. art. "Zénon", 54b (sobre Gassendi), y 55b (sobre Locke).

12 Esta imposibilidad de comprensión del movimiento –que ponen de relieve las aporías de Zenón– ha sido perfectamente expuesta en el estudio de Koyré, "Remarques sur les paradoxes de Zénon".

13 Art. "Zénon", 57b. Esta frase cierra el tercer corolario de la nota I.

En resumen, el *Dictionnaire* es un buen testimonio para probar la confluencia de las tendencias geometrizadoras y divinizadoras del espacio en el proceso de asunción del vacuismo. Y por otra parte, la crítica de Bayle pone de relieve una nueva línea de ataque del problema: basándose en Locke –aunque sin adoptar su vacuismo–, el problema del espacio (vacío o no) es reconducido al ámbito del entendimiento, ámbito que será uno de los característicos en el siglo XVIII.

III.I.2.2. *La crítica a Spinoza*

Este nuevo modo de abordar el problema del espacio, pese a su evidente interés, no deja de ser también un producto de las resistencias antivacuistas. Vistas las dificultades para afirmar la plenitud, se obvia la conclusión opuesta proyectando a otro ámbito –el del entendimiento– el problema del espacio. En realidad, tras la resistencia de Bayle a la opción de la plenitud y a la opción de la vacuidad está la percepción de un peligro común a ambas, la confusión entre Dios y mundo –peligro que vendría en llamarse panteísmo–. Pues, efectivamente, tanto en el sistema plenista de Spinoza como en las concepciones vacuistas se adivina la misma derivación peligrosa.

Es así cómo la crítica a Spinoza viene a emparentarse a la crítica del vacuismo, principalmente en dos aspectos:

1) en cuanto las concepciones vacuistas coinciden con Spinoza en la atribución de extensión a la divinidad.
2) en cuanto la concepción espinosista es similar al "ateísmo" de las filosofías orientales y éstas enfatizan en gran manera la vacuidad.

La crítica de Bayle, desarrollada especialmente en la nota N de su extenso artículo "Spinoza"[14], además de señalar la impiedad del sistema de Spinoza, reitera los argumentos contra la correlación entre extensión y divinidad: por ejemplo, que ese Dios dejaría de ser Uno e inmutable, pues arrastraría consigo la multiplicidad y la mutabilidad del mundo, lo que supone degradar la dignidad divina. Y es de subrayar que Bayle replica al argumento de los espinosistas –el argumento de la imposibilidad metafísica

---

14 El artículo "Spinoza" (tomo XIII, 416a-468a) es uno de los más extensos del *Dictionnaire*, con un total de 28 notas.

del vacío como garante de la simplicidad de la sustancia– advirtiendo que esa garantía no le exime de la mutabilidad del mundo.[15]

Es decir, con o sin vacío, la extensión como atributo de la divinidad es el problema; y en este punto Spinoza coincide con el vacuismo. Y se comprende, pues, que el interés de Bayle vaya más allá de la cuestión específica del vacío: para Bayle el vacuismo es sobre todo un síntoma del peligro 'panteísta'.

El cuadro completo de la crítica de Bayle incluye además las denuncias del quietismo y de las doctrinas orientales, subrayando las identidades entre el espinosismo, el estoicismo y estas corrientes –viéndolas como aspectos del peligro 'panteísta'–.[16] Esta intención aparece claramente todo a lo largo del artículo "Spinoza" y se hace patente desde la primera nota en la que se afirma que "el fondo de su doctrina –que es el dogma del Alma del mundo– es común a diversos filósofos antiguos y modernos, europeos y orientales".[17]

Esta confluencia entre espinosismo, Oriente, quietismo, las influencias estoicas y la doctrina del Alma del Mundo define todo un estado de opinión, que no es exclusivo de Bayle. De hecho, estas notas del *Dictionnaire* –en gran parte añadidas en ediciones sucesivas[18]– son el eco de la condena de Fénélon (de 1699) que prolonga las condenas quietistas; y de las condenas de Roma y la Sorbona (de 1700) en relación a la cuestión de los ritos.[19] Con estos hechos y con las opiniones que los acompañan se cierra, por una parte, la crisis quietista, y por otra, se abre la larga etapa de incomprensión de las filosofías orientales. Con la primera se agota la tradición mística, que es como decir el agotamiento de una reivindicación del vacío interior; con la segunda se dificulta la comprensión de otras tradiciones de pensamiento que justamente enfatizan la vacuidad.

---

15 Cf. art. "Spinoza", nota N (*La plus monstrueuse hypothèse... la plus diamétralment opposée aux notions les plus évidentes de notre esprit*, 440b-441b), y nota CC (*Un éclaircissement sur l'objection que j'ai empruntée de l'immutabilité de Dieu*, 459a-462a).

16 Hay que reiterar nuevamente que el término no es propio de Bayle, aunque su crítica se aviene perfectamente a lo que luego será la denuncia antipanteísta. Bayle llama simplemente ateo a Spinoza.

17 Art. "Spinoza", 423b.

18 En la 1ª edición del *Dictionnaire* (1697) la mayoría de estas referencias no aparecían; se añaden a partir de la 2ª edición (1702). Cf. Pinot, p.318-324.

19 Sobre la cuestión de los ritos, véase el apartado III.II.2.

La lógica interna de esta coincidencia habría de buscarse en los límites que señalan, por una parte, el dualismo cartesiano, y por otra, el primado del principio de actividad. Pues, en efecto, dentro de esos límites son inconcebibles tanto el quietismo como las doctrinas orientales. El escándalo del espinosismo consiste justamente en poner de relieve esos límites, en cerrar el círculo del dualismo, en sugerir una divinidad que es a la vez agente y paciente, tendencias que también el quietismo –o más precisamente la tradición mística– y las doctrinas orientales apuntan. De ahí la señalada percepción del peligro espinosista en esas otras corrientes.

En resumen, tal es el clima que el *Dictionnaire* de Bayle traduce. En él hemos visto desplegarse los principales argumentos frente a ese peligro multiforme del que la cuestión vacuista es un aspecto más. Se ha comprobado que la cuestión experimental estaba en segundo plano, que la discusión se centraba en los términos metafísicos y teológicos, que se producía la confluencia de las tendencias geometrizadora y divinizadora del espacio, y, finalmente, que la cuestión del espacio (vacío) era reconducida al ámbito del entendimiento.

Este último aspecto tiene suma importancia en la historia posterior del concepto de espacio y, por lo tanto, en la elucidación del espacio vacío: es la concepción ya ensayada por Hobbes y por Locke y que será retomada por Hume y Kant. Como ya se ha dicho, los apuntes de Bayle se basan principalmente en Locke. Corresponde, pues, explicar brevemente esta fuente de Bayle, además como muestra de esta línea de reflexión.

III.I.3. *Locke*

Según ha señalado Koyré[20], Locke y Newton presiden el pensamiento científico del siglo XVIII, que es como decir la alianza entre un atomismo psicológico y una filosofía mecánica y matemática. Precisamente la influencia de Locke vendrá a suavizar los componentes menos mecánicos de la concepción de Newton, por ejemplo aquella concepción del espacio como *sensorium Dei*, contribuyendo así a la plena normalización del sistema newtoniano. Este podrá aparecer como la culminación de una filosofía mecánica y experimental –que asume la atracción gravitatoria a través de los espacios vacíos– sin las prevenciones del pasado.

20 Koyré, *Études newtoniennes*, p. 38 y 42.

En esa transformación interviene, sin duda, la prudente concepción del espacio de Locke, concepción desarrollada básicamente en su *Essay*.[21] La calificamos de prudente en cuanto se sitúa de modo ecléctico respecto a algunas cuestiones, como por ejemplo la disyuntiva entre 'espacio absoluto' y 'espacio relativo'; y, en general, en razón del enfoque –una teoría empírica del conocimiento– que huye de las respuestas tajantes. A pesar de ese tono, sin embargo, la contribución de Locke va en una dirección favorable a la independencia del espacio, más sobre la base de proyectar la intuición geométrica que de afirmar su realidad objetiva.

Para ese espacio independiente Locke renuncia a las habituales categorías de 'sustancia' / 'accidente' y 'cuerpo' / 'espíritu', siguiendo una inclinación similar a la de Gassendi.[22] Critica la posición cartesiana acerca de la supuesta identidad entre extensión y cuerpo, pero esta crítica no le hace adherirse a la opinión simétricamente opuesta de More sobre la atribución de extensión a la sustancia espiritual.[23] Simplemente afirma que de la correlación entre cuerpo y extensión no se deduce su identidad sino, al contrario, que es posible formarnos la idea de un espacio distinta a la idea de cuerpo.[24]

Al distinguir entre las ideas de espacio y de cuerpo, se hace patente que también será posible formarse la idea de un espacio vacante de cuerpos. Tal es el vacío. La argumentación de Locke a favor del vacío se desarrolla básicamente en tres parágrafos de su *Ensayo* (II, XIII): el §21 ("El vacío, más allá de los límites del cuerpo"), el §22 ("La potencia de aniquilación prueba el vacío"), el §23 ("El movimiento prueba el vacío").

---

21 John Locke, *An Essay concerning human Understanding* (1690). A partir de aquí será citado por la ed. esp.: Locke, *Ensayo sobre el entendimiento humano* (o simplemente Locke, *Ensayo*). Los principales contenidos para nuestro propósito han de buscarse en el libro II, especialmente el capítulo XIII ("Ideas complejas de los modos simples, y, primero, de los modos simples de la idea de espacio").

22 Por ejemplo, en *Ensayo*, II, XIII, §§16-17 (que había sido citado por Bayle, *Dictionnaire*, "Zénon", 54-56).

23 Locke, *Ensayo*, II, XV, §11: "Si los ángeles y los espíritus tienen cualquier analogía con esto respecto a la expansión, es algo que está más allá de mi capacidad de comprensión (...) Y, por ello, desconocemos qué tienen de común los espíritus con el espacio, o cómo se comunican con él". La 'expansión' es el término aplicado al espacio en general (cf. II, XIII, §27).

24 Cf. Locke, *Ensayo*, II, XIII, §24.

En el §21 Locke acude a un argumento que no es nuevo: supóngase situado por Dios un hombre en los límites del mundo corporal; éste al extender su brazo lo estaría situando dónde antes había espacio sin cuerpo, de lo cual se deduce que sí hay un espacio vacío más allá de los límites del mundo.[25] En realidad, pues, se trata del contraste entre el mundo finito (el cuerpo) y el espacio infinito, de donde se deduce que cuerpo y espacio son cosas distintas y que la porción sobrante de espacio respecto al cuerpo es vacía.

En el §22 se denuncia este "absurdo": negar que Dios pueda aniquilar cualquier parte de materia. El argumento se dirige contra la previsión cartesiana de la implosión de un recipiente vacío. Es la que Descartes había formulado en sus *Principia* II, §18: caso de aniquilarse la materia intermedia entre cuerpos distantes éstos se harían contiguos en virtud de la identidad entre cuerpo y extensión. Locke considera absurda esa conclusión y la denuncia como un menosprecio de la capacidad divina. De lo cual se deduce la posibilidad del vacío. Pero ha de subrayarse que Locke en ningún caso remite a las pruebas empíricas contra la previsión cartesiana, no se define positivamente por el vacío, sólo defiende su posibilidad.

En el §23 se echa mano del argumento clásico de Meliso: el movimiento prueba el vacío. Y Locke ilustra la demostración acudiendo a una concepción corpuscular de la naturaleza; o sea, va considerando una subdivisión progresiva de los cuerpos y concluyendo que la movilidad de esas partículas exige un espacio vacío intermedio.

En resumen, lo que importa es la demostración del vacío como tal, no su disposición efectiva en el mundo; o como dice Locke, "que no es necesario probar la existencia real del vacío, sino la de la idea del mismo".[26] Por eso, tiene en parte razón Bayle al citar a Locke para una concepción de un espacio relativo únicamente al entendimiento, aunque no la tiene al pasar por alto su explícita defensa del vacío.

La aportación de Locke ha de tomarse en la dirección de la 'geometrización' del espacio, geometrización apoyada en las llamadas

---

[25] Este argumento –también llamado 'argumento del bastón'– se remonta a Arquitas de Tarento y fue repetidamente utilizado por los críticos con la concepción aristotélica del espacio limitado. Ya ha sido reseñado en varias ocasiones (ver apartado I.I.3.)

[26] Locke, *Ensayo*, II, XIII, §24.

"ideas complejas de los modos simples como operaciones de la mente".[27] Y de ahí también, sus precauciones respecto a los componentes "fuertes" del espacio, como son la correlación entre divinidad y espacio, o la concepción del espacio como absoluto. Estos componentes serán más explícitos en Newton. La conclusión es que la concepción de Locke fundamenta la opinión científica del futuro, la del espacio vacío como no-problema (al modo en que se refleja en los apuntes de Bayle relativos a los *mathématiciens*). Para estos científicos la cuestión del vacío será una perfecta evidencia. A favor de esta evidencia pesará la coherente cosmología newtoniana y la convincente explicación de Locke.

III.I.4. *Los problemas pendientes*

A pesar del papel de Locke en la aceptación de la "evidencia" del espacio vacío, también ha de retenerse que su explicación sobre el espacio abre otra importante vertiente: la de remitirlo al entendimiento. En esta vertiente, ya antes en Hobbes y luego en Hume o en Kant, el problema de la vacuidad del espacio encuentra nuevas dificultades. De hecho, ninguno de los citados se declara vacuista.[28] Y el propio Locke se limita a señalar la posibilidad del vacío, no tanto su realidad efectiva.

Tenemos, pues, como primer problema pendiente el estatuto ontológico del espacio en su relación con el sujeto. Y una de sus expresiones sería el largo debate entre 'espacio absoluto' y 'espacio relativo', debate que cubre al menos el período que va de Newton a Einstein. Este problema, seguramente por ser uno de los más sobresalientes, ha sido el que más atención ha recibido.[29] Aquí, siendo la cuestión del espacio colateral, aunque importante, y considerando que es un tema muy estudiado, se tratará sólo en algunos contextos precisos: en relación a la polémica Leibniz-Clarke, en la reseña de la posición de Hume.

---

27 Es el programa que desarrolla Locke en *Ensayo*, II, XII-XVII, incluyendo las ideas de espacio, duración, número, infinitud; como se ve, referencias obvias para la geometría.

28 La posición antivacuista de Hobbes ya ha sido tratada en el apartado II.II.7. En cuanto a Hume (que en su *Tratado de la naturaleza humana* hace varias alusiones críticas a Locke), véase el apartado III.IV.4. En cuanto a Kant, véase *Crítica de la razón pura*, A 173-175, para su refutación del vacío.

29 La bibliografía acerca de la cuestión del espacio es inmensa. A modo de guía citemos: Jammer, *Concepts of Space*; Čapek (ed.), *The Concepts of Space and Time. Their structure and their Development*.

Más que la cuestión específica del espacio, aquí nos interesa el valor de la vacuidad en general. Como ya se apuntó en otra ocasión, el problema del vacío no se circunscribe a la sola dimensión física o cosmológica; estaría la dimensión espiritual –subrayada en la tradición mística–, la dimensión metafísica, y otras dimensiones –como la estética, la psicológica, la matemática–. Para darse cuenta de esta significación general basta tener presente ciertas tradiciones del pensamiento oriental y comprobar que en ellas se parte de una alta valoración de la vacuidad –no sólo se acepta un vacío físico como supuesta realidad incómoda pero ineludible, al modo de los científicos occidentales–. Por lo tanto, el análisis del impacto de las filosofías orientales en la Europa del cambio de siglo es la ocasión también para indicar someramente algunos trazos de estas concepciones; y estas notas han de servir, a modo de contraste, para una mejor comprensión de los términos de la discusión en el ámbito europeo.

Este enfoque viene autorizado también por las conexiones concretas entre los protagonistas europeos y las referencias orientales. Los casos más sobresalientes son Spinoza[30] y Leibniz, dos ejemplos –aunque por razones distintas– del acercamiento europeo a las doctrinas orientales. Pero Spinoza y Leibniz son radicales antivacuistas, lo cual contrasta con la general valoración positiva de la vacuidad en esas doctrinas orientales. Dar razón de esta paradoja será otro de los problemas pendientes.

Por otra parte, la denuncia de Bayle viene a coincidir con el último episodio de la crisis quietista, crisis centrada en la condena de Molinos.[31] Entre los argumentos utilizados por Bayle está el de señalar las similitudes entre este quietismo y las doctrinas orientales. El punto de vista subyacente es la crítica a las prácticas espirituales de aquietamiento y de vaciado anímico, prácticas que subrayan el rasgo pasivo del alma y de la propia divinidad. Frente a tal peligro se afirma el principio de actividad: el alma –o sea, el sujeto– y la divinidad sólo se conciben en términos de actividad o de saturación de atributos.

---

30 Esta percepción –la de señalar una convergencia entre el pensamiento espinosista y el pensamiento oriental– no es exclusiva de Bayle ni de su época. Tal tipo de percepción ha seguido prodigándose: Needham, en *SCC* II, p.505 nota a, señala la principal bibliografía al respecto.

31 La condena de Molinos se produce en 1689, la de Fénelon en 1699; y la 2ª edición del *Dictionnaire* de Bayle es de 1702.

Es así cómo incluso el vacío de Newton es concebido como el lugar donde reside, supuesto el carácter inerte de la materia, ese principio de actividad (o sea la propia divinidad). En ese espacio vacío reside el principio que mantiene la máquina del mundo. En este caso, la afirmación del vacío cósmico no se corresponde en absoluto con pareja reivindicación del vacío anímico. Esta reivindicación se agotó con el desenlace de la crisis quietista y ya no será posible concebir el alma en términos de quietud o de vacuidad. En consecuencia, el contraste entre la aceptación del vacío cósmico y la negación del vacío anímico es otro de los problemas pendientes.[32]

La comparación con Oriente sugiere otras conexiones. Se recordará que newtonianos y cartesianos polemizan sobre la conservación de la cantidad de movimiento o de la *vis viva* (energía), polémica relacionada con la cuestión de la intervención divina en la máquina del mundo y, como tal, presente también en la polémica entre Leibniz y Clarke. Esta discusión tiene que ver con la creciente clarificación del concepto de energía, concepto opuesto simétricamente al de materia. Y esta polaridad 'materia / energía' tiene su homóloga en los términos chinos *Qi / Li*, conceptos que serán objeto de consideración por parte de la cultura europea. Así pues, el estudio de la polaridad materia / energía y de su homóloga *Qi / Li* será otro de los problemas pendientes, relacionado con el problema de la intervención divina en la máquina del mundo.

Por otra parte, los conceptos de *Li*, *Qi*, o algunos otros, sugieren otras polaridades además de la señalada 'materia / energía': por ejemplo, las polaridades 'materia / forma', 'materia / espíritu', 'mundo / alma del mundo', 'inmanencia / trascendencia'. En definitiva, son conceptos que señalan los límites de la inclinación dualista de la tradición occidental. Y, visto que la cuestión del vacío también encaja de modo problemático en el esquema dualista, será oportuno contrastarla con aquellos conceptos, tomando en cuenta, además, los conceptos de vacuidad que allí se manejan. Esta cuestión del dualismo será, pues, otro de los problemas pendientes.

[32] La negación del vacío anímico se ejemplifica en Hume (ver apartado III.IV.4.). El alcance de este contraste entre la aceptación del vacío cósmico y la negación del vacío anímico se aborda en las Conclusiones.

CAPÍTULO III.II.

UN CONTEXTO LATERAL: EL CONTACTO CON ORIENTE

III.II.1. *Algunos hitos del contacto con las culturas orientales*

Gran parte de los problemas pendientes recién enunciados se formula en el período que hemos denominado de 'clímax de la polémica'. Es el que corresponde a la edición del *Dictionnaire* de Bayle y a la correspondencia entre Leibniz y Clarke, o sea los primeros lustros del siglo XVIII.

Más que la cronología estricta, nos interesa aquí la génesis y el desarrollo de esos problemas. Este enfoque es válido concretamente al considerar uno de los componentes del proceso, cuál es el contacto y contraste con las doctrinas orientales; pues tal contacto venía desarrollándose desde mediados del siglo XVI, pero es en el cambio del siglo siguiente cuando madura e irrumpe en el panorama intelectual europeo.

En primer lugar, ha de tenerse en cuenta que los agentes básicos de ese encuentro son los misioneros. La transmisión está mediatizada, pues, por esas específicas preocupaciones y, a la postre, por los conflictos internos entre las distintas orientaciones misioneras. La llamada 'querella de los ritos' es la representativa expresión de tales conflictos y estalla justamente en el mismo período que centra nuestra atención. Como se verá, el alcance de la querella va más allá de una cuestión de orden ritual y desborda el ámbito estrictamente misionero o eclesial.[1]

En segundo lugar, al hablar de Oriente ha de recordarse la percepción confusa que desde Europa se tiene de su diversidad. Pero de todos estos orientes, es China el que va a ejercer un mayor impacto. Para la cultura europea el contraste con China le impone –o debería– la reflexión sobre sus propios límites. Como se verá, el balance de este contacto, tanto en términos teológicos como en términos más amplios, señala el replegamiento de Occidente hacia sus propias seguridades, a pesar de ciertas interesantes aproximaciones y del poder de seducción que ejerce el exótico Oriente.

Como ha señalado Gernet, dos actitudes se enfrentaron al encarar la relación: la una, optimista, "que tenía confianza en la 'razón natural' y estaba preparada para admitir que los chinos tenían disposición para la fe"; la otra, pesimista, "que no veían en China sino superstición y ateísmo".[2] Estas dos actitudes, referidas específicamente a las orientaciones misioneras, vienen reflejadas también de un modo genérico en los círculos intelectuales europeos; son los casos que aquí nos interesan: por ejemplo, Bayle, Malebranche y Leibniz.

Desde el punto de vista doctrinal general, el impacto chino en Europa incluye al menos los siguientes temas:

a) **El organicismo** (siguiendo el término de Needham[3]). Es definido como una vía de salida a la dicotomía entre 'idealismo teológico' y 'materialismo atomista', dicotomía propia de la tradición occidental. También, en tanto pensamiento que enfatiza el todo orgánico y las correspondencias o resonancias, es una alternativa a los límites del mecanicismo. Según Needham, es en la *Monadología* de Leibniz dónde aparece por primera vez en la filosofía occidental la noción de 'organismo'[4] y sugiere que su origen se

---

1 Estas son algunas referencias bibliográficas importantes: Demiéville, "Premiers contacts philosophiques entre Chine et l'Europe"; Lubac, *La rencontre du bouddhisme et de l'Occident*; Gernet, *Primeras reacciones chinas al cristianismo* (abreviado: Gernet); Pinot, *La Chine et la formation de l'esprit philosophique en France (1640-1740)* (abreviado: Pinot).

2 Gernet, p.13.

3 Cf. *SCC* II, "Chu Hsi [Zhu xi], Leibniz, and the philosophy of organicism", p.496-505.

4 Needham, *SCC* II, p.499, cita en apoyo de esta opinión los §§ 67 y 73 de la *Monadología* de Leibniz. En p.503 concluye que evidentemente la filosofía china no es la única influencia

halla en las lecturas que hiciera Leibniz de las doctrinas chinas. En cualquier caso, sea o no acertada la sugerencia de Needham, sí es cierto el interés de Leibniz por superar los límites del mecanicismo. Y concretamente su discusión de los conceptos de *li* y *qi* se sitúa en esta perspectiva.

b) **La contribución a la cosmología infinitista y vacuista**. Puede rastrearse en los primeros contactos misioneros. Así el jesuita Matteo Ricci[5], fundador de la primera misión en China, ya en 1595 da cuenta de las principales opiniones científicas y cosmológicas de los chinos. Y aunque las considera "absurdidades" refiere, entre otras, éstas:

> [2] Que hay un sólo cielo (en lugar de diez). Que es vacío (en lugar de sólido). Que las estrellas se mueven en ese vacío (en lugar de estar fijadas al firmamento).
> [3] Como no conocen lo que es el aire, dónde nosotros decimos que hay aire (entre las esferas) ellos afirman que es vacío.[6]

Como ha destacado Needham, estas "absurdidades" serán justamente las que al cabo de unas pocas décadas adoptará la ciencia europea de un modo progresivo.[7] Puede afirmarse, pues, cierto papel de las concepciones cosmológicas chinas en el proceso de la transformación de la ciencia europea en este período de contacto. Éstas abundan en la crisis de la disposición tradicional de las esferas celestes y en la idea de la pluralidad de mundos, y así, de un modo indirecto, contribuye a la concepción infinitista y vacuista del espacio.

---

sobre el Leibniz organicista, y entiende que todas las corrientes antimecánicas de raíz renacentista contribuyen al mismo resultado.

5 Matteo Ricci (1552-1610) toma el relevo a San Francisco Javier en la misión jesuita a Oriente. Éste fue enviado a Japón y murió a las puertas de Cantón en 1552; Ricci llegó a China en 1583 estableciéndose en ella hasta su muerte en 1610. Para una aproximación a Ricci y a las misiones en China, véase Bernard-Maître, art. "Chine" en *DHGE*.

6 Extraído de cartas de Ricci del 28 octubre y 4 noviembre de 1595 (citado por Needham, *SCC* III, p.438-439. Esta concepción cosmológica china –basada en la vacuidad– no es la única. Corresponde a la escuela *Xuan ye* de inspiración taoísta. Cf. Needham, *SCC* III, "The Hsüan Yeh [Xuan ye] Teaching (Infinite Empty Space)", p.219-224.

7 Cf. Needham, *SCC* III, "China and the Dissolution of the Crystalline Spheres", p.438-442.

c) **La antigüedad de la sabiduría china**. El prestigio de los orígenes aplicado a la antigüedad china da pie a una interpretación que enfatiza el hallazgo de los vestigios y de las claves de los orígenes comunes de la humanidad en esa sabiduría. Tal interpretación, llamada 'figurista'[8], que será condenada a raíz de la querella de los ritos, seguirá planeando sin embargo sobre el pensamiento europeo relativizando sus seguridades y su supuesta superioridad. En todo caso, la irrupción del pensamiento chino contribuye a la escisión entre los defensores de una religión y razón naturales –cuyos indicios se hallarían en todos los pueblos– y los defensores de la especificidad y superioridad del mensaje cristiano-occidental.

d) **La posibilidad de una fundamentación laica de la moral**. Es, en cierto modo, una consecuencia del rechazo de la tesis figurista. Pues, frente a ella, la tesis que interpreta las doctrinas orientales como simple ateísmo y superstición vendrá a avalar la conclusión de que ateísmo y moral pueden ser compatibles, visto que en China –y eso nadie lo duda– hay una elaborada codificación moral. Junto a esta conclusión "libertina" ha de citarse la más común, la que interpreta las doctrinas orientales –especialmente el confucianismo– como una especie de 'deísmo', una religión natural, que avala una fundamentación de la moral sin recurso a la revelación.[9]

e) **La irrupción del fantasma nihilista** en el pensamiento occidental es, sin duda, una de las grandes consecuencias del contacto con las doctrinas orientales.[10] De este apasionante y vastísimo tema retenemos aquí el ya citado estado de opinión reflejado en el *Dictionnaire* de Bayle: la percepción en clave antiespinosista de las doctrinas orientales, junto a la denuncia del quietismo y la interpretación del vacuismo como síntoma solidario de ese conglomerado. En Bayle, en las fuentes que éste maneja, en la lucha intelectual que acompaña la querella de los ritos, se repite la misma crítica: que el principio de estas filosofías orientales es la nada, el vacío.

---

[8] Cf. "Les figuristes", en Pinot, p.347-365.

[9] Cf. todo el cap. "La Morale et la Politique des Chinois" en Pinot, p.367-420.

[10] Algunas referencias bibliográficas: Lubac, *La rencontre du bouddhisme et de l'Occident*; Droit, *L'oubli de l'Inde. Une amnésie philosophique*; Laurentin, *Chine et Christianisme. Après les occasions manquées*; Nakamura, *Ways of thinking of Eastern Peoples: India-China-Tibet-Japan.*

Esta crítica se aplica a la denuncia general del "ateísmo" de los chinos, ateísmo que viene expresado en esa doctrina del vacío y la nada. Y ya en lo sucesivo –como ha mostrado Lubac[11]– el estigma nihilista permanecerá asociado a la percepción occidental de las filosofías orientales.

De un modo general, puede concluirse que estas críticas y otras incomprensiones provienen de la dificultad de Occidente para enfrentarse, no ya a contenidos doctrinales distintos, sino a distintas pautas de pensamiento. Como ha señalado Gernet[12], la discrepancia se desarrolla a lo largo de diversas categorías básicas. La noción de Verdad[13], de Ley natural[14], los conceptos de alma y cuerpo, de espíritu y materia[15], la cuestión básica del Ser y la nada[16], el concepto mismo de Religión[17], son algunos ejemplos significativos; y la mayoría de estas discrepancias podrían remitirse a polaridades ontológicas como inmanencia / trascendencia o monismo / dualismo.

Desde un punto de vista más específico, aquí habrá tenerse en cuenta estos dos trayectos de discrepancia: el que arranca de las actitudes religiosas; y el que arranca de los conceptos científico-filosóficos, como *li* y *qi*. En el primer caso, se tiene el contexto de la discrepancia acerca de la vacuidad como categoría metafísica y como noción aplicable al ámbito anímico: es la que gira fundamentalmente en torno a la querella de los ritos y se aborda inmediatamente (apartados III.II.2. y 3.). En el segundo caso, se tiene el contexto de la discusión acerca del vacío más estrictamente físico: se aborda al final de este capítulo (apartados III.II.5. y 6.).

11 Lubac, *La rencontre du bouddhisme et de l'Occident*, especialmente IV.I (Les premières controverses. Dans le camp rationaliste), p.151-179.

12 Además de la obra *Primeras reacciones chinas al cristianismo* de Gernet (que citamos abreviadamente por Gernet), cabe citar también Vernant-Gernet, "Historia social y evolución de las ideas en China y Grecia de los siglos VI al II a.c."

13 Cf. Gernet, p.85-94.

14 Cf. Gernet, p.295-305. También Needham, *La gran titulación*, dedica un amplio capítulo al mismo tema: "La ley humana y las leyes de la naturaleza", p.299- 328.

15 Cf. Gernet, p.177-188 y p.241-250.

16 Cf. Gernet, p.295-305.

17 Cf. Gernet, p.85-94 y p.188-211.

III.II.2. *La querella de los ritos y su alcance europeo*

La discrepancia religiosa es el principal aspecto en la percepción de Oriente desde Europa. Es obligado referirse a ella porque históricamente marca el desarrollo de esta percepción y condiciona incluso los demás aspectos de la confrontación intelectual.

Como ya se ha dicho, esta querella trata específicamente de la actitud de los misioneros –su participación o no– en los ritos cívico-religiosos tradicionales de China. También tiene una vertiente terminológica, que trata de la correcta traducción de los conceptos cristianos al chino.[18]

El enfrentamiento se desarrolla paralelamente en dos escenarios: en China y en Europa. En China, el reglamento de Maigrot (de 1693) contra los ritos desata el proceso conflictivo, y culmina en la aplicación de los decretos emitidos por la jerarquía romana (de 1704, 1715 y 1742) desautorizando, cada vez más enérgicamente, la orientación jesuita. En Europa, además de la intervención de la jerarquía romana, se produce otra importante condena, la emitida en la Sorbona de París en 1700.

Las condenas de 1700 (Sorbona) y de 1704 (Roma) dan la pauta de la posición oficial de la Iglesia condenando la actitud concordista, y constituyen el inmediato contexto de las tomas de posición filosófica. Basta recordar que el último opúsculo de Leibniz, antes de su muerte en 1716, se ocupa de la filosofía china: es la *Lettre à Rémond sur la philosophie chinoise.*[19] Antes, en 1708, Malebranche había elaborado su *Entretien d'un philosophe chrétien et d'un philosophe chinois*[20], y Bayle, en la edición de 1702 del *Dictionnaire* había incluido nuevos materiales a resultas de la reciente condena de la Sorbona. Estos son tres ejemplos de la repercusión filosófica de la querella de los ritos.

Desde el punto de vista de los contenidos, la querella gira en torno a la cuestión terminológica, centrándose especialmente en los términos adecuados para traducir 'Dios' al chino. El decreto de 1704 condena el uso de dos

---

18 Sobre la cuestión de los ritos pueden consultarse, además de los citados Gernet, Pinot, *SCC*, las siguientes referencias: Bernard-Maître, art. "Chinois (rites)" en *DHGE*; Brucker, art. "Chinois (rites)" en *DThC*; Etiemble, *Les jésuites en Chine (1552-1773). La querelle des rites*; Préclin-Jarry, *Le lotte politiche e dottrinali nei secoli XVII e XVIII*, p.377-401 (VIII.§3: La questione dei riti).

19 Será estudiada en el apartado III.II.4.

20 Será estudiado en el apartado III.II.3.2.

términos que, desde Ricci en adelante, venían siendo habituales para designar a Dios, términos de profunda raigambre en los textos clásicos chinos: son *Tian* [Cielo] y *Shangti* [Soberano de Arriba]. El texto de 1704 autoriza sólo el término *Tianchu* [Señor del Cielo] para referirse a Dios, entendiendo que los primeros "dan la ocasión a los paganos a pensar que el Dios de los cristianos no se distingue del cielo material o de la virtud ahí contenida".[21] Se rompe así la corriente 'concordista' inaugurada por Ricci, que pretendía hacer "concordar" los términos habituales y clásicos chinos con los conceptos cristianos, corriente que se apoyaba, en último término, en la convicción de que la concepción cristiana de Dios se hallaba en indicios y en germen en esos textos chinos –al igual que otros gérmenes podrían ser reconocidos en otros pueblos, en otras culturas–.

En la misma línea ya se habían pronunciado las condenas de la Sorbona de 1700. Se condenaba, según el procedimiento habitual, cinco proposiciones extraídas de las obras de Le Comte y de Le Gobien. Por ejemplo, se condenaba el considerar que "la religión china conduce a la adoración del mismo Dios adorado por los cristianos."[22] Los condenados pertenecen a la opción figurista[23], que consiste en la búsqueda en los textos chinos de una clave simbólica –no literal– que dé cuenta de las verdades comunes. Es la misma concepción que sostiene el jesuita Bouvet en su correspondencia con Leibniz, por ejemplo en una carta de 1702 al decir que las principales verdades cristianas están contenidas en los libros clásicos chinos "como de un modo profético".[24]

Y en esa carta Bouvet remite a los jeroglíficos chinos, y muy especialmente a los diagramas del *Yi jing* [25], como el lugar donde hallar la clave simbólica buscada. Precisamente este aspecto del programa figurista tiene especial interés porque es parte importante de la relación de Leibniz con las doctrinas chinas, y porque esta apelación al *Yi jing* sostiene las especulaciones leibnizianas sobre el sentido cosmogónico de los diagramas chinos del *Yi jing* –en concordancia con su invención del sistema binario–.

---

21 Brucker, art. "Chinois (rites)" en *DThC*, col.2376.

22 Cf. Préclin-Jarry, *Le lotte politiche e dottrinali nei secoli XVII e XVIII*, p.286.

23 Sobre el figurismo y las circunstancias en que el término es acuñado, véase Pinot, p.346-354.

24 Carta de Bouvet a Leibniz, Pekín 8 noviembre 1702 (Dutens, IV/1, p.165).

25 Es más conocido por otra transcripción: I Ching. Buenas ediciones son: Elorduy (ed.), *El libro de los cambios* ; R. Wilhelm (ed.), *I Ching. El libro de las mutaciones*.

En estas especulaciones se establece la correspondencia entre el O y el 1 (del sistema binario), la creación *ex nihilo*, y los diagramas (los 64 hexagramas) del *Yi jing*, dónde el O juega el papel de la nada –o del vacío– y el 1 el papel del Dios creador. En definitiva, en este significativo ejemplo se tendrá un caso del contraste entre el vacío de Oriente (aquí el sugerido por los diagramas del *Yi jing*) y el vacío de Occidente (aquí el sugerido por el O del sistema binario de Leibniz).

En resumen, respecto a la querella de los ritos puede decirse que se enfrentan, por una parte, una corriente concordista –cuya versión más extrema deriva hacia las tesis figuristas–, y por otra parte, la corriente, finalmente triunfante, que enfatiza las diferencias llegando a insistir en el ateísmo o en la superstición de los chinos. La polémica estricta sobre los ritos y la polémica terminológica son la parte más visible de este proceso, pero su alcance es obviamente más amplio. En ese desbordamiento hay que incluir la recepción filosófica de Oriente, en particular los casos de Bayle, Malebranche y Leibniz.

III.II.3. *Consecuencias de las condenas*

Aquí, más que evaluar la corrección en el conocimiento europeo de las doctrinas orientales, tratamos de analizar su impacto en la trayectoria intelectual europea. Este criterio es aplicable al caso de la recepción de las concepciones del vacío venidas de Oriente[26] y al caso de la recepción de los conceptos de *li* y *qi*.[27] En ambos casos se tomó unas concepciones bastante específicas como representativas del conjunto: por ejemplo, la noción de *li* es estrictamente neo-confuciana, pero se la tomó como doctrina genérica de la filosofía china. El tratamiento que ha de darse a estas cuestiones obedece, pues, a la importancia dada desde el ámbito receptor, el ámbito europeo, no desde el ámbito emisor.

Tal es el criterio a seguir para analizar el impacto oriental en Europa. En general y desde un punto de vista no eclesial, este impacto se mide por el clima intelectual que contribuye a crear. De este clima hay que destacar

---

[26] Ver apartado III.II.5.
[27] Ver apartado III.II.6.

estos componentes ineludibles: la cuestión del quietismo, la cuestión del espinosismo, y más concretamente, la cuestión de la denuncia del vacuismo de los orientales. El hilo a seguir es básicamente el de los protagonistas ya citados: Bayle, Malebranche y Leibniz.

III.II.3.1. *Quietismo, espinosismo y Oriente*

Como señala Pinot[28], Bayle introduce los principales materiales referentes a Oriente en la segunda edición del *Dictionnaire* (1702), una vez ya ha sido pronunciada la condena en la Sorbona, y sus referencias suelen ser de segunda mano. Pero, a pesar de este escaso conocimiento directo, la opinión del *Dictionnaire* sobre el ateísmo de los chinos fijará la opinión del público cultivado en el inmediato futuro.

La crítica a las doctrinas orientales en Bayle gira básicamente sobre dos temas, el espinosismo y el quietismo, vistos de modo solidario al establecer la ecuación siguiente: 'quietismo = doctrinas orientales = espinosismo'. Este argumento lo desarrolla principalmente en la nota B del artículo "Spinoza" del *Dictionnaire*.[29] Ha de tenerse en cuenta, además, que el recurso a la crítica antiquietista es un recurso particularmente eficaz en una coyuntura que ha visto aparecer la última y definitiva condena al quietismo, en este caso pronunciada contra Fénélon en 1699. De hecho, el fin de siglo en Francia está marcado por la controversia alrededor de Fénélon (la llamada 'querella del amor puro') y por la querella de los ritos: ambas polémicas despiertan igual y apasionado interés y se despliegan en paralelo. Este es el inmediato contexto de las aportaciones de Bayle sobre el quietismo y Oriente.[30]

La primera referencia al quietismo a tener en cuenta es el artículo "Dioscoride" del *Dictionnaire*, cuya redacción pertenece a su primera edición. En él Bayle cita literalmente una famosa obra crítica y carica-

---

28 Pinot, p.318-324.

29 Esta nota B del art. "Spinoza" , junto a la nota K del art. "Brachamanes", son las principales referencias del *Dictionnaire* sobre la relación entre quietismo y Oriente. También puede añadirse el art. "Dioscoride", nota A (*Cela peut s'accorder en quelque façon avec les principes des quiétistes*).

30 Véase Préclin-Jarry, *Le lotte politiche e dottrinali nei secoli XVII e XVIII*, cap.VIII (I due grandi problemi della fine del secolo XVII: il quietismo e la questione dei riti), p.255-301.

turesca hacia el quietismo, los *Dialogues sur le quiétisme* de La Bruyère.[31] Bayle se atiene a la crítica de La Bruyère, aunque al final del artículo concede también que quizás la pretensión de los quietistas sea algo razonable.[32] El tono general es, sin embargo, claramente crítico. Esta concesión desparece en los artículos "Brachmanes" (nota K) y "Spinoza" (nota B), o sea en los añadidos de la 2ª edición del *Dictionnaire* –en los que se establece el parentesco con Oriente–.

En "Brachmanes" se cita un amplio pasaje de Le Gobien en apoyo de la denuncia antiquietista de Oriente.[33] Ahí se compara de nuevo esas doctrinas orientales con el quietismo; y Bayle se sirve otra vez de La Bruyère para establecer el paralelismo entre el quietismo y el pensamiento oriental. La conclusión es que, tanto en China como en Europa, estas "locas visiones" de los quietistas proliferan. Y es curioso que Bayle acuda a Le Gobien –uno de los condenados en la Sorbona–, pues éste apuntaba contra los budistas y defendía a los confucianos. Pero a Bayle le importan poco esas distinciones. El objetivo final es, mediante esta utilización indiscriminada de las fuentes, ensombrecer la valoración de las doctrinas orientales en conjunto. El esquema consiste en partir de una crítica específica, preferentemente contra los budistas, y generalizar contra el conjunto de las doctrinas orientales.

Este esquema se repite en el artículo "Spinoza". Aquí, en la nota B, se cita extensamente el *Confucius Sinarum Philosophus* de Couplet, en la parte donde se critica la doctrina de "Foé" (o sea Buda). Por ejemplo:

> Dice que no hay nada que buscar, ni nada en que depositar la esperanza, sino la nada y el vacío (vacuum et inane, *cum hiu* [xu]en chino), pues son el primer principio de todas las cosas.[34]

---

[31] Bayle extrae de La Bruyère, *Dialogues sur le quiétisme* (1699), pasajes de Molinos (de su *Guía espiritual*, de 1675) y de Malaval (*Pratique facile pou élever l'âme à la contemplation*, 1670).

[32] Todo ello se apoya en una previa e interesante discusión sobre el "Dios desconocido". Cf. Bayle, art. "Dioscoride", tomo V, 545.

[33] Cf. Bayle, art. "Brachmanes", tomo IV, 99b. Bayle lo toma del prefacio de la *Histoire de l'édit de l'empereur de la Chine* (1698), de Le Gobien. Hay que hacer notar que Le Gobien es figurista y que fue corresponsal de Leibniz. La tesis de Le Gobien, en realidad, es la de desacreditar las opciones no confucianas, por ejemplo la budista, pues entiende que sólo con la opción confuciana es posible desarrollar su interpretación concordista.

[34] Bayle, art. "Spinoza", 426a.

De ahí, y de las prácticas espirituales recomendadas por los seguidores de Foé, se concluye que su doctrina es atea y que enseñan el quietismo, pues afirman como primer principio un vacío o nada despojados de toda actividad y de todo pensamiento.

Ciertamente, Bayle advierte que Spinoza difiere de tal planteamiento (su 'sustancia única' piensa y actúa), y que los confucianos también lo refutaron. Pero destaca la similitud de la noción espinosista de 'sustancia única' con el principio absoluto de los orientales: habría en ambos una similar afirmación de la identidad última de las criaturas, o sea una atribución de deificación (lo que vendrá en llamarse 'panteísmo'), y habría una similar afirmación del carácter extenso de la 'sustancia única' y de aquel principio.

Así, a pesar de estas precisiones, prevalece la opinión de que en último término comparten el mismo ateísmo. El argumento general consiste, pues, en subrayar que quietismo (vía la reivindicación de la deificación de la criatura por medio de su vacío interior o muerte mística), que budismo (vía la afirmación de la nada o vacío como principio), que confucianismo (vía la degradación de Dios a alma material del mundo), y que espinosismo (vía la sustancia única) son modalidades de un mismo ateísmo, el que se disimula tras la deificación del Todo, una perversión que se interpreta como latente en toda la historia de la espiritualidad.

Esta denuncia conduce, pues, a la definitiva marginación del lenguaje y de los conceptos propios de la tradición mística, por ejemplo del vacío interior o anímico. El siglo XVIII –el ilustrado y el piadoso– ya no podrá reconocerse en esa tradición y en esos conceptos.

También ha de subrayarse que las diferencias apuntadas por Bayle, a propósito de Spinoza respecto al quietismo oriental, apuntan hacia otra conclusión de gran alcance: el descrédito y la marginación de la vacuidad como principio metafísico. En efecto, Spinoza difiere –según recuerda Bayle[35]– porque insiste en los atributos de pensamiento, de actividad y de plenitud de la sustancia. De este modo, la vacuidad de los orientales se hace inconcebible al estar asociada a la quietud y a la ausencia de pensamiento, error que ni el mismísimo Spinoza puede compartir de tan "absurdo" como es. Consecuentemente, esta vacuidad como principio metafísico, inactivo y no-pensante, no es objeto siquiera de consideración. La vacuidad es un impensable. Y de ahí también que, en la historia del pensamiento occi-

35 Cf. Bayle, art. "Spinoza", nota B, 428ab.

dental, la idea del vacío se circunscriba casi exclusivamente –sobre todo a partir de esta coyuntura– a las dimensiones física y cosmológica.

III.II.3.2. *Malebranche, Leibniz y los jesuitas*

Tras Bayle, que es reflejo y multiplicador de un cierto clima en la percepción distorsionada de las doctrinas orientales, ha de contarse con los casos Malebranche y Leibniz. No son los únicos, pero son especialmente relevantes –especialmente Leibniz–.[36]

Como ya se ha comentado anteriormente, la aportación de Malebranche se centra en su *Entretien d'un philosophe chrétien et d'un philosophe chinois*, obra redactada en 1708.[37] La pretensión del *Entretien* es dar un esquema coherente de ideas en forma de confrontación dialéctica con un "filósofo chino". Pero también el objetivo perseguido es de ámbito europeo: desacreditar a los jesuitas, reforzando las condenas ya pronunciadas, y esgrimir una nueva refutación del espinosismo, que es el verdadero fantasma a batir.

Se comprende que la tesis de fondo de Malebranche es ya conocida: que la filosofía china (y en este caso Malebranche se está refiriendo particularmente a la confuciana, despreciando a taoístas y a budistas por idólatras y ateos) es un deísmo grosero mezclado con conductas idólatras, en último término, una especie de espinosismo. Y el punto de confrontación principal gira sobre los conceptos de *li* y *qi*, especialmente el *li*.

Malebranche entiende, por boca del filósofo chino de su diálogo, el *qi* como 'materia' y el *li* como 'razón'; y refuta la opinión (atribuida al interlocutor) según la cual el conjunto de *li* y *qi* equivaldría a Dios, observándose en ello el alcance antiespinosista de su objetivo. Por otra parte, admite que el *li*, sólo el *li* –no el *qi*, que es materia–, se acerca algo al concepto verdadero de Dios, pero niega que el concepto de *Shangti* [Soberano de Arriba] pueda confundirse con Él, opinión que se corresponde

---

36 Otros casos significativos son Collins (en su *A Discourse of Free-Thinking*, 1713) y el discípulo de Leibniz, Wolff. Cf. Lubac, *La rencontre du bouddhisme et de l'Occident*, p.100-104.

37 El título completo de la obra de Malebranche es *Entretien d'un philosophe chrétien et d'un philosophe chinois sur l'existence et la nature de Dieu*. Está editado en el tomo XV de las *Œuvres Complètes de Malebranche*, con un importante estudio introductorio de Robinet.

exactamente con la vertida en las condenas de 1704 acerca de la cuestión terminológica. En general, la elección del *li* como terreno de polémica obedece a esa posible convergencia entre este concepto chino, supuestamente el más abstracto y elevado, y la concepción cristiana de la divinidad. En todos estos temas se transmite la intención de refutar el gradualismo propio del 'filósofo chino', gradualismo que no es admisible para Malebranche. Por ejemplo, cuando el chino afirma que "el espíritu o alma no es más que materia organizada y sutilizada"[38], Malebranche replica con su particular concepción –¡tan dificultosa!– del engarce entre alma y cuerpo, y la no menos espinosa concepción del engarce entre extensión y divinidad.

En resumen, Malebranche opone el Dios cristiano, creador y providente, a un *li* que es supuestamente razón ciega; opone la dualidad de las sustancias material y espiritual a las nociones gradualistas de los chinos, explayándose en los problemas de la relación entre alma y cuerpo; y concluye que es preciso reclamar del Emperador de la China una explícita condena del ateísmo pues, de otro modo, las doctrinas chinas dan pie a interpretarlas como ateas. Como se ve, Malebranche se adhiere a las posiciones anticoncordistas, las que triunfaron en las condenas de la Sorbona y de Roma, contra la orientación jesuita: es la opinión que entiende el ateísmo como característica predominante de las doctrinas chinas, tanto en las no-confucianas –lo cual se supone obvio– como en las confucianas.

Por el contrario, la posición de Leibniz es mucho más próxima a la de los jesuitas. Además, está mejor informado que cualquiera de los polemistas europeos: hay que subrayar que su interés por China se remonta al menos al año 1666 y se dilata hasta su muerte en 1716. Esta actitud culmina en su *Lettre à Rémond sur la philosophie chinoise* de 1716 –uno de cuyos gérmenes es la reacción crítica al *Entretien* de Malebranche–.[39] Los principales hitos de esa larga trayectoria se concentran en dos períodos.[40]

38 Malebranche, *Entretien*, p.8.

39 Leibniz tiene conocimiento del *Entretien* entre 1712 y 1715; redacta unas notas críticas en 1715 y en enero de 1716 anuncia a Rémond su *Lettre*, que es en cierto modo también una réplica a Malebranche. Cf. Robinet, *Malebranche et Leibniz. Relations personnelles*, p.483-492, que reproduce las notas críticas de Leibniz.

40 Para una visión completa de esta trayectoria de Leibniz, véase Needham, *SCC* II, p.496-505.

En el primero habría que incluir su papel como editor de ciertos escritos de los jesuitas (las *Novissima Sinica*[41]), del tratado de Longobardi adjuntándole sus propias notas críticas[42], y sobre todo la correspondencia con los padres jesuitas Bouvet y Le Gobien de 1697 a 1703[43]. Este episodio coincide con el momento más álgido de la querella de los ritos, y además presenta en paralelo la muy interesante especulación sobre el significado cosmogónico del sistema binario en relación a los hexagramas del *Yi jing*.

En el segundo período (1712-1716), que culmina en la *Lettre à Rémond*, ofrece Leibniz un producto sistemático, una exposición propia y madurada de su interpretación de la filosofía china. Coincide este período prácticamente con el desarrollo de su famosa polémica con Clarke (1715-1716); de ahí también su alto interés.

La coincidencia de Leibniz con los jesuitas favorables a las tesis concordistas y figuristas se desarrolla a lo largo de ambos períodos. La tesis de fondo del concordismo es reconocer gérmenes de la idea de Dios en las doctrinas chinas y rechazar la denuncia de ateísmo. En ayuda de esta tesis vendría la interpretación figurista, o sea la observación en los símbolos, en los jeroglíficos, especialmente en los hexagramas del *Yi jing*, de esos vestigios de la Religión que seguirían vivos, aunque quizás camuflados. Confucio, por una parte, y Foxi –el creador de los hexagramas–, por otra, serían las autoridades antiguas a reivindicar y que avalarían ese acercamiento que va a resultar desechado y condenado finalmente.

III.II.4. *Aspectos de la aproximación leibniziana a China*

La posición favorable de Leibniz hacia los jesuitas obedece a una simple coincidencia doctrinal, formulada desde la propia independencia y desde unas actitudes tolerantes en materia religiosa. Como ha señalado Baruzi[44], estas actitudes conectan con sus preocupaciones por la unificación religiosa

41 Véase de Leibniz el prefacio y recensión a *Novissima Sinica*, Dutens, vol.IV/1, p.78-88.

42 Cf. Longobardi (Leibniz, ed.), *Traité sur quelques points de la religion des Chinois, par le P. Longobardi, avec des remarques de M. Leibniz*, Dutens, vol.IV/1, p.89-144.

43 Las más significativas están editadas en Dutens, vol.IV/1; en Baruzi, *Leibniz, avec de nombreux textes inédits*; y en algunas otras fuentes que serán detalladas en su momento. Ver apartado III.II.4.

44 Baruzi ha insistido en este aspecto del pensamiento de Leibniz: primero en *Leibniz et l'Organisation religieuse de la Terre, d'après des documents inédits* (1907); luego en *Leibniz, avec de nombreux textes inédits* (1909).

de la Tierra, y, quizás, como han señalado otros autores, tales preocupaciones coincidan con la supuesta adscripción de Leibniz a una sociedad rosacruz.[45] En todo caso, la pretensión de establecer una fraternidad –en lugar de lucha– entre las opciones religiosas y la voluntad de un saber universal en clave enciclopédica son ideales que comparte con la tradición rosacruz.

Muchas de las preocupaciones de este partidario de una "piété éclairée"[46] y de la propagación de la fe a través de la ciencia (*propagatio fidei per scientias*) hallan su ámbito adecuado en las noticias y doctrinas llegadas de China. Estas noticias y doctrinas suscitan su interés en función de tal proyecto.

La correspondencia de 1697-1703 con los jesuitas de Pekín es especialmente ilustrativa de la tesis figurista, esa búsqueda en las fuentes chinas de unas verdades comunes expresadas en clave simbólica; pero además refleja el encuentro de esa tesis con la preocupación genuinamente leibniziana de la búsqueda de la llamada 'Característica universal'.[47] Como señala Couturat[48], proceden de la 'Característica' tres invenciones leibnizianas: el cálculo infinitesimal, su 'Método de la Universalidad', y la numeración binaria o también llamada 'aritmética diádica'. Y va a ser ésta última, la numeración binaria, la que vaya al encuentro de las representaciones simbólicas chinas gracias a la citada correspondencia.

Como se sabe, la numeración binaria consiste en la representación de cualquier número con el único uso de las cifras **0** y **1**. Se define técnicamente como 'sistema de numeración posicional de base **2** con cero operador' (del mismo modo que nuestro modo habitual es un 'sistema posicional de base **10** con cero operador').[49] Leibniz ya lo había formulado en el opúsculo *De progressione dyadica* de 1679, pero es sobre todo a partir

---

45 Según el biógrafo (y editor) Guhrauer, Leibniz se afilió a una sociedad rosacruz en Nuremberg en 1666, sociedad fundada en 1628 por Christian Rosencreutz. Cf. Guhrauer, *Leibniz: eine Biographie*, I, p.46; Yates, *El iluminismo rosacruz*, p.194.

46 El término es del propio Leibniz, por ejemplo en la Carta de 2/12 octubre 1697 a Ludolf (en Baruzi, *Leibniz, avec de nombreux textes inédits*, p.146).

47 Este ideal es de clara raigambre luliana. Todo el recorrido de Llull a Leibniz está perfectamente expuesto en Rossi, *Clavis Universalis: el arte de la memoria y la lógica combinatoria de Lulio a Leibniz*.

48 Couturat, *La logique de Leibniz*, p.473.

49 Sobre los sistemas de numeración y su historia, véase Guitel, *Histoire comparée des numérations écrites*.

de 1697 cuando insiste más en el alcance de su invención. Tal insistencia toma en consideración la vertiente de su significación metafísica y religiosa, cuál es la de ilustrar en clave simbólica las verdades cristianas, por ejemplo la creación *ex nihilo*. A partir de estas fechas de 1697 van a correr en paralelo los esfuerzos por difundir en los medios científicos europeos la invención binaria y por resaltar, gracias a las noticias de China, su profunda significación.

Esta significación viene perfectamente expresada en una memoria de Leibniz de 1703, la *Explication de l'Arithmétique Binaire*.[50] Este pequeño opúsculo fue redactado sólo a una semana del recibo de una importante carta de Bouvet en la que se reconocía la correspondencia entre el sistema binario de Leibniz y los hexagramas del *Yi jing* : es la carta del 4 de noviembre de 1701 (recibida por Leibniz el 1 abril 1703).[51] Y a estos dos documentos hay que añadir la respuesta de Leibniz a Bouvet a esa carta.[52] Estos tres documentos, aunque sin ser los únicos, son las principales fuentes de la especulación leibniziana a propósito del *Yi jing* y el sistema binario.

III.II.4.1. *El sistema binario y el* Yi jing

La Carta de Bouvet a Leibniz (Pekín, 4 noviembre 1701) contiene la primera mención a la tesis de la conformidad entre el sistema binario y las "figuras de Fohi [Foxi]" (o sea, los hexagramas del *Yi jing*). Esta conformidad o analogía proviene de aplicar las correspondencias que se ilustran en esta Tabla:

---

50 El título completo es éste: *Explication de l'Arithmétique Binaire, qui se sert des seuls caractères 0 & 1 : avec des remarques sur son utilité, & sur ce qu'elle donne le sens des anciennes figures Chinoises de Fohy*. En Dutens, III, p.390-394.

51 En Dutens, IV/1, p.152-164. Esta carta de Bouvet a Leibniz, fechada en Pekín el 4 de noviembre de 1701, llegó con retraso –vía Inglaterra– a Leibniz en Berlín el 1 abril 1703 (cf. Aiton, *Leibniz*, p.245). Era la respuesta a una carta de Leibniz a Bouvet de 15 febrero 1701 (tal como señala el propio Leibniz en la *Explication de l'Arithmétique Binaire*). Cabe añadir que un esbozo previo de la *Explication*, titulado *Essay d'une nouvelle Science des Nombres* (de febrero de 1701) [ed. Zacher, *Die Hauptschriften zur Dyadik von G. W. Leibniz*, p.251-261], también está relacionado con la correspondencia de temática china.

52 La Carta de Leibniz de respuesta a esta recibida el 1 de abril 1703 aparece sin fecha. Como es simultánea a la *Explication de l'Arithmétique Binaire*, puede suponerse que es del propio abril de 1703. Está editada en Zacher, *Die Hauptschriften zur Dyadik*, p.275-286; y un amplio extracto en Baruzi, *Leibniz, avec de nombreux textes inédits*, p.156-161.

Las líneas yang, o sea enteras:

se hacen corresponder con el 1

Las líneas ying o sea quebradas:

se hacen corresponder con el 0

*De modo que un hexagrama cualquiera tendrá una equivalencia con una serie ordenada de seis cifras (**0** ó **1**).*

Por ejemplo:

0
1
1
0
0
1

En disposición horizontal (o sea la habitual) del número, se tendría la expresión en sistema binario: ***011001****, que es la formulación binaria en este caso del número* ***25****. Es decir, el hexagrama del ejemplo se corresponde con el nº 25.*
Y así, sucesivamente, cada uno de los 64 hexagramas del Yi jing va a corresponderse con las formulaciones binarias de los números ***0*** *a* ***63****.*

Tabla III.II.1
Correspondencia de los hexagramas con los números binarios

Esta analogía –confiesa Bouvet en su carta– le había sido sugerida indirectamente por la última correspondencia de Leibniz, donde éste insistía en los simbolismos cosmogónicos contenidos en su invención del sistema binario. Según este simbolismo, la reducción de todo número a la combinación de **0** y **1** ilustraba la concepción bíblica de la creación *ex nihilo*: la generación del 'Todo' se producía por la única potencia del 'Uno' (el **1**) sobre la 'nada' o 'vacío' (el **0**). Pero corresponde a Bouvet, gracias al manejo de las fuentes chinas, la aplicación de esta concepción a los hexagramas, descubriendo su correspondencia con los significados señalados por Leibniz.

Bouvet, efectivamente, aplica la correspondencia de las líneas enteras con el **1** y de las líneas quebradas con el **0**, asigna de este modo a cada hexagrama un número –resultando que los 64 hexagramas corresponden a las expresiones binarias de los números **0** a **63**–, y observa finalmente que la ordenación de los hexagramas según la disposición de Foxi sigue el orden natural de los números **0** a **63**.

La tesis de fondo de Bouvet –y Leibniz la comparte– es que mediante el descubrimiento de esta correspondencia se restablece el significado oculto, u olvidado, de la simbología china expresada en la ordenación de los hexagramas; esto es, el reconocimiento de un Dios creador y de otras verdades cristianas, o más aún, de unas verdades antiguas comunes.[53]

Estas consideraciones son recogidas por Leibniz en la citada *Explication de l'Arithmétique Binaire*, que, aunque publicada en 1705 por la Académie Royale des Sciences de París, es recibida con poco entusiasmo.

Más importante para nuestro propósito es la Carta de respuesta de Leibniz a Bouvet (de abril de 1703)[54], respuesta entusiasta al descubrimiento común. Leibniz confirma la interpretación de Bouvet y coincide en su alcance. Dice que la conformidad entre el sistema binario y los hexagramas demuestra que la sabiduría china también cree en una creación *ex nihilo* y en un Dios creador.[55] Es decir, Leibniz se reafirma en la tesis figurista, y entiende que mostrar a los chinos esa concordancia es el camino para estimular su estima por la ciencias europeas y, consecuentemente, por la religión cristiana. Y más allá de este propósito, vuelve a insistir en el proyecto de la 'Característica universal', viendo la concordancia con las figuras de Foxi como un caso particular de ese grandioso proyecto.[56]

Finalmente Leibniz, en esta respuesta a Bouvet, amplía los simbolismos cosmogónicos atribuidos ya con anterioridad al sistema binario. En este caso los ocho trigramas principales –o *Cona*– le hacen ver una correspondencia con los siete días de la creación del Génesis bíblico [ver la siguiente Tabla III.II.2].

---

[53] De la carta de Bouvet a Leibniz, Pekín 4 noviembre 1701, en Dutens, IV/1, p.159.

[54] Como ya se ha dicho, está editada en Zacher, *Die Hauptschriften zur Dyadik*, p.275-286; y un amplio extracto en Baruzi, *Leibniz, avec de nombreux textes inédits*, p.156-161.

[55] Cf. Baruzi, *Leibniz, avec de nombreux textes inédits*, p.156.

[56] Cf. Baruzi, *Leibniz, avec de nombreux textes inédits*, p.159.

Tabla III.II.2 El simbolismo cosmogónico de los ocho trigramas

☷	☶	☵	☴	☳	☲	☱	☰
0	1	0	1	0	1	0	1
0	0	1	1	0	0	1	1
0	0	0	0	1	1	1	1
0	**1**	**2**	**3**	**4**	**5**	**6**	**7**
Vacío	**El Uno**	**Cielo . . . .**					**La Plenitud**
		y Tierra					

Es conveniente detenerse en esta explicación, pues en ella aparecen los símbolos numéricos y cosmogónicos del vacío y de la plenitud. Dice Leibniz:

> Parece [...] que los ocho Cona –las ocho figuras lineales–, tan fundamentales para los chinos, muestren que Fohi tenía en vista la Creación, *haciendo derivar todo del Uno y de la Nada* y como remontándose al Génesis. Pues *el **0** puede significar el vacío* que precede a la creación del Cielo y la Tierra, antecedediendo los siete días. [...] Al inicio del segundo, **2**, habiendo sido creados el Cielo y la Tierra durante el primero. Finalmente, al inicio del séptimo existía ya todo; es por eso que el último es el más perfecto, pues *todo ya está realizado y rellenado: así 7 se escribe **111** sin **0**...*[57]

Es decir, el **0** y el **7** se corresponden respectivamente con el vacío y la plenitud. Para Leibniz la creación culmina con la plenitud; no puede concebir el vacío en ella (es así que el **7** se escribe **111**, sin ceros, o sea sin vacío). La correspondencia con el simbolismo bíblico es un hallazgo brillante. Incluso podría añadirse que el trigrama del **1** sugiere una buena correspondencia con la expresión del Génesis en que se dice que el Espíritu de Dios se cernía sobre el abismo (caos y vacío).

---

[57] Baruzi, *Leibniz, avec de nombreux textes inédits*, p.160-1 (el subrayado es nuestro).

Al margen de los errores en el manejo de las fuentes chinas, lo que importa es el sesgo introducido por Leibniz y sus corresponsales en la interpretación. Por ejemplo, la posición simétrica ocupada por las líneas *yin* y *yang* sugeriría la complementariedad o polaridad de los dos valores expresados, vacío y plenitud, más que una forzada interpretación donde prevalezca la plenitud sobre el vacío. De igual modo, si se quisiera dar un sentido cosmogónico, habría que aceptar que el 'Todo' (la totalidad de los números) ha de surgir del juego entre 'Vacío' y 'Uno' (el **0** y el **1**). Esta reciprocidad y complementariedad es la escamoteada en la interpretación leibniziana.

Estas dudas e incongruencias de Leibniz ya venían de antiguo. Por ejemplo, en 1697 –antes de la correspondencia con Bouvet–, Leibniz había propuesto como lema de su *imago creationis* el siguiente: "2 3 4 5 etc... Omnibus ex nihilo ducendis SUFFICIT UNUM".[58] Esta suficiencia del 'Uno' contrasta con la frase contenida en la carta a Bouvet de 1703 (citada anteriormente): "haciendo derivar todo del Uno y de la Nada". Está claro que –como ha señalado Wilhelm[59]– el lugar y la función del 'Cero' es el motivo de esas dudas e incongruencias en la interpretación leibniziana. Y ha de recordarse que efectivamente sin cero no hay sistema posicional de numeración y que el cero equivale, histórica y etimológicamente, al vacío.[60]

Puede concluirse que este episodio, a pesar de la buena voluntad mostrada por Leibniz y por los figuristas en el acercamiento a las doctrinas chinas, es una ocasión perdida. Lo es especialmente para la comprensión o adopción del valor de la vacuidad por parte, justamente, de los más abiertos a la influencia oriental. El prejuicio antivacuista –o si se prefiere, la sólida convicción de la imposibilidad metafísica del vacío– es el responsable de esta incomprensión.

---

58 Inscrita, por ejemplo, en una medalla conmemorativa del Duque Rodolfo Augusto de Brunswick, siguiendo la sugerencia de Leibniz en carta del 2 de enero 1697. Cf. Dutens, III, p.348; Aiton, *Leibniz*, p.206-7; y en parecidos términos, otra carta de Leibniz de 29 marzo 1698 (*G. G. Leibnitii Epistolae duce ad Joh. Christ. Schulenburgium, De Arithmetica Dyadica*), en Dutens, III, p.349-354.

59 H. Wilhelm, *El significado del I Ching*, p.18-19.

60 Cf. Guitel, *Histoire comparée des numérations écrites*, p.550-9; Panikkar, "El cero"; Coomeraswamy, "Kha y otras palabras que significan cero".

III.II.4.2. Lettre à Rémond sur la philosophie chinoise *(1716)*[61]

El interés de la *Lettre* ha de buscarse en sus tomas de posición frente a las críticas habituales –la crítica sobre el espinosismo o ateísmo de los chinos–; también en la discusión de los conceptos filosóficos y teológicos, básicamente los conceptos de *Li*, de Dios y de vacuidad.

Sobre estas cuestiones son fundamentales las dos primeras secciones de la *Lettre*, tituladas: *Sobre el sentir de los chinos acerca de Dios* (sección 1ª) y *Sobre el sentir de los chinos acerca de las producciones de Dios, o principio primero, sobre la materia y los espíritus* (sección 2ª). Ya el título de la sección 1ª indica que los chinos, según Leibniz, tienen verdaderamente una noción de Dios y, por lo tanto, nos le sería aplicable la acusación de ateísmo. Esta noción se ejemplificaría en el primer principio, llamado *Li*. Leibniz refuta la interpretación del *Li* como sinónimo de 'materia' –de la materia primera con que Dios hizo el mundo– y se inclina por una interpretación que lo concilie con las sustancias espirituales. Por lo tanto, se opone también a la acusación de materialismo, aunque reconozca que en los chinos no hay una neta diferenciación entre sustancias materiales y espirituales.

En realidad, la citada dificultad –la falta de una neta diferenciación entre sustancias materiales y sustancias espirituales– sirve a Leibniz para ilustrar y reivindicar su punto de vista sobre la comunicación de las sustancias.[62] Sería, según el criterio de Needham[63], el modo en que se adscribe al 'organicismo': una visión plástica del mundo, una complementariedad entre lo uno y lo múltiple en el Todo, una resonancia entre cuerpo y alma –entre materia y espíritu–. Y lo dice explícitamente al declarar que "se inclina a pensar que los Ángeles y los Espíritus creados tienen cuerpo" y que "el alma razonable nunca está totalmente despojada de cuerpo".[64]

---

61 En Dutens, IV/1, p.169-210. También aparece en la edición de Kortholt [1735] (Leibniz, *Viri Illustris Godofredi Guil. Leibnitii Epistolae ad Diversos*, vol.2, p.413ss); y en edición moderna en Loosen-Vonessen (eds.), *Leibniz. Zwei Briefe über das binäre Zahlensystem und die Chinesische Philosophie* [1968]. Sobre las circunstancias de su redacción véase: Robinet, en el estudio introductorio a Malebranche, *Entretien*; Aiton, *Leibniz*, p.326-330; Needham, *SCC* II, p.501-2.

62 Cf. Leibniz, *Système Nouveau de la nature et de la Communication des Substances* (1695).

63 Cf. Needham,*SCC* II, "Chu Hsi [Zhu xi], Leibniz, and the philosophy of organicism", p.496-505.

64 Dutens, IV/1, p.170.

Esta cita es particularmente importante porque la afirmación contenida en ella se repetirá exactamente en los mismos términos también en su polémica con Clarke.[65] Esta concepción proviene de la negativa de Leibniz a identificar –según la línea cartesiana– la materia y la extensión, o sea la negativa a aceptar que sólo las sustancias materiales sean corporales; y, en consecuencia, Leibniz entiende que las sustancias espirituales no son ajenas al carácter corporal. De ahí que el *Li* ha de interpretarse preferentemente en términos de sustancia espiritual.

La argumentación de Leibniz seguirá, pues, este hilo, esforzándose en señalar la correlación entre los conceptos de *Li* y de Dios, dejando para el *Qi* la correlación con la materia. De toda la argumentación conviene destacar –especialmente para nuestro propósito– estos dos aspectos: el *Li*, o primer principio, simultáneamente como 'Gran Vacío' y 'Soberana Plenitud'; el *Li* como principio supraontológico.

Evidentemente, el primer aspecto es el más destacable. Éste se aborda en el §VII de la sección 1ª, titulado: *En que sentido los chinos llaman Dios al Gran Vacío o Espacio, la capacidad inmensa*. Y Leibniz, ante el atributo de la vacuidad, se ve obligado a esta explicación:

> Es así cómo explicamos la inmensidad de Dios: está por todas partes, y todo está en él. Es así que el P. Lessius ha dicho que Dios es el lugar de las cosas, y que Guericke, inventor la máquina del vacío, ha creído que el espacio pertenece a Dios. Para interpretar correctamente esto, hay que concebir el espacio, no como una sustancia con partes separadas de otras partes, sino como el orden de las cosas, en tanto que consideradas existentes conjuntamente, proviniendo de la inmensidad de Dios...[66]

Como se ve, Leibniz maneja la referencia escolástica (Lessius[67]) y la referencia vacuista (Guericke), o sea la larga tradición que identifica la inmensidad de Dios con el espacio (vacío), el lugar de las cosas. Y contraataca con la concepción del espacio como orden coextensivo de las cosas, no como sustancia; es decir, la concepción del 'espacio relativo', que opondrá al 'espacio absoluto' defendida por los newtonianos. Por ello,

---

65 En §61 del Escrito 5ª de Leibniz (Robinet, p.154-5). Ver apartado III.III.1.

66 Dutens, IV/1, p.173.

67 El jesuita Leonard Lessius (1554-1623) afirma la correlación entre espacio y divinidad, en una línea similar a la de Suárez. Cf. Grant, p.215 y 219.

Leibniz se siente más cómodo con el atributo de la plenitud del *Li* que con el atributo de la vacuidad. Podría decirse que el sentido de esta polaridad 'vacuidad/plenitud' del *Li* puede ilustrarse comparándola con las concepciones latentes en nuestros antecedentes renacentistas y postrenacentistas, es decir, con la tensión entre la plenitud espiritual y la vacuidad material. Pero en el caso chino no hay tensión, sino complementariedad entre los atributos de vacuidad y de plenitud.[68]

Ciertamente, esta complementariedad parece mantenerse por parte de Leibniz en otros aspectos de la argumentación a propósito del *Li*: el *Li* como principio supraontológico. Efectivamente, en el §XVI de la sección 1ª de la *Lettre* se dice que este *Li* ha de interpretarse

> ... más o menos como algunos místicos, entre otros Dionisio el Pseudo-Areopagita, quienes negaron que Dios fuera un Ser, *Ens*, ὢν, y en cambio dijeron que era más que el Ser, *Super-ens*, ὑπερόυσία...[69]

Este carácter supraontológico recordaría, en efecto, las definiciones místicas acerca de la ausencia o vacuidad de determinaciones para referirse a Dios. Y ese vacío equivalía a la suprema plenitud: tal es la concepción propia de la corriente que va de Dionisio a san Juan de la Cruz, y a ella parece adscribirse Leibniz. Este Dios supraontológico permitiría, pues, su identificación con el *Li*, entendido del mismo modo.

En resumen, la aproximación leibniziana a China, aún siendo la más predispuesta al entendimiento, no hace posible un acercamiento a las nociones orientales de la vacuidad. Tal desencuentro se observa en el caso concreto de la especulación a propósito de los hexagramas y el sistema binario, y en el caso de la reflexión a propósito de los atributos del *Li*. Ahí, las inclinaciones concordistas y figuristas de Leibniz no impiden que se ignore o se soslaye la significación del vacío.

Eso ocurre, en efecto, al forzar una interpretación –cosmogónica, metafísica, religiosa– de la generación binaria de los números como si estuviera únicamente basada en la potencia del Uno. El papel del Cero, incluso con independencia de las sugerencias permitidas por la simbología de los hexagramas, es insuficientemente valorado: este Cero, que es histórica y etimológicamente el vacío, no puede ser únicamente un artificio

---

68 Ver apartado III.II.5. de este capítulo.
69 Dutens, IV/1, p.178.

de la escritura binaria; es un fundamento esencial del sistema binario (en realidad, de cualquier sistema posicional, incluido el decimal). Leibniz podía ignorar, como es natural en su época, el origen indio del 'cero' y con él del sistema posicional decimal.[70] También podía ignorar su profundo significado metafísico en tales orígenes (el 'cero' designado como *sunya*, o sea, 'vacío' en sánscrito), pero son el prejuicio creacionista (la creación *ex nihilo*) y el prejuicio antivacuista los que deben explicar su dificultad para reconocer el papel del Cero (del vacío) como simétrico, por lo menos, al papel del Uno.

Igual ocurre en el caso de la reflexión sobre el *Li*. El equilibrio entre vacío y plenitud sugerido por los atributos del *Li* también se rompe. Ciertamente toda la aproximación leibniziana al *Li* es un intento para homologarlo con un Dios concebido supraontológicamente, en cierto modo el Dios de los místicos, o sea "vaciado de determinaciones" y substrato del Todo, o también algo cercano al Dios de Guericke. Pero frente a Guericke y también frente a la corriente mística –en aquel momento desacreditada a través de la crisis quietista–, Leibniz se adhiere más bien a la tradición del *plenum*, de la plenitud divina.

Esa tradición de fuertes raíces antimecanicistas –que hemos venido ejemplificando en el estilo rosacruz– pudo desembocar, por efecto de la insoslayable filosofía mecánica y de la influencia cartesiana, en dos productos aparentemente opuestos: el vacuismo de un Guericke y de la corriente inglesa (de More hasta Newton), o el antivacuismo de Leibniz. En un caso la afirmación de la plenitud espiritual tomó la inflexión hacia la vacuidad de materia; en el otro caso –el de Leibniz– la plenitud se erige en principio, aunque sin someterse al esquema cartesiano y mecanicista.

El equilibrio entre vacío y plenitud sugerido por el Dios y el *Li* supraontológicos no parece posible. Y así es cómo se observa en el análisis concreto realizado por Leibniz de los atributos del *Li*, donde el vacío ha de ser "interpretado correctamente" mientras la plenitud no requiere mayores explicaciones.

---

70 Leibniz en la *Explication de l'Arithmétique Binaire* (Dutens, III, p.393) recuerda que la aritmética ordinaria (decimal) era ignorada por griegos y romanos y que fue introducida por primera vez en Europa por Gerbert [luego papa Silvestre II] que la trajo de los árabes de España. Y efectivamente, esta transmisión se produjo desde la Marca hispánica a través del Monasterio de Ripoll en el siglo X. Cf. Millàs Vallicrosa, *Assaig d'història de les idees físiques i matemàtiques a la Catalunya medieval*, p.136-163.

En suma, la aproximación leibniziana tiene la virtud de no sucumbir a las interpretaciones más al uso. Sin duda, las concepciones gradualistas y organicistas de los chinos, sus modos de expresión en clave simbólica, ofrecen valiosos puntos de contacto con las propias preocupaciones leibnizianas. Pero en toda esta aproximación la cuestión del vacío se sitúa en un plano crítico. El balance leibniziano no la incorpora en su haber. Esta es otra de las razones de la derivación –en el inmediato futuro– de la cuestión vacuista hacia una exclusiva consideración en términos físicos y cosmológicos, pues ni en términos anímicos (el vacío interior) ni en términos metafísicos (la vacuidad) va a prestársele atención. Leibniz, uno de los pocos capacitados para esa tarea, la emprende únicamente a la contra, atrincherándose en su principio de plenitud.

Visto en los diversos frentes el balance del contacto y contraste con las doctrinas orientales desde Europa, conviene detenerse un poco más en algunos de los contenidos de esas doctrinas. Dos son las cuestiones que han de merecer, aunque sea de un modo aproximado y limitado, nuestra atención:

1) profundizar en las concepciones orientales del vacío, y en especial en el significado de la citada complementariedad o equivalencia entre vacuidad y plenitud.
2) abordar uno de los problemas de fondo del contraste, que no es otro que el problema del dualismo.

III.II.5. *Sobre la concepción del vacío venida de Oriente*

Como es de suponer, en esta época de los primeros contactos filosóficos con China, el acceso a la variedad y riqueza de sus diversas corrientes de pensamiento –de desarrollo más que milenario– es limitado, y, por lo tanto, el acercamiento se da a menudo con notables malinterpretaciones. En este contexto, es natural que el contacto se rija por unos simples esquemas. Principalmente son dos esos esquemas: por una parte, una poco matizada distinción entre las tres "sectas" en presencia, o sea, confucianismo, taoísmo y budismo; por otra parte, una referencia preferente hacia una de ellas, en este caso el confucianismo, y concretamente en la versión de la escuela legista de Zhu xi, que es en aquellos momentos la ideología más influyente.[71]

La confrontación filosófica a propósito del *Li*, que es un concepto bastante específico de la escuela de Zhu xi, sigue evidentemente este segundo esquema. Pero en el caso de la cuestión del vacío que aquí nos ocupa, rige el primer esquema, aunque sometido a una mecánica perversa, que consiste en dirigir la crítica a las doctrinas del vacío partiendo preferentemente de las versiones budistas pero luego, inmediatamente, generalizar la crítica para el conjunto de las doctrinas chinas y orientales.

Esta crítica no parte, pues, de las fuentes originales, sino de las recensiones servidas por los Longobardi, Couplet, Le Gobien, etc. Así se ha visto en Bayle. Pero ciertamente el manejo directo de las fuentes no hubiera cambiado el tono crítico. No hay más que considerar los textos clásicos del taoísmo (por ejemplo, el *Daodejing*, el *Zhuang zi*, el *Lie zi*) o los del budismo chino (especialmente los de la escuela del vacío –*Kong zong*–) para concluir que los conceptos cristiano-occidentales son básicamente contrarios a los allí expresados[72]: el vacío es la más alta virtud del *Dao*, la vacuidad (*sunyata*) es efectivamente el principio –si cupiera hablar de principios– del budismo mahayana (la fuente de las escuelas budistas en China). Además ambas corrientes –taoísmo y budismo– alcanzan una cierta síntesis, o, para ser más exactos, el budismo se traduce en China a través de los conceptos de la tradición taoísta: *dao*, *wu* ('ausencia', 'nada'), *kong* ('vacío'), *xu* ('vacío anímico'), *wuwei* ('no-acción', 'no-intervención') son ejemplos de este vocabulario común.

Ante ellos es comprensible la interpretación de Couplet –retomada por Bayle[73]– que ve en tal principio de la vacuidad el equivalente del "vacuum

---

71 Zhu xi (1130-1200) encabeza la que vendrá a ser la ideología oficial confuciana; a esta escuela se debe la codificación clásica de los *Cuatro Libros* (véase las ediciones: Confucio, *Los Cuatro Libros Clásicos*; Confucio-Mencio, *Los Cuatro Libros*). Sobre Zhu xi y su escuela consúltese Fung Yu-lan, *Breve historia de la filosofía china*, cap.XXV.

72 Estas son algunas de las ediciones asequibles de los taoístas: Elorduy (ed.), *Chuang-Tzu* [Zhuang zi]: *Literato, filósofo y místico taoísta*; Lao Tse [Lao zi] - Chuang Tzu [Zhuang zi], *Dos grandes maestros del Taoísmo*, ed. Elorduy; Lao zi, *Libro del Tao*, ed. Preciado; Lie zi, *El libro de la perfecta vacuidad*, ed. Preciado. En cuanto al budismo chino, no hay ediciones asequibles; hay que remitirse a los correspondientes capítulos de Fung Yu-lan, *Breve historia de la filosofía china*; o más ampliamente, a Fung Yu-lan, *A History of Chinese Philosophy*, 2 vols.

73 Cf. Bayle en el *Dictionnaire*, art. "Spinoza", 426a, citando el *Confucius Sinarum Philosophus* de Couplet (cuestión ya comentada en el apartado III.II.3.1.)

et inane" de reminiscencias bíblicas, el vacío y abismo (el *tohu bohu*) previo a la Creación. Mientras para unos, la Creación consiste en el acto divino contra ese vacío, en el rescate del Ser, para los otros, el Ser es irreal, se disuelve en la vacuidad, su mayor virtud es su no-consistencia, su vacuidad.

Ese vacío venido de Oriente es, sin ninguna duda, un límite difícilmente asimilable para la tradición de Occidente: ni el vacío de los atomistas, ni el vacío del espacio newtoniano, pese a sugerir ciertas convergencias, se corresponden con él. Únicamente en la tradición mística, o sea en la concepción supraontológica de la divinidad, se podrían hallar las aproximaciones más claras. Pero el descrédito –o más aún, el agotamiento– de la tradición mística a través de la crisis quietista impide cualquier tipo de veleidad aproximativa. Por ello, la lectura de la vacuidad de los orientales se realiza sobre todo en clave antiquietista.

En realidad, esta lectura en clave antiquietista mediatiza toda la recepción de los conceptos. Más que en el vacío estricto, la crítica occidental se centra en la cuestión de la quietud anímica y en la ausencia de un principio superior y creador –o sea, en el no reconocimiento de una creación *ex nihilo*–. Estas preocupaciones remiten a discrepancias profundas: por una parte, sobre los conceptos de alma y cuerpo; y por otra, sobre las respectivas concepciones cosmogónicas y cosmológicas.

Respecto a la primera, la discrepancia es radical: "Lo sensible y lo mental no son dos; el espíritu y el cuerpo no están separados por ningún tabique"–se dice por parte de los letrados chinos–.[74] En esta discrepancia vienen implicados además otros problemas: los relativos a la retribución (cielo e infierno), a la creación de las almas, etc. Todo este cúmulo de cuestiones indica el abismo profundo entre concepciones muy distintas del principio anímico. Incluso ante el problema de la quietud o vacío del alma, para el que se pretende presentar desde Europa una supuesta identidad entre el quietismo oriental y el autóctono, también cabe señalar diferencias significativas. Pues, aunque ese propósito de vaciamiento interior parece ofrecer notables similitudes, los fundamentos ascéticos de tales prácticas discrepan en la cuestión capital de la actitud ante el cuerpo –amén de la obvia discrepancia sobre la orientación teológica–.

[74] Del *Yundao pixie shuo*, *Poxie ji*, VIII, 16b; citado por Gernet, p.187. Sobre la cuestión alma-cuerpo, véase Gernet, p.183-8.

La cuestión de la quietud o vacío anímico sugiere también un distinto posicionamiento ante el problema de la polaridad 'reposo/movimiento'. Mientras en el caso chino prevalece una concepción del dinamismo interior, en la tradición occidental el movimiento suele concebirse como aquello que requiere un motor externo que lo produzca –pues de otro modo el reposo es el estado natural–. Como dice Gernet[75], el modelo del motor no es aplicable a las nociones dinámicas chinas; por lo tanto, ni una creación que requiere un primer impulso divino, ni un alma concebida como centro motor, serán concepciones homologables. El caso del vacío y quietud interiores es altamente significativo: mientras en la tradición china (piénsese en el *Dao* que produce sin actuar) esta quietud no se contradice con el dinamismo universal, en la tradición occidental tal quietud es un límite casi inalcanzable y contrario al principio dinámico del motor. En puridad tal principio sólo es atribuible a la divinidad, al motor inmóvil; y de ahí, la acusación de una blasfema soberbia dirigida a los quietistas que parecen emular un atributo reservado a la divinidad.

Ciertamente hay que apuntar que las concepciones leibnizianas acerca del dinamismo se aproximan a las reseñadas aquí de la tradición china. Pero ese intento vindicativo de un principio dinámico interno no va a formularse, por parte de Leibniz, en términos vacuistas.

Del mismo modo que la cuestión del vacío anímico apunta al problema del dinamismo –la polaridad 'reposo / movimiento' relativa al alma y al cuerpo–, también la cuestión del vacío cósmico apunta a la cuestión del dinamismo: es el problema de la creación del mundo y de una concepción estática de ese mundo creado. Para unos ese dinamismo está reservado a Dios en su acto creador; para los otros "el universo está regulado por un principio de orden inmanente"[76], dinámico.

Se oponen, pues, el concepto cristiano de la creación –una creación que es personal, exterior, a partir de lo increado–, y el concepto chino de una creación-transformación continua, definida como "creación no creada, imparcial y espontánea".[77] Este problema de la creación remite al problema del vacío, en la medida que el acto creador queda asociado a la concepción de un mundo creado estático, mientras esa creación-transformación

---

[75] Gernet, p.261.
[76] Gernet, p.264.
[77] Gernet, p.263.

continua se asocia al 'Gran vacío' que ha de acoger y promover tales transformaciones. En cierto modo aquí se establece también la conocida asociación entre vacío y movimiento, ya señalada por los atomistas: el vacío es cambio, libertad; mientras el *plenum* es reposo, sujeción. Véase por ejemplo la siguiente argumentación de los polemistas chinos:

> Esa gente –escribe Xu Dashou– dice que el universo no tiene sino un cierto número de capas (son las esferas cristalinas de Aristóteles), y que tienen un tamaño definido en todas las direcciones... Es como si quisiéramos erigir, a toda costa, murallas en el gran vacío con el fin de cercarlo. ¿Cómo, el Gran Vacío, podría recibirlas?... Ellos van hasta pretender que este mundo, desde la antigüedad hasta nuestros días, solamente tiene siete mil años de edad y que antes no había mundo... Hablar así es admitir un presente y no un pasado...[78]

Como se ve, aquí se ataca la concepción de las esferas celestes, imagen privilegiada de ese mundo estático, rígido y pleno. Y ha de precisarse que la crítica recién citada proviene del ámbito confuciano, lo cual indica que la idea de un gran vacío no es una concepción exclusiva de taoístas y budistas: en realidad, el propio Zhu xi –la gran autoridad neoconfuciana– ya había afirmado que los cielos son incorporales y vacíos. Pues, según señala Needham, las ideas cosmológicas confucianas estaban también fuertemente influidas por la concepción taoísta del espacio vacío e infinito y por las ideas budistas de la repetición y pluralidad de mundos.[79] En esta síntesis se conciben los astros flotando en los cielos sin necesidad de un soporte especial. Estos cielos se describen como "la gran vacuidad sin sustancia", pero también como un éter fluido (el *qi*) de densidad variable. Es decir, respecto al espacio, coexisten las descripciones en términos de vacío y otras en términos de una cierta sustancia sutil.

Ha de subrayarse esta equivalencia entre la referencia en términos de vacío y la referencia en términos de éter: son expresiones complementarias y no-contradictorias. Tal situación –que tiene cierta analogía con algunas de las preocupaciones newtonianas– se explica por la falta de una radical distinción entre materia y vacío: las cosas se describen según un escala de fluidez y de penetrabilidad –mientras en la tradición occidental siempre ha

---

78 Xu Dashou, *Zuopi*, 23a-24a; citado por Gernet, p.264.

79 Cf. Needham, "The Hsüan Yeh [Xuan ye] Teaching (Infinite empty space)", *SCC* III, p.219-224.

primado el criterio de la rigidez y de la impenetrabilidad–, y se las puede concebir como surgidas del vacío. Por ello, las referencias simultáneas a la vacuidad y a la plenitud, que tanto turban a Leibniz, se producen sin contrasentido.

Este contraste puede ilustrarse recurriendo a concepciones de la moderna física: por ejemplo, el concepto de 'campo' o la ecuación de Einstein sobre la equivalencia entre energía y materia ($E=mc^2$). Sólo cuando la ciencia física occidental se libró de su corsé mecanicista pudo concebir los fenómenos simultáneamente en términos de materia y de no-materia (se llame ésta 'onda', 'campo', o 'energía'), sin incurrir en contradicción. Antes, el corsé mecanicista –o más precisamente, la concepción de la materia como rígida e impenetrable– hacen del vacío y de la materia dos opuestos irreconciliables. Ese es el problema que enfrenta por ejemplo Leibniz al intentar conciliar las afirmaciones chinas acerca de la equivalencia entre vacuidad y plenitud. Esa equivalencia se utilizará casi siempre como un recurso para reconducir la cuestión a los términos de la plenitud y para ignorar los términos de la vacuidad.

En resumen, las discrepancias acerca del vacío cubren dos ámbitos: el relativo al vacío anímico, que remite al problema del alma y cuerpo; y el relativo al vacío cósmico, que remite al problema de la creación y a la concepción de un Dios creador. Y se ha visto cómo la idea de la creación solía asociarse a la idea de un mundo estático, a la plenitud; mientras la idea de un mundo increado llevaba pareja la idea del dinamismo, del vacío.

Por otra parte, también cabe reseñar el fallido encuentro entre el vacío de los orientales y las indicaciones contenidas en la tradición mística de Occidente, encuentro fallido debido a la crisis quietista; o, en el caso de Leibniz, el desencuentro entre su concepción supraontológica de la divinidad y su rechazo del vacío. Y por último, ha de recordarse el problema planteado por la equivalencia entre vacuidad y plenitud, equivalencia que viene ilustrada en la ausencia de unos términos –como 'materia' y 'vacío'– entendidos de modo irreconciliable.

En general, estos apuntes de discrepancias vienen a señalarnos unos posicionamientos distintos ante ciertas polaridades, como por ejemplo: alma/cuerpo, Dios/mundo, reposo/movimiento, creación/transformación, vacío/materia. Esta constatación nos introduce evidentemente a la cuestión del dualismo.

III.II.6. Li *y* Qi. *Sobre el dualismo*

Como ya se ha dicho, la confrontación filosófica con China gira sobre la noción de *Li* y de su supuesto opuesto, el *Qi*. El *Li* haría el papel del 'espíritu', el *Qi* haría el papel de la 'materia'; y no puede olvidarse que el problema de las relaciones entre 'espíritu' y 'materia' es una de las principales constantes de la filosofía europea del período, sobre todo a raíz de la insoslayable referencia cartesiana con su radical separación de una *res cogitans* y una *res extensa*. Spinoza, More, Leibniz, Malebranche, Newton, y muchos otros, están obligados a esa referencia –admitiéndola o no–.

Además, la recepción de los conceptos de *Li* y *Qi* no se atiene a la variedad de las filosofías en presencia en China; es una recepción bastante distorsionada. La principal distorsión es haber tomado los conceptos específicos de una escuela, la neo-confuciana de Zhu xi, como representativos del conjunto del pensamiento chino. Y aunque aquí interesan sobre todo los efectos del impacto oriental sobre sus receptores con independencia de la corrección o fidelidad de las fuentes manejadas, conviene sin embargo referirse en alguna medida a los emisores.

En primer lugar, ha de saberse que el concepto de *Qi* (que ha de traducirse por 'soplo', 'energía', 'éter', mejor que por 'materia') es más universal en el conjunto de la tradición china que el concepto de *Li* (que se ha traducido por 'forma', 'modelo', 'razón', 'principio de organización', 'norma'), y en todo caso es anterior a él. El *Qi* es algo que podría equivaler en cierto modo al pneuma de los estoicos –pues no se corresponde con el alma individual y, al igual que el pneuma, interpenetra el todo vivificándolo–. Ese *Qi* no es, pues, el alma individual sino un principio energético y sutil presente en todos los seres.[80] Por ello, pudo ser confundido con la materia misma (caso del propio Leibniz), en tanto que es el substrato común de que están hechos los seres.[81]

Por su parte, el *Li* es un concepto más específico. Pertenece especialmente a la codificación filosófica de raíz confuciana que, impulsada por

80 En la concepción taoísta, la persona se compone de: el cuerpo (*xing*), la esencia (*jing*), el soplo (*qi*), y los espíritus (*shen*). Cf. Maspero, *Le Taoïsme et les religions chinoises*, p.484.

81 El propio Fung Yu-lan, *Breve historia de la filosofía china*, p. 498-502, no tiene inconveniente en traducir *qi* por 'materia', entendiendo que es una buena aproximación en el caso de los neo-confucianos; y también la cree válida en general, en la medida que no hay en el pensamiento chino un equivalente exacto para 'materia'.

Zhu xi, dominará el pensamiento chino de los siglos XIII al XVIII.[82] Tal codificación será la ideología oficial amparada por el Emperador y los letrados, justamente la que entrará en contacto privilegiado con los misioneros cristianos; y, de ahí, la focalización excesiva de los receptores europeos sobre este concepto. El significado inicial de *Li* remite a la idea de líneas, ejes, finalmente al concepto abstracto de norma y principio corrector, que es un concepto muy característico de la tradición confuciana.[83] Sobre esta base Zhu xi construye su dialéctica del li y el qi.

En cierto modo –y así lo subraya Fung Yu-lan[84]– el concepto de *li* recuerda a la idea platónica, pero en el caso de Zhu xi se insiste más en el carácter inmanente y particular del *li* en cada cosa concreta –lo cual desmiente la supuesta identificación entre 'idea' y *li*–. Esta dificultad interpretativa surge, justamente, cuando se apela a los términos filosóficos que nos son más próximos. En todo caso, las nociones de Zhu xi transmiten una concepción bastante gradualista, que no autoriza la interpretación del *li* en términos del Dios trascendente (que pretendía Leibniz) o del Dios del deísmo (como en Voltaire), ni la interpretación de la polaridad *li*/*qi* en términos de espíritu/materia.

En suma, al margen de la posible escasa representatividad de la escuela de Zhu xi respecto al conjunto de la tradición filosófica china, el contacto con ella podría haber revelado, al menos, que no era pertinente la aplicación de los propios esquemas de pensamiento. Como señala Gernet, "la tendencia china es de negar la oposición del yo y del mundo, del espíritu y del cuerpo, de lo divino y lo cósmico"; es decir que "el pensamiento chino no separó jamás lo sensible de lo racional, ni imaginó sustancia espiritual distinta de la material, ni admitió la existencia de un mundo de verdades eternas separado del de las apariencias y realidades transitorias".[85] Por el contrario, estas distinciones, en mayor o menor medida, son básicas en la

---

82 Según señala Granet, *La pensée chinoise*, p.457, es Siun Tseu [Xun zi] (s. IV A.C.) el primero en manejar filosóficamente el concepto de *Li*. Sobre Xun zi ver Fung Yu-lan, *Breve historia de la filosofía china*, cap.XIII, p. 251-269.

83 Cf. Etiemble, "Les concepts de LI et de K'I dans la pensée européenne au XVIIIe siècle", p.155.

84 Cf. Fung Yu-lan, "El neoconfucianismo: la escuela de las ideas platónicas", *Breve historia de la filosofía china*, p.491-511. Etiemble, "Les concepts de LI et de K'I...", especialmente p.157, critica esta analogía de Fung Yu-lan entre *li* e idea platónica. También Gernet, p.303 n.234, critica la identificación entre 'li/qi' y 'forma/materia'.

85 Gernet, p.251.

tradición occidental, y se pretendió aplicarlas en la labor de examen y contraste de las doctrinas chinas, incluida la doctrina del *li*/qi.

Esta constatación nos introduce al problema general del dualismo. De la multitud de facetas que incluye este problema[86], aquí conviene resaltar unas pocas consideraciones.

En primer lugar, en cuanto a las peculiares estructuras lingüísticas chinas, baste señalar su no pertenencia al ámbito indoeuropeo, ámbito en el que el verbo 'ser' ocupa una extraordinaria centralidad. La ausencia de un equivalente del 'ser', la falta de unas netas distinciones morfológicas (entre verbo, adjetivo, adverbio, etc.), y la escritura idiogramática, serían las peculiaridades que vendrían a confirmar el diagnóstico clásico de Nietzsche sobre la relación entre una inconsciente "filosofía de la gramática" y los modos explícitos de la filosofía.[87] De las diversas implicaciones de estas diferencias, varios autores han destacado la cuestión del Ser como el núcleo de todas ellas: que "la noción de ser como realidad estable y eterna, más allá de lo fenomenal, es desconocida en China".[88] En consecuencia, toda la cuestión del ser y del devenir, que es la raíz última de la cuestión dualista, se plantea con otras pautas de pensamiento.

Por ello –y ésta es la segunda consideración–, las habituales polaridades del pensar chino no están sujetas al esquema dualista de la oposición entre ser y devenir, entre lo inmutable y la apariencia. Así, en la polaridad más representativa, *yin* y *yang*, no han de verse dos principios irreconciliables, sino dos aspectos complementarios y no-excluyentes que subrayan el dinamismo de las transformaciones: cada opuesto implica y contiene a su contrario.[89] Esta diferencia remite en última instancia –tal como ha

---

86 Desde el punto de vista filosófico, ha de señalarse que el esquema monismo/dualismo fue introducido –significativamente– por Wolff; Descartes, según el esquema de Wolff, sería el dualista por excelencia. [Christian von Wolff (1679-1754), discípulo de Leibniz, fue expulsado de la Universidad en 1713 "por defender la moral de Confucio". Cf. Robinet, en Malebranche, *Entretien*, p.xxiv.]

87 Cf. Gernet, p.295. Entre las referencias de Nietzsche, puede destacarse la de *Más allá del bien y del mal*, §20: "Justo allí donde existe un parentesco lingüístico resulta imposible en absoluto evitar que, en virtud de la común filosofía de la gramática [...] todo se halle predispuesto de antemano para un desarrollo y sucesión homogéneos de los sistemas filosóficos..."

88 Gernet, p.298. Véase sobre esta cuestión: todo el apartado "Lenguaje y pensamiento", Gernet, p.295-305; Benveniste, "Catégories de pensée et catégories de langue".

89 Cf. Granet, "Le yin et le yang", *La pensée chinoise*, p.101-126.

subrayado Bahm– a distintas perspectivas ontológicas, ejemplificadas en distintas concepciones acerca de la 'negación', de la 'ausencia' y del 'ser'. Según el esquema de Bahm, la concepción china se atiene al modelo de la 'negación de la exclusión'.[90] Este modelo se aplica a la polaridad *yin/yang*: las cosas son –pasan por– los aspectos *yin* y *yang*; y lo mismo cabe decir de otras polaridades, como la del *li/qi*.

En general, ha de concluirse que las polaridades tan habituales en la tradición de Occidente –como son 'espíritu/materia', 'forma/materia', 'Dios/mundo', 'cuerpo/alma'– no son aplicables al caso chino. Y concretamente, respecto al problema del vacío, tampoco sería aplicable la oposición irreconciliable entre vacío y materia: el vacío es, en el caso chino, la potencialidad que contiene todas las distinciones, o sea la propia "materia" en desarrollo y transformación; de ahí, la identidad entre el hablar en términos de vacuidad y el hablar en términos de plenitud.

Esa identidad, precisamente, no la hacen suya los filósofos que en Occidente pretenden sustraerse al esquema dualista –y ésta es la tercera consideración–. Son los casos de Spinoza y Leibniz, ambos significativamente identificados con las doctrinas chinas, el primero por pasiva (o sea, sin su explícita opinión en tal sentido, pero blanco indirecto de la crítica antioriental) y el segundo por activa (o sea, explícitamente interesado por ellas y uno de sus máximos valedores). Ambos, a su modo, luchan contra el imperio del dualismo cartesiano, y ambos son radicales antivacuistas, sustentando su posición, no en consideraciones de orden experimental, sino en el rechazo metafísico de la noción misma de vacío. La raíz estaría, siguiendo el esquema de Bahm, en la concepción del vacío entendido como completa 'ausencia', como 'no-ser', por lo tanto, como una imposibilidad metafísica; y en último término, esta raíz derivaría del principio de no-contradicción. Ambos son incapaces de asimilar la identidad

---

[90] Cf. Bahm, "Three zeros. A comparative philosophy of voids". Bahm explica el siguiente esquema: 1) en el caso occidental, opera el modelo de la 'negación exclusiva' o del tercio excluso; 2) en el caso indio, opera el modelo de la 'negación de todas las negaciones' ; 3) en el caso chino, opera el modelo de la 'negación de la exclusión'. Bahm se extiende en las implicaciones de esta triple clasificación, especialmente en relación al Cero considerado como Vacío o Ausencia: en el caso occidental es *ausencia de ser*; en el caso indio es *ausencia de distinciones* (de modo que 'vacío' coincide con 'identidad'); en el caso chino es *ausencia de exclusiones* (de modo que 'vacío' es la 'potencialidad de todas las distinciones').

entre vacuidad y plenitud, y son los más radicales defensores del principio de plenitud.

Concluyendo y resumiendo: el contacto con las culturas orientales, particularmente la china, se nos presenta como una ocasión fallida.

Desde el punto de vista de la cuestión del vacío, el contacto se salda con un doble balance: por una parte, el definitivo rechazo del vacío anímico y la imposibilidad de que las dimensiones metafísica, espiritual y físico-cosmológica del vacío permanezcan relacionadas; por otra parte, la adscripción al antivacuismo de aquellos –como Spinoza y Leibniz– que parecen sintonizar más con las doctrinas orientales. El primer aspecto viene perfectamente ejemplificado en la intromisión de la cuestión oriental en el desenlace antiquietista: la vacuidad deja de ser un referente posible en la tradición espiritual de Occidente y se circunscribe a partir de ahí a los parámetros de su dimensión física. El segundo aspecto señala el alcance de la ocasión fallida: los pocos valedores –reales o supuestos– de las doctrinas foráneas son, justamente, radicales antivacuistas; con lo cual, esta faceta de las doctrinas foráneas –o sea, el vacío– tiene cortada su línea de comunicación con la cultura europea.

CAPÍTULO III.III.

ALGUNOS ASPECTOS DE LA POLÉMICA LEIBNIZ-CLARKE

III.III.1. *La polémica a la luz de la aproximación leibniziana a Oriente*

La polémica entre Leibniz y Clarke se desarrolla entre noviembre de 1715 y octubre de 1716.[1] Con el desarrollo de este intercambio coincide parcialmente la génesis de la ya mencionada *Lettre à Rémond sur la philosophie chinoise*, redactada en 1716 y que se interrumpe bruscamente –a causa, con toda probabilidad, de la muerte de Leibniz el 14 de noviembre–. Esta *Lettre* es, pues, una obra inconclusa, como lo es también su intercambio con Clarke.

---

1 De hecho se interrumpe a la muerte de Leibniz el 14 de noviembre de 1716: octubre de 1716 es la fecha de la 5ª respuesta de Clarke, que quedará sin posterior contrarréplica. Consta básicamente de cinco textos por bando:

- Escrito 1° de Leibniz (inicios de noviembre 1715)
  - Respuesta 1ª de Clarke (mediados de noviembre 1715)
- Escrito 2° de Leibniz (fines de noviembre 1715)
  - Respuesta 2ª de Clarke (diciembre 1715)
- Escrito 3° de Leibniz (25 febrero 1716)
  - Respuesta 3ª de Clarke (mediados abril 1716)
- Escrito 4° de Leibniz (2 junio 1716)
  - Respuesta 4ª de Clarke (mediados junio 1716)
- Escrito 5° de Leibniz (mediados agosto 1716)
  - Respuesta 5ª de Clarke (mediados octubre 1716).

Aquí se utilizará la edición de Robinet [*Correspondance Leibniz-Clarke* –citado abreviadamente: Robinet–], y de Rada [*La polémica Leibniz-Clarke* –citado abreviadamente: Rada–].

De esta coincidencia no habría de deducirse una correlación exacta, pues, de hecho, es propio del talante de Leibniz multiplicarse en distintos frentes. Pero ha de admitirse –como señala Aiton[2]– que Leibniz estima que esa *Lettre* es parte importante de su "testamento". Y, de hecho, los últimos meses de la vida de Leibniz se centran en estos dos objetivos: refutar la filosofía newtoniana –a través de su polémica con Clarke– y establecer un marco de comprensión positiva de la filosofía china –frente a las habituales desacreditaciones del momento–. Estos dos frentes, aunque desarrollándose de modo autónomo, nos muestran, pues, interesantes correlaciones doctrinales.

La primera correlación viene indicada por la preocupación en torno a la 'religión natural': la *Lettre à Rémond* consistía en una reivindicación de la religión natural de los chinos –contra la acusación de ateísmo e idolatría– y, por su parte, la polémica con Clarke se abre, en el primer escrito de Leibniz, expresando la misma preocupación por un debilitamiento de la religión natural. Dice Leibniz:

> Parece que la misma religión natural se debilita extremadamente. Muchos hacen a las almas corporales, otros hacen a Dios mismo corporal. M. Locke y sus partidarios dudan, al menos, de si las almas son materiales y por lo tanto perecederas. M. Newton dice que el espacio es el órgano del cual Dios se vale para sentir las cosas. Pero necesita de algún medio para sentirlas, no dependen entonces de él y no son su obra. M. Newton y sus seguidores tienen también una opinión muy graciosa acerca de la obra de Dios. Según ellos Dios tiene necesidad de poner a punto de vez en cuando su reloj. De otro modo dejaría de moverse. [...] Según mi opinión, la misma fuerza y vigor subsiste siempre y solamente pasa de una materia a otra siguiendo las leyes de la naturaleza y del buen orden establecido. [...] Juzgar esto de otra manera sería tener una idea muy baja de la sabiduría y del poder de Dios.[3]

Newton sería, pues, el centro de ese ataque contra el debilitamiento de la religión natural. Su sistema consistiría en promover "una idea muy baja de la sabiduría y del poder de Dios"; y la denuncia se concentra en la caricatura del Dios-relojero. Frente a ese mal relojero que se ve obligado a dar cuerda a su máquina del mundo, Leibniz opone su convicción dinámica:

---

2 Aiton, *Leibniz: A Biography*, p.325.

3 Escrito 1° de Leibniz (Robinet, p.23; Rada, p.51-2).

que "la misma fuerza y vigor subsiste siempre". Con este corto Escrito 1º de Leibniz, se tienen esbozados dos de los principales temas de la polémica: el espacio como *sensorium Dei*; la intervención divina frente a lo superfluo de tal intervención –dada la conservación de la fuerza o energía–. El alcance de este escrito es un ataque en toda regla a la filosofía newtoniana –con la consiguiente defensa por parte de Clarke–; y su punto de arranque es la mencionada preocupación por la religión natural. A partir de ahí, el juego de réplicas y contrarréplicas iría ampliando y precisando los temas.[4]

En cuanto a los puntos de contacto entre el Leibniz que polemiza con Clarke y el Leibniz que redacta la carta sobre la filosofía china, puede avanzarse que la afirmación dinámico-energética de Leibniz (ya explícita en el Escrito 1º) constituye el núcleo de esa coherencia que recorre ambos frentes. Y la importancia del tema energético respecto a la cuestión del vacío es evidente, sobre todo teniendo en cuenta los desarrollos posteriores de las ciencias físicas. También puede avanzarse una respuesta acerca de las razones de la derrota de Leibniz: probablemente la falta de un esquema cosmológico qué oponer a la sólida elaboración newtoniana. En este punto, el empecinamiento de Leibniz en el 'principio de plenitud' interviene como obstáculo a la aceptación de otras propuestas suyas que, al fin y al cabo, luego serían asumidas por el desarrollo científico. Un ejemplo de tales propuestas es el concepto de 'energía' o 'fuerza' y la indicación de su conservación.

Empecemos, pues, por la cuestión dinámico-energética. Esta cuestión, que deriva hacia la cuestión más técnica de la medida de la fuerza, arranca de la convicción anticartesiana de Leibniz: no comparte el criterio cartesiano que equipara 'materia' a 'extensión' y separa radicalmente una *res extensa* de una *res cogitans*. Precisamente, en un intercambio epistolar de Leibniz con Bouvet de 1697-1698 –cuyo propósito principal era comentar las aportaciones chinas a la cultura europea– se comentaba que no basta reducir la naturaleza a simple materia y ésta a extensión, que hay que introducir el concepto de fuerza, concepto apuntado por los antiguos como

4 A modo de resumen del conjunto de la polémica puede recogerse la clasificación temática propuesta por Rada, p.35-41: 1) La decadencia de la Religión Natural; 2) El espacio como "Sensorium Dei"; 3) La intervención de Dios en el mundo; 4) La gravedad; 5) El vacío; 6) El principio de razón suficiente; 7) La identidad de los indiscernibles; 8) Espacio y tiempo; 9) La teoría de la relación.

formas o "entelechias"; y al respecto, Bouvet insistía en las similitudes entre la filosofía china y la filosofía leibniziana.[5]

Ese principio interno que es la fuerza apunta a un nuevo punto de vista, el dinamismo. Con estas palabras los definía Leibniz en 1694:

> Para dar un apunte de mi concepción es suficiente explicar qué es la noción de fuerza o virtud (que los alemanes llaman 'Kraft' y los franceses 'force'), y para ello yo he elaborado una ciencia particular, la Dinámica, y con ella se clarifica mucho la comprensión del concepto de substancia. En efecto, la fuerza difiere del concepto de mera potencia tan familiar a la Escolástica, en tanto que esta potencialidad o facultad no es otra cosa que una posibilidad presta a actuar, pero que necesita una excitación o un estímulo externo para poder pasar al acto. Pero en cambio, la fuerza activa contiene un cierto acto o entelequia, y se halla a medio camino entre la facultad de actuar y la acción misma; implica al esfuerzo y así pasa por sí misma a la operación; no tiene necesidad de ningún auxilio sino simplemente de la remoción del impedimento.[6]

Como ha señalado Jammer[7], esta declaración nombraba por primera vez una ciencia nueva, la Dinámica, y señalaba un estatuto ontológico independiente para el concepto de fuerza. Significa señalar un principio de actividad inherente, en lugar de aceptar la concepción (tanto cartesiana como newtoniana) de la materia como algo inerte. Y el paralelismo con el punto de vista dinámico del pensamiento chino es evidente: las transformaciones se rigen por un principio interno, no por la acción externa de otro agente. Con esa concepción se producía una mutación de gran alcance: la sustitución del viejo principio escolástico 'Operari sequitur esse' [la acción sigue al ser] por el nuevo 'Quod non agit, non existit' [lo que no actúa, no existe].

Es, pues, esa afirmación general de un principio dinámico interno el que va a enfrentarlo a la posición newtoniana sobre la necesaria intervención divina en la máquina del mundo, intervención caricaturizada como la del Dios-relojero. Para Leibniz, la conservación de la cantidad total de

---

5 Nos referimos concretamente a la carta de Leibniz a Bouvet de 2 diciembre 1697 y a la respuesta de Bouvet a Leibniz de 28 febrero 1698. Cf. Aiton-Shimao, "Gorai Kinzo's study of Leibniz and the I Ching hexagrams"; y amplio extracto en Baruzi, *Leibniz, avec de nombreux textes inédits*, p.161-164.

6 Leibniz, *De primae philosophiae emendatione* (1694), en Dutens, III, p.19-20.

7 Jammer, *Storia del concetto di forza*, p.172.

fuerza, o sea de ese principio dinámico, es una obviedad, que además exime a Dios de ese triste papel de mal relojero.

Esta posición aproxima Leibniz a la concepción china de un principio supremo que rige pero no interviene. El *Li* sería un modo de expresar ese principio; y Leibniz lo aclara en la *Lettre à Rémond* recordando que los chinos llaman al *Li* la regla natural del Cielo, que por medio de su operación todas las cosas son gobernadas según peso y medida conforme a su estatuto. Y también recuerda su carácter no-interventor:

> Así pues, debemos aplaudir los modernos intérpretes chinos cuando reducen el gobierno del Cielo a causas naturales, y cuando difieren de la ignorancia popular que siempre quiere interpretarlo como efecto de milagros sobrenaturales (y supracorporales) o de Espíritus al modo de un *Deus ex machina*.[8]

Y en otro lugar de la misma *Lettre à Rémond* se añade:

> Los Chinos, pues, lejos de ser despreciados en esta materia, merecen nuestro reconocimiento por creer que las cosas se hacen presentes a causa de sus predisposiciones naturales, gracias a un orden pre-establecido. El azar nada tiene que ver en ello, y hablar de azar es introducir algo que no aparece propiamente en los textos chinos.[9]

Como se ve, además de refutar la acusación de materialismo dirigida a la filosofía china –expresada a través del tema del azar–, Leibniz asume el carácter rector, pero no interventor, del *Li*, y extiende su crítica a la concepción vulgar del *Deus ex machina*, que es justamente lo que reprocha a la filosofía newtoniana. Frente al Dios interventor y relojero de Newton, Leibniz opone un Dios como *Intelligentia Supramundana*, denominación que se corresponde prácticamente con la acotación hecha en la *Lettre à Rémond* sobre un Dios que es "más que el Ser, *Super-ens*, ὑπερουσία", que no es "Ser, *Ens*, ὤν" –acotación que en aquel caso servía para aclarar la noción de *Li*–.[10] Como es de esperar, la cuestión de la *Intelligentia Supramundana* se arrastrará a lo largo de toda la polémica con Clarke; éste

---

8 *Lettre à Rémond* (ed. Kortholt), en Leibniz, *Viri Illustris Godofredi Guil. Leibnitii Epistolae ad Diversos*, II, p.466.

9 Leibniz, *Viri Illustris Godofredi Guil. Leibnitii Epistolae ad Diversos*, II, p.434.

10 Cf. Dutens, IV/1, p.178. La expresión "Intelligentia Supramundana" recibe una primera crítica en la Respuesta 1ª de Clarke (Robinet, p.31; Rada, p.55), y ésta su réplica en el Escrito 2º de Leibniz (Robinet, p.39; Rada, p.60).

aporta, frente a Leibniz, la idea de la omnipresencia divina. Son los correlatos teológicos de dos opciones absolutamente opuestas en cuanto a la relación de la divinidad con la máquina del mundo.

En último término, las discrepancias no son de éste o aquel aspecto, son discrepancias de sistema. La cuestión del calificativo adecuado para la divinidad, o la cuestión de la conservación de la fuerza, son aspectos solidarios de esa discrepancia de sistema. Lo que aquí importa es destacar cómo Leibniz se siente en gran medida reconocido en la filosofía china (o en la interpretación que realiza de ella) y cómo ese reconocimiento le con-firma en su crítica a la filosofía newtoniana.

Por ejemplo, otro aspecto, también crucial, es el de las sustancias materiales y espirituales. Recordemos que, en la *Lettre à Rémond*, la aparente confusión atribuida a los chinos a propósito del estatuto material o espiritual del *Li* era aprovechada por Leibniz para llamar la atención sobre la comunicación de las sustancias. Allí se afirmaba la correlación entre los espíritus creados (ángeles y almas) y sus cuerpos.[11] Esa afirmación se repite casi literalmente en la polémica con Clarke:

> No quisiera detenerme aquí sobre mi opinión explicada anteriormente y que sostiene que no hay sustancias creadas desprovistas enteramente de materia. Pues yo sostengo, con los antiguos y con la razón, que los ángeles o las inteligencias y las almas separadas del cuerpo ordinario tienen siempre cuerpos sutiles, aunque en sí mismos sean incorpóreos.[12]

La afirmación es ciertamente radical –y sorprendente vista retrospectivamente–, pero en realidad se atiene, como subraya el propio Leibniz, a la tradición. La distinción neta entre materia y espíritu es un producto de la revolución cartesiana, producto cruzado con la influencia atomista-materialista. El problema de Leibniz –como se verá– es atenerse a esa tradición y simultáneamente adoptar el punto de vista de la filosofía mecánica; de ello se resentirán sus conceptos de materia, de inercia. Pero, al margen de este problema –que será explotado por Clarke–, la cuestión aquí es la negativa de Leibniz a aceptar el dualismo 'materia/espíritu' (sea en la versión cartesiana, donde no se admite la correlación entre espíritu y

---

[11] Cf. Dutens, IV/1, p.170.

[12] Escrito 5° de Leibniz, §61 (Robinet, p.154-5; Rada, p.119).

extensión, sea en la versión newtoniana –donde sí se admite la correlación entre espíritu y extensión–). Esta toma de posición le acerca, sin duda, al punto de vista de la "filosofía china".

Tal posición remite a sus obras de carácter sistemático, en particular a la *Teodicea* y a la recopilación que había ultimado en 1714 –conocida luego como *Monadología*–.[13] Es la mónada, la sustancia simple, el elemento último que da cuenta de la Naturaleza; y la ley que rige sus cambios es un "principio interno".

Este sistema de las mónadas es un intento por escapar a la tenaza cartesiana y newtoniana –y al peligro espinosista–; es, en palabras de Needham[14], una vía media entre el 'materialismo mecanicista' y el 'vitalismo teológico'. Baste resaltar que el mencionado 'principio interno' se corresponde con la noción de fuerza; pero también con la noción de 'germen' –con todas sus implicaciones en el debate preformacionista, tema recurrente en las ciencias biológicas[15]–, con la noción de 'organismo'. Justamente Needham ha destacado ciertas correlaciones entre el sistema de las mónadas y el pensamiento chino, correlaciones que las resume bajo el título de 'organicismo'. Por ejemplo, en el §63 de la *Monadología* dice Leibniz:

> El cuerpo que pertenece a una Mónada, la cual es su Entelequia o Alma, constituye con la Entelequia lo que puede ser llamado un 'viviente', y con el Alma lo que se llama un 'Animal'. Ahora bien, el cuerpo de un viviente o de un Animal es en todos los casos orgánico, pues siendo toda Mónada un espejo del universo, a su modo, y estando regulado el universo dentro de un orden perfecto, es necesario que haya también un orden en el representante, es decir, en las percepciones del alma, y, por consecuencia, en el cuerpo, según el cual el universo es representado.[16]

---

13 La *Teodicea*, cuyo título original es *Essais de Théodicée, Discours de la Conformité de la Foi avec la Raison*, se publica en 1710. La *Monadología* (*La Monadologie, les principes de la Philosophie par M. Leibniz*), aunque fechada en 1714, se publica por primera vez en 1720 (en alemán).

14 Cf. Needham, *SCC* II, p.504.

15 Cf. Lovejoy, *La gran cadena del Ser*, cap.VIII (La Cadena del Ser y algunos aspectos de la biología dieciochesca). El término 'preformación' aparece en Leibniz, *Monadología*, §74.

16 Leibniz, *Monadología*, §63, p.41-2.

Esta primera mención en la filosofía occidental de la noción de 'organismo' se corresponde con el llamado por Needham 'pensamiento correlativo' –propio de la tradición china–.[17] Otras correspondencias son perceptibles en la idea de la armonía preestablecida –similar a la función del *Li*–, en la concepción de un dinamismo vitalista, incluso en ciertas imágenes o metáforas como la citada en §63 del espejo o la del jardín y el estanque del §67.[18] En general, estas correspondencias llevan a Needham a sugerir una influencia oriental en la génesis del 'organicismo' de Leibniz.[19]

Al margen de la corrección histórica de esta apreciación, ciertamente sí es perceptible la satisfacción de Leibniz al comentar la "filosofía china" y verse reconocido en ella. Y el núcleo de este reconocimiento sería esa concepción dinámico-energética.

En resumen, la polémica Leibniz-Clarke se inicia con la crítica a la filosofía de Newton en tanto que filosofía que debilita la religión natural; paralelamente la intención de Leibniz es defender la religión natural de los chinos. Otros dos puntos iniciales de interés son la concepción newtoniana del espacio como *sensorium Dei* y la intervención de Dios –a modo de relojero– en la máquina del mundo. Frente a estas supuestas degradaciones de la dignidad divina, Leibniz aprecia las concepciones chinas del *Li*, especie de encarnación del principio primero, o sea de un Dios que rige sin intervenir –en virtud de una armonía preestablecida–, de un Dios que es supraontológico –la *Intelligentia supramundana*, discutida a lo largo de toda

[17] Cf. Needham, *SCC* II, p.499.

[18] Dice Leibniz, *Monadología*, §67: "Cada porción de la materia puede ser concebida como un jardín lleno de plantas; y como un Estanque lleno de peces. Pero cada rama de la planta, cada miembro del animal, cada gota de sus humores es, a su vez, un jardín o un estanque semejante". Expresiones similares se encuentran en §65, §66, §68, §69. Ha de recordarse que esta metáfora del estanque –con su especulación de la pluralidad de mundos en cada porción de las cosas– es bastante común en la tradición budista. Cf. Stcherbatsky, *Buddhist Logic*, I, p.114; Tola-Dragonetti, *Nihilismo budista. La doctrina de la vaciedad*, p.30-33. Por otra parte, también ha de consignarse la influencia de las investigaciones realizadas con un nuevo instrumento –el microscopio– sobre la génesis de tales concepciones por parte de Leibniz. Los primeros microscopios se deben a Malpighi (1669), Redi (1684), van Leeuwenhoek (1695). Cf. Taton, II, 408-410.

[19] Cf. Needham, *SCC* II, p.504. Needham, sin embargo, no se pronuncia de modo tajante; reconoce que su exacta comprobación requiere una investigación en profundidad; pero señala que la terminología de las mónadas es posterior al contacto de Leibniz con la filosofía china (particularmente a raíz de su estancia en Roma en 1689 donde conoce a jesuitas de la misión de China).

la polémica con Clarke–. De igual modo, la aparente confusión china entre las sustancias materiales y espirituales sirve para ilustrar y reconocerse en su propia concepción sobre la comunicación de las sustancias, tema que también se arrastrará a lo largo de toda la polémica con Clarke.

Finalmente, para concluir este apartado, ha de constatarse que la influencia china no supuso obviamente la adopción por Leibniz de un punto de vista vacuista: en la polémica con Clarke siguió –y más encarnizadamente, si cabe– con su posición antivacuista. Ya vimos que en la *Lettre à Rémond* había reinterpretado a su modo la indicación de los chinos sobre la vacuidad del principio primero: apelando a su concepción relativa del espacio y apelando a las fuentes que homologaban la vacuidad con la plenitud. Las razones de esta posición son profundas, pues la negativa del vacío es pieza clave en su sistema. Baste ahora señalar que esta cuestión tiene que ver con el supuesto Leibniz 'organicista', calificativo que entendido al modo de Needham –como sinónimo de 'antimecanicista'– plantea serios inconvenientes, pues Leibniz aparece, en la polémica con Clarke, como defensor de la filosofía mecánica.

III.III.2. *Energía y materia*

Ya se ha llamado la atención sobre el dinamismo de Leibniz: sobre el concepto de fuerza y sobre su voluntad de fundar una ciencia nueva, la Dinámica. Y se ha insistido sobre la importancia de un principio interno en la sustancia simple –la mónada–, principio que ha de interpretarse en clara clave dinámica y que presenta concomitancias con el *Li*.

Leibniz postula la conservación total de esta fuerza, conservación que exime a Dios del papel de interventor en la máquina del mundo. Y con tal postulado se abría de hecho la polémica con Clarke. La primera réplica de Clarke consiste en defender justamente que tal intervención divina "no es una disminución, sino la auténtica gloria de su obra", y ataca a su oponente en estos términos:

> La idea del mundo como una gran máquina que prosigue sin el concurso de Dios como un reloj que sigue funcionando sin la asistencia de un relojero, es la idea del materialismo y del fatalismo y tiende (bajo la pretensión de hacer de Dios una Inteligencia supramundana) en realidad a excluir del mundo a la

Providencia y al gobierno divinos [...] Su doctrina tiende en realidad a excluir a Dios del mundo.[20]

Como se ve, la acusación de materialismo y fatalismo se complementa con la de 'nullibismo' –aunque sin emplear este término–. A partir de aquí va a establecerse un diálogo de sordos entre Clarke, el defensor del Dios omnipresente y artífice, y Leibniz, el defensor del Dios como 'Inteligencia supramundana': en el primer caso se requiere la acción divina directa; en el segundo no, pues "Dios conserva siempre las cosas"[21]. Frente a la acusación de 'nullibismo', Leibniz responde con la acusación de concebir a Dios como 'Alma del mundo'[22], acusación que podría interpretarse *a posteriori* como acusación de panteísmo –visto que ese Dios no sólo interviene desde fuera, sino que además, en virtud del espacio como *sensorium Dei,* se confunde desde dentro con el propio espacio del mundo–. En definitiva, se tiene la familiar contraposición entre 'nullibismo' y 'panteísmo'; y los protagonistas entienden que esta disputa sobre la relación entre divinidad y mundo es el centro de su polémica.[23]

La discusión más concreta acerca de la conservación de la fuerza se establece a partir del Escrito 3° de Leibniz, concretamente en el §13 donde se afirma que no es posible que "la fuerza activa se perdiera en el universo por las leyes naturales que Dios ha establecido en él, de forma que tuviera necesidad de una nueva impresión para restituir esta fuerza". La respuesta de Clarke afirma que "las fuerzas activas que hay en el Universo disminuyen ellas mismas de modo que necesitan de nuevos impulsos"[24].

De hecho, este enfrentamiento remite también a la disputa entre el *momentum* (mv) y la *vis viva* (mv^2) como medida de la fuerza y de su conservación en el universo, una disputa iniciada en 1686 a raíz de un artículo

20 Respuesta 1ª de Clarke, §4 (Robinet, p.31; Rada, p.55).

21 Del Escrito 2° de Leibniz, §11 (Robinet, p.39; Rada, p.60). Como recuerda Koyré (*Études newtoniennes*, p.150 n.109), Newton en el Escolio General de sus *Principia* (ed. 1713) definía Dios como 'Dominus', en oposición tanto a la 'Intelligentia supramundana' de Leibniz como al 'Ens perfectissimum' de Descartes.

22 Cf. Escrito 2° de Leibniz, §10 (Robinet, p.39; Rada, p.60).

23 Lo dice Clarke en su Respuesta 2ª, §11 (Robinet, p.50; Rada, p.65): "Si la conservación divina de todo por su actual acción y gobierno preserva los seres... esto es todo lo que se discute". Y Leibniz, en Escrito 3°, §16 (Robinet, p.56-7; Rada, p.71), se muestra básicamente de acuerdo.

24 Respuesta 3ª de Clarke, §13-14 (Rada, p.76; Robinet, p.71).

de Leibniz[25] y que se prolongó prácticamente durante medio siglo. Los cartesianos opinaban que el *momentum* era la medida de esa cantidad que se conserva; los partidarios de Leibniz opinaban que la cantidad conservada era la fuerza o *vis viva*; y los newtonianos como Clarke retenían como medida adecuada el *momentum* de los cartesianos pero negando que pudiera conservarse.[26] Ese es el contexto en que se debaten Leibniz y Clarke.

El posterior intercambio, o sea a partir del 4° Escrito de Leibniz, descenderá todavía más a los detalles de esta confrontación. Así, en el §38 de la Respuesta 4ª de Clarke, éste –apoyándose explícitamente en Newton– aportará como ejemplo de la pérdida de la cantidad de movimiento el choque entre cuerpos inelásticos, argumento aparentemente irrefutable. Leibniz responderá en el §99 de su 5° (y último) Escrito recordando la diferencia entre la fuerza y la cantidad de movimiento, y reconociendo que en el choque inelástico la segunda no se conserva pero sí la primera. Y la explicación de Leibniz, basada en una disipación de la fuerza en las partículas de los cuerpos, prefigura la explicación científica aceptada actualmente, la de la transformación de la energía cinética en energía calórica –siendo ésta producto de la mayor excitación de las partículas.[27] Es decir, en Leibniz, independientemente de la precisión cuantitativa en la formulación de los conceptos, hay una anticipación del moderno principio de conservación de la energía.

En la siguiente respuesta –la 5ª, §§ 93-99–, Clarke se mantiene en su posición: "que las fuerzas activas en el mundo (lo que significa la cantidad de movimiento o fuerza impulsiva dada a los cuerpos)" disminuyen. Pero en realidad, las "soluciones" de Clarke (que son las newtonianas) no serán retenidas por el desarrollo posterior de la ciencia mecánica. Esta hará suya, por ejemplo, la indicación de la *vis activa* según Leibniz –y no la del *momentum* o cantidad de movimiento–, es decir, la proporcionalidad con el

---

25 Cf. Leibniz, *Brevis demonstratio erroris memorabilis Cartesii, et aliorum... semper quantitatem motus conservari* (1686), en Dutens, III, p.180ss.

26 La discusión detallada puede seguirse en: Dugas, *Histoire de la mécanique*, p.225ss; y Dugas, *La mécanique au XVIIe siècle*, p.477ss.

27 Dice, en efecto Leibniz: "Yo había sostenido que las fuerzas activas se conservan en el mundo. Se me objeta que dos cuerpos blandos o no elásticos, concurrentes entre sí, pierden fuerza. Yo respondo que no. Es cierto que los todos la pierden con respecto a su movimiento total, pero las partes la reciben siendo agitadas interiormente por la fuerza de la convergencia o del choque." (Escrito 5° de Leibniz, §99; Robinet, p.168; Rada, p.128).

cuadrado de la velocidad: será a la postre la que se formule como 'energía cinética' [½ $(m.v^2)$].

Pero el hecho concluyente es que la polémica se cierra –o se interrumpe– prácticamente en el mismo punto en que se inició, es decir en la cuestión de la conservación de la fuerza y en su correlato teológico –el tema del Dios-relojero–. Las anticipaciones de Leibniz en la formulación de un principio general de conservación de la energía no fueron recogidas por el inmediato desarrollo científico, ni impidieron la victoria del sistema newtoniano. Además, la formulación cuantitativa de Leibniz no era plenamente satisfactoria ni de aplicación general –sólo válida para el moderno concepto de energía cinética–; y ha de tenerse en cuenta que el proceso histórico que conduce a una formulación general del principio de conservación de la energía es un proceso lento y polivalente. Requirió la definitiva matematización de la mecánica (que culmina con Lagrange en 1788), el 'principio de mínima acción' (Maupertuis, 1744), y sobre todo el desarrollo más preciso de las ciencias físicas en ámbitos distintos de la mecánica de sólidos, o sea en calorimetría, termodinámica, química, etc. Todo ello para que las diversas intuiciones y medidas de la energía, relativas a esos diversos ámbitos, confluyeran finalmente en la formulación del citado principio de conservación de la energía, o sea en la idea de que la energía no se crea ni se destruye, sólo se transforma.[28]

También podría decirse que el desarrollo científico y filosófico ha ido adoptando progresivamente el punto de vista de Leibniz sobre la fuerza –digamos ya 'energía'– como un depósito presto a actuar, no como mera potencialidad o como simple medida adjunta al movimiento; en definitiva, como un interno principio de actividad.

Pero el reverso de estas anticipaciones lo hallamos en las imprecisiones de Leibniz sobre el concepto de 'materia', especialmente en los correlatos cuantitativos de este concepto –es decir, la 'masa' y la 'inercia'–. Uno de

---

[28] En cuanto a Lagrange, nos referimos a su *Mécanique analytique* (1788). En cuanto a Maupertuis, su gran aportación es la citada formulación del principio de mínima acción; la realiza en *Acuerdo de las diferentes leyes de la Naturaleza que hasta ahora parecían incompatibles* (1744) y luego en *La leyes del Movimiento y del Reposo deducidas de un principio metafísico* (1746). En general, sobre el proceso que conduce al principio de conservación de la energía, véase: Taton II, p.516-528, y III, p.313-339; Jammer, *Storia del concetto di forza*, p.170-200; y la monografía de Hiebert, *Historical Roots of the Principle of Conservation of Energy*.

los temas recurrentes será precisamente la discusión sobre la 'cantidad de materia' del mundo, cantidad que según Leibniz es máxima para garantizar el pleno total. Y como puede esperarse, esta discusión está directamente enlazada con la cuestión del vacío, con la concepción de un supuesto espacio vacante de materia, con las supuestas acciones a distancia a través de tal espacio vacante (es decir, la atracción gravitatoria).

La concepción de Leibniz acerca de la materia podría buscarse en un documento paralelo: concretamente en una carta de Leibniz a Conti de diciembre de 1715 –situada, pues, entre el Escrito 2º de Leibniz y la Respuesta 2ª de Clarke–. En este documento se pasa revista a las críticas al sistema newtoniano: el Dios interventor, el vacío y los átomos, el espacio absoluto, la filosofía experimental, la atracción y la gravedad, el espacio como *sensorium*. Y ahí se dice:

> La Materia propiamente no es una sustancia sino tan sólo sustanciada (*Substantiatum*), un fenómeno bien fundado y que no engaña, cuando se procede siguiendo las leyes ideales de la Aritmética, de la Geometría y de la Dinámica, etc... Todo lo que avanzo sobre esto parece demostrado. A propósito de la Dinámica o doctrina de las fuerzas, me sorprende que M. Newton y sus partidarios crean que Dios ha hecho tan mal su máquina y que si no interviniera extraordinariamente el reloj dejaría de funcionar.[29]

Otra vez aparece, pues, la crítica al Dios-relojero de Newton. Pero aquí el pasaje importante es el que define la materia como *substantiatium*, es decir como 'substanciada' –no como 'substancia'–, lo cual significa que la materia en el sentido tradicional de cuerpo extenso, resistente e impenetrable, no es substrato primero de lo existente, como tampoco lo es el espacio –para el que Leibniz también niega reiteradamente el calificativo de 'substancia'–. No hay, pues, una sustancia llamada 'materia' situada a parte, como tampoco hay otras sustancias inmateriales o incorporales llamadas 'espíritu', 'espacio', o 'tiempo', situadas a parte. Esta es cierta-mente una crítica coherente.

En conjunto, puede decirse que las objeciones leibnizianas al vacío basadas en la crítica al espacio absoluto de Newton son más contundentes; pero, en cambio, las objeciones basadas en la cuestión de la materia son

---

29 Carta de Leibniz a Conti de 6 diciembre 1715 (Robinet, p.42).

bastante débiles. Y efectivamente, la teoría leibniziana de la materia –al menos, como aparece en su polémica con Clarke– es poco convincente. Por ejemplo, en el Escrito 5° de Leibniz, se afirma que del hecho que el mercurio pese 14 veces el agua no se concluye que contenga 14 veces la 'cantidad de materia' del agua.[30] La cantidad de materia sería la misma, la cantidad marcada por la igualdad de volúmenes considerados. Con lo cual se llega a una afirmación que ya nos es familiar en Descartes, en Spinoza, en Hobbes: que la 'cantidad de materia' es equivalente al volumen. Y también se concluye que es incorrecto –que "es una ficción"– atribuir peso a toda materia. Conclusiones todas ellas propias de opiniones antivacuistas y antiatomistas.

Son opiniones que tienen su lógica, sobre todo en clave cartesiana (la materia equivalente a la extensión, y, por lo tanto, la cantidad de materia equivalente al volumen); pero que van a contracorriente de las intuiciones más inmediatas (por ejemplo, la percepción de densidades distintas en los cuerpos) y de las conceptualizaciones de la filosofía mecánica. Estas conceptualizaciones van en la dirección de considerar la 'masa' como una constante característica de cada porción y tipo de materia, constante que se traduce o se mide a través del 'peso'.

Leibniz puede tener sus razones, o sea su propia teoría de la materia, teoría distinta a la cartesiana –que la reduce a sola extensión–, pero estas razones resultan poco concluyentes ante las observaciones empíricas; y es así que Clarke en su Respuesta 5ª (§33-35) le replica con toda contundencia, haciendo ver las contradicciones de su oponente respecto a los conceptos de resistencia, de cantidad de materia, de peso, de viscosidad.[31] Esta teoría leibniziana de la materia es, cuando menos, confusa en la explicación de fenómenos tan simples como la observable diversa densidad del agua y del mercurio. Y también se le puede reprochar una incomprensión del concepto moderno de masa inercial, concepto alumbrado por Newton y que consiste en la persistencia en el movimiento uniforme (principio newtoniano de inercia) y no en el concepto antiguo de inercia como resistencia al movimiento.[32]

---

30 Cf. Escrito 5° de Leibniz, §35 (Robinet, p.138-9; Rada, p.109).

31 Cf. Robinet, p.192; Rada, p.142.

32 Jammer, *Storia del concetto di massa*, p.80-85, reseña dos opiniones contrapuestas: Mach afirma que Leibniz no comprendió el concepto de masa; por contra, Couturat opina que Leibniz prefigura el concepto moderno de masa, justamente porque se opone a la definición

La conclusión es que la teoría leibniziana de la materia, pese a sus interesantes apuntes, no ofrece en su momento un cuadro alternativo a las conceptualizaciones newtonianas, ni a las tendencias de la filosofía mecánica en general. Esta teoría leibniziana quiere huir del reduccionismo geométrico cartesiano y de la influencia atomista, y pretende insistir en un punto de vista que es nuevo: el doble carácter pasivo y activo de la materia, o más propiamente del fenómeno que llamamos 'materia' –de lo 'substanciado' como materia–. Por ello, no hay en Leibniz una radical separación entre lo espiritual y lo corporal, o dicho en términos físicos, entre la fuerza y la masa, entre la vertiente activa y la pasiva.

Este punto de vista es, visto *a posteriori*, enormemente fecundo, pero no alcanza a tener una influencia inmediata en el desarrollo científico. Prueba de ello es que la posterior admisión de su principio de la conservación de las fuerzas activas –argumento tan importante en la polémica con Clarke– será compatible con el triunfo de la física newtoniana: la máquina del mundo no requerirá la intervención divina, tal como había reivindicado Leibniz, pero esa máquina se regirá por las leyes establecidas por Newton; aunque sea, pues, al precio de reconocer un Dios ocioso.[33]

En suma, uno de los caballos de batalla de la polémica –la cuestión de la conservación de la fuerza y su correlato teológico– se saldaría con una victoria aplazada de Leibniz pero con su derrota *de facto*. Los principios leibnizianos "infectaron" –como dice Koyré[34]– a sus victoriosos rivales, pero su concepción dinámico-energética tardaría en ser asimilada. Pues, aunque ha de señalarse a Leibniz como el principal antecedente de los modernos conceptos de 'energía' y de 'organismo', prevaleció por mucho tiempo –al menos hasta finales del siglo XIX– una concepción mecánico-corpuscular. En realidad, más que de una asimilación de los apuntes de Leibniz, ha de hablarse de desarrollos –por cierto, bastante recientes– que sugieren notables similitudes con aquellos apuntes. Nos referimos, por

cartesiana de la materia como mera extensión. Esta disparidad de interpre-taciones ilustra lo poco clara que es la teoría leibniziana de la materia (que además ha de contar con la idea de la materia como 'substanciada'). Por otra parte, Koyré, en *Études newtoniennes*, p.102, señala la incomprensión de Leibniz hacia el concepto moderno –o sea, newtoniano– de inercia.

33 Cf. todo el último capítulo (Conclusión: el artífice divino y el 'Dieu fainéant') de Koyré, *Del mundo cerrado al universo infinito*.

34 Koyré, *Del mundo cerrado*, p.254.

ejemplo, al concepto de campo, a la complementariedad onda/partícula, a la equivalencia entre masa y energía.

En esta inadecuación entre las interesantes sugerencias de Leibniz y su escaso eco en el inmediato futuro cabe achacar cierta responsabilidad al propio Leibniz. Pues mientras su anticipación del concepto de energía es plenamente fecunda, no lo es su concepto de masa. A ésta se añade otra dificultad: la pretensión leibniziana de defender sus posiciones en clave de filosofía mecánica, pretensión llevada –como se verá inmediatamente– con cierta incoherencia.

III.III.3. *La materia, la masa y el vacío*

Los argumentos de Leibniz contra el vacío son básicamente de tres tipos:

1) los argumentos relacionados con la cuestión de la materia
2) los argumentos relacionados con la cuestión del espacio
3) los argumentos relacionados con premisas como los principios de razón suficiente y de identidad de los indiscernibles.[35]

La primera mención al problema del vacío la hallamos en el §2 del Escrito 2° de Leibniz, y se produce en estos términos:

> §2. Se continúa diciendo que según los principios matemáticos, es decir, según la filosofía de M. Newton (pues los principios matemáticos no deciden aquí nada), la materia es la parte menos considerable del Universo. Y es que él admite, además de la materia, un espacio vacío y, según él, la materia no ocupa más que una muy pequeña parte del espacio. Pero Demócrito y Epicuro han sostenido lo mismo, excepto que ellos difieren en esto de M. Newton en cuestiones de más o menos y que quizás en que, según ellos, había más materia en el mundo que según M. Newton. En lo cual yo creo que eran preferibles

[35] Obviamente, la cuestión del espacio –si absoluto o relativo– es la que ha merecido mayor atención a partir de la polémica Leibniz-Clarke. También han sido tratados profusamente los principios de razón suficiente y de identidad de los indiscernibles, convirtiéndose en temas recurrentes de la historia de la filosofía. Aquí, nos centramos en el aspecto más olvidado: la cuestión de la materia, pues es el más directamente relacionado con la cuestión del vacío. Además, el interés especial en este aspecto está justificado en razón de que en él se detectan los puntos débiles de la posición leibniziana.

> ellos, *pues cuanta más materia hay, más tiene Dios la ocasión de ejercer su sabiduría y su poder, y es por eso, entre otras razones, por lo que yo sostengo que no hay vacío en absoluto.*[36]

Este pasaje contiene tres importantes contenidos: en primer lugar, la referencia a la afirmación newtoniana sobre la materia como pequeña parte del universo; en segundo lugar, la referencia al vacuismo clásico (Demócrito y Epicuro), que confirma efectivamente la poca cantidad de vacío cósmico que imaginaban los atomistas antiguos; en tercer lugar, el contenido más importante, el argumento –derivado del principio de razón suficiente– en que Leibniz reclama el pleno de materia, entendiendo que así "más tiene Dios la ocasión de ejercer su sabiduría y su poder". Este tercer enunciado ha de considerarse prácticamente como un nuevo principio: el 'principio de plenitud' o 'principio de la máxima riqueza óntica'. Es el que conduce a toda la discusión sobre la cantidad de materia. Clarke responde que "por pequeña que sea la cantidad de materia no se disminuye el ejercicio de la Sabiduría y del Poder de Dios".[37] Leibniz replica con un postulado ya comentado: que toda sustancia creada se acompaña de materia.[38] Ahí reside el núcleo de la discrepancia, pues para Clarke (es decir, Newton) no toda sustancia creada –por ejemplo, el espacio– viene acompañada de materia.

Así pues, la polémica sobre el vacío conduce también, inevitablemente, a la cuestión del espacio, aspecto en el que la crítica de Leibniz es verdaderamente potente. Pero, probablemente, el "error" de Leibniz consista en aceptar como campo de disputa la cuestión de la 'cantidad de materia', en lugar de limitarse a la cuestión del espacio. Claro que la elección es suya al haber pretendido deducir de un principio general –el de razón suficiente– una conclusión precisa sobre la cantidad de materia. ¿Es finita o infinita esa cantidad?, ¿es el mundo –o sea, la totalidad de la materia– finito o infinito?

Este último tema se añadirá al desarrollo de la polémica. Es el que conduce a la cuestión del espacio 'imaginario', es decir, la cuestión del vacío extracósmico y de los límites del mundo. Por ejemplo, en una carta de Leibniz a Rémond, se argumentaba contra el espacio absoluto en estos términos:

---

36 Escrito 2° de Leibniz, §2 (Robinet, p.36; Rada, p.57-8). El subrayado es nuestro.

37 Respuesta 2ª de Clarke, §2 (Robinet, p.47-8; Rada, p.63).

38 Cf. Escrito 3° de Leibniz, §9 (Robinet, p.55; Rada, p.69-70).

> El Espacio que es un Idolum Tribus de muchos, como dice Verulamio, no es una sustancia, ni un ser absoluto, sino un orden como el tiempo. Es por eso que los antiguos tienen razón al llamar al espacio extramundano, o sea el espacio sin cuerpo, imaginario.[39]

Y a este pasaje hacía referencia Clarke en su Respuesta 3ª:

> Los antiguos no designaron a todo el espacio que está vacío de cuerpos, sino solamente al espacio que está fuera del mundo, con el nombre de espacio imaginario. El sentido de esto no es que tal espacio no sea real, sino solamente que no sabemos nada sobre qué clase de cosas hay en dicho espacio. Aquellos autores que con la palabra 'imaginario' pensaron en cualquier tiempo afirmar que el espacio no era real, no probaron con eso que no lo fuera.[40]

Es decir, se enfrentan distintas definiciones de 'espacio imaginario': la de Leibniz, que todo espacio vacío de cuerpo es 'imaginario'; la de Clarke, que ese 'imaginario' se refiere únicamente al espacio extramundano. Y como se ve, ambos contendientes coinciden en aceptar tal espacio extramundano, lo cual significa que parten del modelo cosmológico que hemos venido en llamar 'pseudoestoico'. Clarke, sin embargo, postula que ese espacio extramundano es real, de la misma naturaleza que el intramundano. Leibniz niega tal realidad al espacio 'imaginario', para subrayar la no-realidad del espacio en general.

Lo significativo aquí es la prudencia de ambos contendientes en pronunciarse por la infinitud del mundo.[41] Aunque, ciertamente, la insistencia de Leibniz en el principio de máxima riqueza óntica, uno de cuyos aspectos es la cuestión de la 'cantidad de materia', parece comprometerle en la infinitud; y Clarke aprovechará el resquicio para atacarlo.[42]

Por ejemplo, en la Respuesta 3ª de Clarke, §9, éste defiende la libertad de Dios para decidir qué proporción de materia ha de contener el mundo y

---

39 Carta de Leibniz a Rémond de 27 marzo 1716, Robinet, p.61-62.

40 Respuesta 3ª de Clarke, §2 (Robinet, p.69; Rada, p.73).

41 Por ejemplo Clarke en el §7 de su Respuesta 4ª (Robinet, p.109; Rada, p.90) dice: "El espacio extramundano (*si el mundo material es de dimensiones finitas*) no es imaginario, sino real." [el subrayado es nuestro].

42 Clarke utilizará, además, un argumento basado en el paralelismo entre el espacio y el tiempo: si el mundo no estuviera limitado (lo que parece negar Leibniz), sería eterno, lo cual contradice la acción creadora de Dios. Sobre este tema ver Koyré, *Del mundo cerrado*, p.237-243.

entiende que en esa decisión se ejerce la sabiduría divina.[43] Y lo que sigue en esta Respuesta 3ª va en la misma dirección: que la necesaria intervención divina –dada la disminución de las fuerzas–, o la concepción del espacio como *sensorium*, o la atracción gravitatoria a través del vacío, son aspectos solidarios de esa decisión divina que, al contrario de lo que piensa Leibniz, dignifica al Dios omnipresente y creador.

En este punto de la polémica, o sea en el punto que la ha dejado la Respuesta 3ª de Clarke, hay que subrayar el hecho de que los protagonistas, especialmente Leibniz, coincidan en caracterizarla como una disputa entre el pleno y el vacío. Lo prueban estos fragmentos de sus cartas a la Princesa de Gales:

> [...] afirmar el vacío en la naturaleza es atribuir a Dios una producción muy imperfecta; es violar el gran Principio de la necesidad de una razón suficiente [...] No hay, pues, vacío en absoluto, *pues la perfección de la materia es a la del vacío como la de algo a nada.*[44]
>
> No habría tocado esta cuestión del vacío si no hubiera encontrado que la opinión del vacío suprime las perfecciones de Dios, como casi todas las otras opiniones filosóficas que son contrarias a las mías. Pues las mías están casi todas ellas ligadas con el gran principio de la suprema razón y perfección de Dios.[45]

Es decir, según Leibniz, la cuestión del vacío decide, ni más ni menos, del grado de la perfección de Dios. Y el razonamiento se apoya en el principio de razón suficiente, razonamiento que se aplica ampliamente en el siguiente Escrito de Leibniz, el 4°. En éste, además, se añade un nuevo argumento, basado en el principio de identidad de los indiscernibles, que sirve para la refutación de los átomos:

> §4. No hay dos individuos indiscernibles. [...] Dos gotas de agua o de leche, miradas al microscopio, serán discernibles. Es un argumento contra los átomos, que no son menos combatidos que el vacío por los principios de la verdadera metafísica.[46]

---

43 Cf. Respuesta 3ª de Clarke, §9 (Robinet, p.70; Rada, p.74-5).

44 Leibniz a la Princesa de Gales, 12 mayo 1716 (Robinet, p.76-7; Rada, p.85). El subrayado es nuestro: obsérvese la insistencia en la 'perfección' de la materia.

45 Leibniz a la Princesa de Gales, 2 junio 1716 (Robinet, p.79; Rada, p.86).

46 Escrito 4° de Leibniz, §4 (Robinet, p.85; Rada, p.78-9).

Este argumento contra los átomos es el complemento lógico a la refutación del vacío, pues átomos y vacío son realidades complementarias en toda la tradición vacuista.

Para una mejor comprensión, podemos recapitular y presentar esquemáticamente los argumentos leibnizianos contra el vacío. Serían éstos:

- El 'principio de máxima riqueza óntica' (o 'principio de plenitud') obliga a desmentir la afirmación de Clarke sobre una limitada 'cantidad de materia'. Esa limitación implicaría el vacío.
- El vacío sería espacio sin cuerpo, una imposibilidad metafísica que remite a la refutación general del 'espacio absoluto' newtoniano y que se ilustra con el recurso al calificativo de espacio 'imaginario'. Este 'imaginario' es, según Leibniz, sinónimo de 'no real'.
- Se remite de un modo general al 'principio de razón suficiente'. Este principio implica el pleno de materia y, por lo tanto, la no admisión del vacío.
- El 'principio de identidad de los indiscernibles' sirve para refutar los átomos. No habiendo átomos, no hay vacío.[47]

Sigamos ahora el hilo de la polémica dónde se dejó, o sea en el Escrito 4° de Leibniz. En cuanto al espacio 'imaginario', se insiste en los mismos términos que en anteriores ocasiones: que tal espacio imaginario, tanto el extramundano como cualquier otro privado de materia, no es real.[48] Y en cuanto a la 'cantidad de materia', Leibniz repite su posición: que no puede limitarse tal 'cantidad de materia', apostando de un modo radical por que esa cantidad sea máxima.[49] Sin embargo, este modo de negar el vacío ha de reportarle serias críticas por parte de Clarke. Éste, en su Respuesta 4ª, colocará a Leibniz ante la consecuencia inevitable de su razonamiento: que el mundo material habrá de ser infinito y eterno, lo cual contradiría la decisión creadora de Dios.[50]

---

47 También se aplicará el principio de identidad de los indiscernibles a la refutación del espacio absoluto. Cf. Escrito 3° de Leibniz, §5 (Robinet, p.53; Rada, p.68).

48 Cf. §7 y §14 de este Escrito 4° de Leibniz (Robinet, p.85 y 89; Rada, p.79 y 81).

49 Cf. §§21-23, Escrito 4° de Leibniz (Robinet, p.91; Rada, p.81).

50 Cf. §§21-23, Respuesta 4ª de Clarke (Robinet, p.113; Rada, p.94).

Por otra parte, Clarke en esta Respuesta 4ª hace referencia por primera vez a los experimentos del vacío:

> En un recipiente del que se ha extraído aire, los rayos de luz y quizás alguna otra materia están allí en muy pequeña cantidad, sin embargo la falta de resistencia muestra que la mayor parte de ese espacio está vacío de materia, pues la sutileza o finura de la materia no puede ser causa de la falta de resistencia. El mercurio es tan sutil, está compuesto de partes tan finas, y es tan fluido como el agua y, sin embargo, tiene más de diez veces su resistencia. La cual procede por esto de la cantidad y no de la extensión de la materia.[51]

Como se ve, tampoco la posición de Clarke parece muy concluyente, pues no afirma de modo radical un vacío perfecto en los experimentos del vacío. Aunque, si bien se mira, tal vacilación es consecuente con su concepción atomista de la materia: lo que sí puede asegurar, según esta concepción, es una menor cantidad de materia y consecuentemente una parte de vacío en esos recipientes vaciados. Y seguidamente, en el §9, se da una precisión que es crucial para entender el sentido de la discrepancia con Leibniz. Dice ahí Clarke:

> §9. El espacio vacío no es un atributo sin sujeto, porque no entendemos nunca por espacio vacío el espacio vacío de toda cosa, sino solamente el vacío de cuerpo. Dios ciertamente, y posiblemente muchas otras sustancias que no son materia, están presentes en todo espacio vacío, no siendo ni tangibles ni objetos de ninguno de nuestros sentidos.[52]

Es decir, Clarke precisa que sólo se refiere al vacío de materia y entiende que en ese vacío otras sustancias no materiales pueden estar presentes, afirmación que ha de tomarse como parte de la larga historia sobre la problemática relación entre el vacío y el éter. Lo que ocurre es que para Leibniz todo lo que se manifiesta espacialmente es materia, se 'substancia' como materia; por lo tanto, no cabe referirse a sustancias inmateriales que tengan correlato espacial. Este es el fondo de la cuestión.

Pero Leibniz seguirá insistiendo en la vertiente cuantitativa, en la 'cantidad de materia'; y ahí reside su punto débil. Así en su extenso Escrito

---

51 §7, Respuesta 4ª de Clarke (Robinet, p.109; Rada, p.90-1.

52 Respuesta 4ª de Clarke,§9 (Robinet, p.110; Rada, p.91).

5°, junto a la reiteración de sus opiniones sobre el espacio 'imaginario' y contra los átomos, intentará replicar al §7 de Clarke –el que hacía referencia a los experimentos del vacío– en unos términos poco convincentes. Conviene reproducir los pasajes más significativos de esta réplica:

> §34. Se me objeta con el vacío descubierto por M. Guericke de Magdeburgo, obtenido bombeando el aire de un recipiente; y se pretende que hay verdaderamente vacío perfecto, o espacio sin materia, al menos en parte, en ese recipiente. Los aristotélicos y los cartesianos que no admiten el verdadero vacío han respondido a esta experiencia de M. Guericke tanto como a la de M. Torricelli de Florencia [...] Y yo soy de su opinión [...] Los nuevos partidarios del vacío responden [...] que no es el grosor de la materia, sino simplemente su cantidad, lo que hace resistencia y, consecuentemente, que hay necesariamente más vacío allí donde hay menos resistencia. Se añade que la sutileza no importa nada y que las partes del mercurio son tan sutiles y finas como las del agua y que, sin embargo, el mercurio resiste diez veces más. A esto yo replico que no es tanto la cantidad de materia cuanto la dificultad que opone a ceder lo que hace la resistencia [...]
> §35. En cuanto al mercurio, en verdad contiene aproximadamente catorce veces más de pesadez que el agua con un volumen igual; de ello no se sigue que contenga catorce veces más de materia absoluta. Al contrario, el agua contiene otro tanto [...] Pues es una extraña ficción la de dotar de peso a toda materia.[53]

Leibniz sigue aquí la opinión antivacuista de aristotélicos y cartesianos, y no reconoce, pues, la validez de los experimentos de Guericke y de Torricelli. Como aquéllos, parece adherirse a la opinión que afirma la presencia de una materia sutil. El problema es homologar tal materia sutil a las propiedades generales de la materia (como son resistencia, peso) y al concepto de 'cantidad de materia'.

La solución de Clarke, o sea que la resistencia depende de la cantidad de materia, que tal cantidad es la masa y ésta se mide por el peso, es más consecuente. Pretender, como hace Leibniz, que la resistencia es independiente de la cantidad de materia, que depende de una variable tan imprecisa como la sutilidad, conduce a conclusiones sorprendentes. Tal es el caso del §35: se afirma la igualdad de 'cantidad de materia' de mercurio y agua, pero se admite una diferencia de pesos. Según esto, la 'cantidad de materia' equivale a volumen, a pura extensión; entonces sería indiferente referirse a

[53] Escrito 5° de Leibniz (Robinet, p.137-9; Rada, p.107-9).

mercurio, a madera, o a agua, cuando se supone que la función del concepto de 'cantidad de materia' es dar cuenta de estas cantidades que son distintas por la observación. Ahí está lo "absurdo" del concepto leibniziano de 'cantidad de materia'.

La otra conclusión a que se ve obligado Leibniz es que no toda materia debe ser pesada, conclusión aparentemente correcta si se considera por ejemplo la liviandad del aire. Pero tal objeción ya fue contestada apelando al principio de Arquímedes: la no caída del aire –o sea, su aparente no-peso– es fruto de la interacción, de los desplazamientos, con otras materias más densas. El peso (y la presión) del aire es ya, a estas alturas del siglo XVIII, una conclusión reconocida.

En consecuencia, ni la tesis de la igualdad de las cantidades de materia, ni la tesis de la no generalización del concepto de peso para toda materia, son opiniones conformes a una filosofía mecánica que, por otra parte, Leibniz se esfuerza en reivindicar. En cambio, la consideración de la resistencia en términos de masa es un concepto más claro y más acorde con la experiencia. En este caso, la observable ausencia o disminución de la resistencia en los experimentos del vacío avalaría la concepción de una ausencia o disminución de la materia, y, por lo tanto, la concepción de un espacio vacío.

Ciertamente, no puede reducirse el "error" de Leibniz a una supuesta incongruencia con las observaciones empíricas. Las observaciones no ofrecen sin otras mediaciones los conceptos de 'masa', de 'cantidad de materia', de 'peso', o de 'resistencia', ni el de 'vacío'. Estos conceptos y su cuantificación obedecen a teorías. Aquí, las soluciones de Clarke siguen la tradición teórica atomista, siendo ésta su marco de referencia; y las soluciones de Leibniz obedecen a una coherencia que incluye otras consideraciones seguramente más consistentes que la específica sobre la 'cantidad de materia'. Por ejemplo, toda la crítica al espacio absoluto es una argumentación muy solvente contra el vacío, en la medida que en la cuestión del vacío está implicada –junto a la cuestión de la materia– la cuestión del espacio. Pues Leibniz, a diferencia de Descartes, no confunde espacio y materia.[54]

[54] Véase por ejemplo el §62 del Escrito 5º de Leibniz: "No digo que la materia y el espacio sean la misma cosa; digo solamente que no hay espacio allí donde no hay materia y que el espacio en sí mismo no es una realidad absoluta. El espacio y la materia difieren como el

Un ejemplo elocuente de esta gran confrontación teórica es el debate sobre la filosofía mecánica. Este se centra en la crítica leibniziana a la concepción newtoniana de la atracción gravitatoria y en la consecuente réplica de Clarke. Leibniz reprocha a Newton que tal atracción sería una 'cualidad oculta'[55], o un milagro perpetuo, y por lo tanto contrario a los principios de la filosofía mecánica; y con mayor razón –según Leibniz– al postularse que esta atracción se produce a través del vacío. La respuesta de Clarke consiste en asumir en cierto modo los límites de la explicación mecánica, justamente para enfatizar la concepción del espacio como *sensorium Dei* y la necesidad de una intervención divina permanente.

Lo importante aquí es retener que, en la controversia entre Leibniz y Clarke, el primero adopta el papel de defensor de la filosofía mecánica, mientras el segundo asume los límites de tal filosofía. Esta caracterización apuntada por Leibniz, que sería válida para cuestiones como la conservación de la fuerza, entra, sin embargo, en contradicción con la concepción no-mecánica de la materia (de la 'cantidad de materia') del propio Leibniz. Por eso, a la postre, la concepción newtoniana de la atracción gravitatoria pudo ser reconducida al marco estricto de una explicación mecánica, aunque en el momento de su elaboración y de la defensa realizada por Clarke no tuviera esas connotaciones mecánicas. En cambio, la concepción leibniziana de la materia no pudo ser asimilada a la corriente de la filosofía mecánica.

En suma, en cuanto al vacío, el punto débil de Leibniz se localiza en su concepción de la materia, de la materia considerada como masa; por el contrario, su punto fuerte está en la cuestión estricta del espacio. Así, su crítica a los correlatos teológicos del espacio y a la concepción de un 'espacio absoluto' es una crítica verdaderamente potente y coherente. Pero habría de preguntarse porqué no podría ser compatible un espacio concebido a la manera de Leibniz con el vacío. Pues, además, el desarrollo

tiempo y el movimiento. Sin embargo, esas cosas, aunque diferentes, son inseparables." (Robinet, p.155; Rada, p.119).

55 La crítica a la atracción como 'cualidad oculta' aparece en §113 y §122 del Escrito 5º de Leibniz; la réplica en la Respuesta 5ª de Clarke, §110-116 y §118-123. Para una comprensión completa véase: Koyré, "L'attraction, une qualité occulte?", *Études newtoniennes*, p.180-8; Hutchinson, "What happened to Occult Qualities in the Scientific Revolution?".

científico posterior lo permite en cierto modo. O sea: ¿porqué un espacio relativo no podría admitir el vacío?

Según Leibniz, esto sería imposible. Se trata de profundizar en las razones de esta incompatibilidad. Su núcleo es lo que llamamos 'principio de plenitud'.

III.III.4. *El principio de plenitud*

Por 'principio de plenitud' ha de entenderse la tendencia o gran corriente del pensamiento occidental que postula una necesaria continuidad en la diversidad de lo existente, que afirma la imposibilidad de hiatos en la 'cadena del Ser'.[56] Y uno de sus aspectos consiste evidentemente en el rechazo del vacío, en la afirmación de la imposibilidad metafísica del vacío. Aunque también ha de recordarse nuevamente que tal principio de plenitud pudo derivar, en ciertos casos, hacia la admisión del vacío; tal es el caso de More o del propio Newton y de su portavoz Clarke, para quienes la plenitud divina se manifiesta a través del espacio absoluto, una plenitud que es compatible con el vacío. Y esa compatibilidad se ve muy claramente expresada en uno de los pasajes cruciales de la polémica, aquél en que Clarke aclaraba que

> no entendemos nunca por espacio vacío el espacio vacío de toda cosa, sino solamente el vacío de cuerpo. Dios ciertamente, y posiblemente muchas otras sustancias que no son materia, están presentes en todo espacio vacío.[57]

Pero en Leibniz, por el contrario, el principio de plenitud se afirma radicalmente como principio incompatible con la admisión del vacío. En su caso, el principio de plenitud presenta básicamente estos cuatro aspectos:

- como derivado del principio de razón suficiente
- como derivado del principio de identidad de los indiscernibles
- como derivado del principio de continuidad
- como derivado del principio de la armonía preestablecida

---

[56] Esta tendencia ha sido perfectamente estudiada por Lovejoy, *La gran cadena del Ser. Historia de una idea.* Consúltese también Tillyard, *La cosmovisión isabelina,* especialmente capítulos III (La cadena del ser) y IV (Los eslabones de la cadena), p.46-135.

[57] Respuesta 4ª de Clarke, §9 (Robinet, p.110; Rada, p.91).

En cuanto al primer aspecto, relativo al principio de razón suficiente, cabe resaltar la gran importancia dada por Leibniz a tal principio. De hecho, según Leibniz, sus argumentos y el conjunto de la polémica con Clarke se reducirían a esa gran cuestión, a aceptar o no tal principio.[58] Y, concretamente en los primeros parágrafos de su Escrito 2°, Leibniz deduce de este gran principio general ese otro de la 'máxima riqueza óntica': "cuanta más materia hay, más tiene Dios la ocasión de ejercer su sabiduría y su poder, y es por eso, entre otras razones, por lo que yo sostengo que no hay vacío en absoluto".[59] Del principio de razón suficiente se deduce el *plenum* de materia; y este argumento conduce a toda la discusión –ya analizada– sobre la 'cantidad de materia'.

En cuanto al segundo aspecto, relativo al principio de identidad de los indiscernibles, su aplicación conduce a la crítica del espacio absoluto y sobre todo al rechazo del atomismo. El rechazo de los átomos es obviamente otro camino para rechazar el vacío, pues 'átomos' y 'vacío' son tesis complementarias. Tal crítica del 'átomos y vacío' se ilustra con el ejemplo de la discernibilidad de objetos tales como hojas y gotas de agua.[60] Tales objetos muestran, gracias al microscopio, una diversidad cuasi-infinita en su interior: son mundos de una complejidad parecida al visible.

Como es de suponer, tal plenitud derivada del rechazo del atomismo –y éste a su vez del principio de identidad de los indiscernibles– se complementa con la aplicación del principio de continuidad, que es el tercer aspecto a considerar. Si la hipótesis atomista es incorrecta quiere decir que

58 Lo dice Leibniz en una carta a Rémond de 19 octubre 1716: "He reducido el estado de nuestra disputa a ese gran axioma, que nada existe u ocurre sin que haya una razón suficiente para que sea así y no de otro modo. [...] Si se está de acuerdo, adiós al vacío, a los átomos y a toda la filosofía de M. Newton" (Robinet, p.185-6). La carta es justo posterior al Escrito 5° de Leibniz, escrito que se cierra (§§125-130) también con similar énfasis en el principio de razón suficiente. Y en consecuencia, la Respuesta 5ª de Clarke (§124-130) también se cierra –y con ella, el conjunto de la polémica– con ese tema.

59 Escrito 2° de Leibniz, §2 (Rada, p.58; Robinet, p.36). El principio de 'máxima riqueza óntica' (cf. Koyré, *De la mystique à la science*, p.152-155) se proyecta y se refleja en otras dos cuestiones típicamente leibnizianas: la cuestión de la 'composibilidad', la discusión sobre el 'optimismo'. Cf. Lovejoy, *La gran cadena del Ser*, especialmente capítulos V (Plenitud y razón suficiente en Leibniz y Spinoza) y VII (El principio de plenitud y el optimismo dieciochesco); Deleuze, *El pliegue. Leibniz y el barroco*, p.81-100.

60 Cf. Escrito 4° de Leibniz, §4 ; y Escrito 5° de Leibniz, §23. Es la misma imagen de la plenitud expresada en varios parágrafos de la *Monadología*, especialmente los §§67 y 68.

la subdivisión de la materia no tiene límite, que esta subdivisión se prolonga al infinito, opinión expresada de modo radical en la *Monadología*.[61]

Es decir, la subdivisión ilimitada de la materia garantiza el *continuum* (otro modo de designar el *plenum*). Claro que este postulado conduce a paradojas[62] al igual que el postulado contrario de la subdivisión limitada: es una discusión tan antigua como la filosofía atomista, y sus paradójicas alternativas ya fueron señaladas por Zenón de Elea.

En cuanto al cuarto aspecto, el principio de la armonía preestablecida, una clave ya nos viene señalada al final del §65 de la *Monadología*: "de otra manera sería imposible que cada porción de la materia pudiera expresar todo el universo". Es decir, el *plenum* entendido como perfecta continuidad y contigüidad viene exigido también por una concepción que postula una especie de cohesión cósmica. Esta cohesión viene garantizada por el *plenum*; un vacío la imposibilitaría. Y así se manifiesta en la *Monadología*:

> §61. Y los compuestos están en esto de acuerdo con los simples. Porque, *como todo está lleno, lo que hace que toda la materia esté ligada*, y como en lo lleno todo movimiento produce algún efecto sobre los cuerpos distantes, a medida de la distancia, de tal manera que cada cuerpo está afectado no solamente por aquéllos que le tocan, y no sólo se resiente de algún modo por lo que les sucede a éstos, sino que también por medio de ellos se resiente de los que tocan a los primeros, por los cuales es tocado inmediatamente. De donde se sigue que esta comunicación se transmite a cualquier distancia que sea. Y, por consiguiente, *todo cuerpo se resiente de todo lo que se haga en el universo*; de tal modo que *aquél que lo ve todo podría leer en cada uno lo que ocurre en todas partes*, e, incluso, lo que ocurre y lo que ocurrirá; advirtiendo en el presente lo que está alejado, tanto según los tiempos como según los lugares σύμπντα πάντα que decía Hipócrates. Pero un Alma no puede leer en sí misma más que lo que se le

61 Dice Leibniz: "... cada porción de la materia no es solamente divisible hasta el infinito, como reconocieron los antiguos, sino que incluso cada una de las partes está subdividida actualmente y sin fin en partes" (Leibniz, *Monadología*, §65, p.42). En idénticos términos en el Escrito 5° de Leibniz, §22 (Robinet, p.132; Rada, p.105).

62 Por ejemplo, cabe preguntarse: si esta subdivisión no tiene límite, ¿cómo puede afirmarse que estas últimas partes –átomos puntuales– son distintas? Es decir, el propio principio leibniziano de la identidad de los indiscernibles –que él aplica a la refutación del atomismo– también puede aplicarse a la refutación de la subdivisión ilimitada defendida por Leibniz.

representa distintamente, no sabría desplegar de una vez todos sus repliegues porque se extienden al infinito.[63]

El pleno garantiza, pues, la comunicación de los efectos; y, de este modo, el todo se nos ofrece como un todo cohesionado cuyas partes, además, son expresiones de ese todo ("se puede leer en cada uno lo que ocurre en todas partes"). La admisión del vacío arruinaría esa comunicación y esa cohesión, pues evidentemente Leibniz niega la acción a distancia sin un medio que la transmita. Por otra parte, este parágrafo sugiere la importante cuestión de la tensión entre 'mecanicismo' y 'organicismo' en la filosofía de Leibniz. Pues, por un lado, se indica un modo de acción por contacto –que es típicamente mecanicista–, que deriva incluso hacia un apunte 'determinista'; y, por otro lado, se insiste en la idea del reflejo y de la expresión del todo en las partes, y viceversa –que es lo propio de la visión 'organicista'–.

Esta tensión también está presente en la polémica con Clarke. Así, en el rechazo de la atracción gravitatoria a través del vacío, los argumentos de Leibniz siguen el curso de los típicos argumentos del mecanicismo de la contigüidad; pero, por otra parte, la crítica al espacio como *sensorium Dei*, al derivar hacia el problema de la relación entre alma y cuerpo, presenta los argumentos 'organicistas' de la adecuación entre alma y cuerpo, adecuación que no recurre al modelo dualista de la acción de las sustancias inmateriales sobre las materiales. Esta adecuación es la que recibe la denominación de 'armonía preestablecida'.

Tal armonía rige también en la cuestión del movimiento de la materia. En efecto, según Leibniz, el postulado –defendido por los newtonianos– de una necesaria renovación de la fuerza para asegurar la marcha de la máquina del mundo es un postulado incorrecto. Es la adecuación entre fuerza y materia, en virtud del principio de la armonía preestablecida, lo que garantiza esa marcha del mundo, sin necesidad de intervenciones sobrenaturales.

Se comprende, pues, que la concepción de Dios como Inteligencia supramundana, la adecuación preestablecida entre alma y cuerpo, y la conservación de la fuerza en el todo material, son tres aspectos solidarios

---

63 Leibniz, *Monadología*, §61, p.40-1 (el subrayado es nuestro). También en §62, p.41: "...Y como este cuerpo expresa todo el universo por la conexión de toda la materia en lo lleno..."

del mismo principio de la armonía preestablecida. Esta armonía implica la cohesión del todo y la correspondencia entre la parte y el todo. Ambas condiciones, cohesión y correspondencia, se enfrentan directamente a la hipótesis del vacío: éste impediría la comunicación entre las partes y el todo.

Este es, en síntesis, el alcance del 'principio de plenitud' en relación a su cuarto aspecto, el derivado del principio de la armonía preestablecida.

Respecto a este principio leibniziano de plenitud, conviene fijar la atención en este aspecto de la cohesión universal y de la correspondencia entre lo Uno y el Todo. El propio Leibniz lo había destacado precisamente en sus comentarios de la filosofía china: el *Li*, como principio último, viene a expresar la correspondencia entre la multiplicidad de lo existente y la unidad interna que lo rige. Igualmente, en los comentarios a la génesis binaria de los números, también señalaba la correspondencia entre lo múltiple (la diversidad de los números) y el 'Uno' formador.

Recordemos, por ejemplo, las anotaciones de Leibniz al tratado de Longobardi: en su sección 14 –relativa a los atributos dados por los chinos al *Li* o primer principio–, se recuerda el axioma latino "Omnia sunt Unum" ("Todos son Uno").[64] Este viejo *dictum* ha de relacionarse, evidentemente, con toda la corriente mágico-renacentista de las correspondencias y de la cadena del Ser, en definitiva, con las anteriores concepciones del principio de plenitud –por ejemplo, las concepciones de un Fludd o de otros representantes del estilo rosacruz–. Leibniz sería heredero de esta tradición.

Pero, también Clarke y Newton son a su modo herederos de la misma idea de la cohesión del todo; sólo que esta idea ha adoptado en ellos una importante inflexión. Ellos distinguen entre materia y espacio, hacen del espacio el lugar de la cohesión, y consideran el espacio vacío como la expresión más genuina de la distinción entre materia y no-materia y como el lugar de la presencia espiritual divina –la garante de la cohesión del todo–.

A la vista de esa doble derivación del viejo principio de plenitud, uno puede preguntarse nuevamente sobre el porqué de la incompatibilidad entre el vacío y la concepción de Leibniz. Obviamente, según el discurso explícito de Leibniz, la incompatibilidad es evidente. Pero la pregunta viene autorizada vistas las victorias aplazadas de Leibniz sobre las cuestiones del espacio relativo y de la conservación de la fuerza (energía), victorias compatibles con la aceptación de un vacío espacial.

---

64 Cf. Dutens, IV/1, p.130.

Una primera respuesta la hallamos en el ya comentado rodeo de Leibniz a la indicación de la vacuidad en los chinos. En efecto, en su *Lettre à Rémond sur la philosophie chinoise*, reconducía ese atributo de la vacuidad a su definición del espacio como orden coexistente de las cosas[65]; y, en su comentario al tratado de Longobardi, apelaba a la identidad entre vacuidad y plenitud.[66] En una palabra, la cuestión del vacío era la única rehuida en el conjunto de su defensa de la filosofía china.

Una segunda respuesta se halla en la ya comentada tensión entre 'organicismo' y 'mecanicismo'. Por una parte, su concepción organicista de las correspondencias universales, de las adecuaciones de las partes al todo, recuerda efectivamente el modo en que el *Li* rige las cosas –sin intervención externa, en virtud de un principio interno–, como una adecuación al todo orgánico; pero, por otra parte, su defensa en clave mecánica de las interacciones de los cuerpos limita el alcance de su vertiente organicista. Como dice Jammer[67], el choque es su único modelo mecánico, y la difusión de los efectos sólo es concebida en términos de choque entre porciones contiguas. Pero este modelo limita en alto grado la eficacia y la plasticidad de la adecuación de las partes a su principio interno u orgánico. Hay, pues, una cierta contradicción entre la vertiente organicista y la mecanicista, entre 'dinamismo' y 'mecanicismo'. Dicho en términos más modernos, el apego al mecanicismo impide la consideración de la fuerza en términos de campos, y, por lo tanto, de lo indiferente del medio en la configuración de esos campos de fuerza. Esa vía es la que permite concebir el espacio, incluido el espacio vacío, como ámbito de los campos de fuerza, y ello con independencia de si tal espacio es absoluto o relativo. Es la vía no adoptada por Leibniz.

Puede concluirse con la formulación de algunos interrogantes, partiendo de sugerencias derivadas de los propios apuntes de Leibniz. Estos son:

- ¿Por qué el espacio relativo no podría ser compatible con el espacio vacío? Esta posibilidad está sugerida en la propia respuesta de Leibniz a la indicación de la vacuidad por parte de los chinos.

---

65 Cf. Dutens, IV/1, p.173.

66 Cf. Dutens, IV/1, p.131 n.86.

67 Cf. Jammer, *Storia del concetto di forza*, p.182.

- ¿Por qué el énfasis en la fuerza no habría de conducir a una distinción más neta entre ésta y la materia-masa? Esta distinción, que luego sería la clásica distinción entre energía y materia, permite considerar la primera con independencia del medio –por lo tanto, admitiendo un espacio vacío– y la segunda ligada a las típicas características de extensión, impenetrabilidad, movilidad, masa. La primera, con sus características de difusión, penetrabilidad, plasticidad, se adecuaría mejor a las pautas organicistas.
- Y yendo algo más lejos del marco conceptual habitual, ¿porqué el postulado de la infinita divisibilidad de la materia no habría de conducir a una concepción que redujera esa materia a vacío –por así decirlo, a su disolución en los puntos inextensos que son su constitución última–? Esta argumentación, habitual en las tradiciones orientales, permite el paso de la plenitud a la vacuidad, de la consideración en términos de vacío a la consideración en términos de materia.

Todas esas posibilidades, compatibles en cierto modo con las premisas del propio Leibniz, obviamente no fueron desarrolladas. Más allá de la coherencia de los propios razonamientos de Leibniz, las razones de tal resultado se resumen en tres: apego a la consideración de que todo lo extenso "se substancia" como materia; apego a los modelos mecanicistas de la contigüidad y del choque; y, sobre todo, apego al principio de plenitud.

CAPÍTULO III.IV.

Y DESPUÉS

III.IV.1. *La victoria de Newton*

El sistema de Newton ha reinado hasta el inicio del siglo XX, o sea hasta las revoluciones introducidas por Einstein y por Planck en las concepciones de las ciencias físicas. Este es un dato indiscutible. Y en este conjunto, ha de destacarse –especialmente desde el punto de vista que aquí nos ocupa– que la victoria del sistema newtoniano supuso esencialmente la plena normalización del elemento vacío en la imagen del mundo físico. De esta victoria del vacío gracias a la victoria newtoniana, y de las transformaciones que sufre el concepto de vacío respecto a las originales explicaciones de Newton, trata esta breve consideración del "después" a la época de clímax de la controversia vacuista.

En primer lugar, efectivamente, la gran contribución de la revolución newtoniana consiste en promover la plena aceptación del vacío como elemento constituyente del mundo. Y con un alcance que es nuevo: pues de los tres vacíos considerados según la clasificación tradicional –vacío intersticial, vacío continuo y vacío cósmico– el último de éstos nunca había alcanzado un reconocimiento tan radical. El vacío, de ser a lo más una realidad aceptable, deviene con Newton una realidad imprescindible. Es la nueva imagen cosmológica de las inmensidades espaciales vacías. Esa es la revolución newtoniana en su vertiente cosmológica.

Como ya se ha dicho en varias ocasiones, la concepción newtoniana del vacío cósmico va más allá de lo apuntado por la tradición atomista, o por los propios vacuistas modernos (caso de Torricelli).[1] Los conceptos newtonianos trastocan absolutamente la visión que pudiera tenerse sobre las proporciones relativas de materia y de vacío en el mundo. Bentley, por ejemplo, ofrece el siguiente cálculo: en la región solar, los espacios vacíos ocupan un espacio $8{,}575 \,.\, 10^{17}$ veces superior al espacio ocupado por la materia; y en "el interior de la concavidad del Firmamento" –o sea en el todo mundano–, la proporción es de $6{,}86 \,.\, 10^{21}$ veces.[2] Hay, pues, una enormidad de vacío frente a la pequeñez de materia; el vacío es la parte mayoritaria, con mucho, del mundo. Y esos o parecidos cálculos van a ser retenidos en la imagen cosmológica que perdura hasta hoy mismo.

La nueva cosmología vacuista newtoniana venció, no sin arduas y prolongadas resistencias, a las teorías plenistas de los torbellinos. Según estas teorías el movimiento de los cuerpos celestes se produce por el efecto de arrastre de un éter o materia sutil que ha de llenar forzosamente los espacios cósmicos. Frente a tales teorías plenistas se alza la cosmología vacuista newtoniana. Como dijo irónicamente Voltaire en sus *Lettres*, el pleno regía en Francia y el vacío reinaba en Inglaterra.[3] Y esa división de opiniones perduró hasta bien entrado el siglo XVIII. El propio Voltaire, entre otros, se encargó de entronizar la opinión de Newton y hacerla triunfar entre los ilustrados del continente, convirtiéndose así en la opinión común tanto en los medios científicos como en los filosóficos.[4]

De esta victoria newtoniana en la vertiente cosmológica ha de destacarse el paso explícito a la infinitud. Como se recordará, en la polémica entre Leibniz y Clarke, éste le reprocha la afirmación sobre la máxima cantidad de materia y deduce que tal afirmación conduce a postular la eternidad y la ilimitación del mundo, lo cual contradiría el papel creador de Dios. El marco de referencia de esta discusión es obviamente el modelo de

1 La única excepción como antecedente de una clara reivindicación del vacío cósmico es el caso Guericke. Ver apartados II.I.5. y II.II.6.

2 Cf. Bentley, *A Confutation of atheism*, p.14; Koyré, *Études newtoniennes*, p.206.

3 Cf. Voltaire, *Lettres philosophiques*,, vol.2, p.1 [*Cartas filosóficas*, Catorceava carta, p.117].

4 Sobre la lucha y la victoria newtoniana véase Taton II, p.516-18 y 529-549. En el papel de introductores de la física newtoniana destacan Musschenbroeck, s'Gravesande, Maupertuis, el propio Voltaire, Fontenelle, etc. Cf. Brunet, *L'introduction des théories de Newton en France au XVIIIe siècle*; Guerlac, *Newton on the Continent.*

un mundo ceñido por un firmamento. Pues bien, la aceptación de la cosmología newtoniana conlleva la disolución de la referencia a un firmamento o límite mundano: la infinitud del espacio se proyecta a la infinitud del mundo; ya no habrá razón para admitir un límite en sus dimensiones espaciales y temporales. Tal paso se hace explícito, por ejemplo, en la *Exposition du système du monde* de Laplace, en la que se admite tal infinitud –al precio incluso de reconocer la futilidad del papel de Dios–; y viene anunciado en la larga tradición de la pluralidad de mundos.

De este modo, disuelto el firmamento y disueltos los orbes planetarios, se producía de modo visible la unificación de los viejos espacios intra y extracósmicos en una inmensidad homogénea que contiene con toda probabilidad un número indeterminado de mundos (hoy decimos sistemas planetarios, galaxias, etc). Y esa inmensidad es, según la cosmología newtoniana, en su mayor parte vacía.

En segundo lugar, otro efecto de la victoria newtoniana consiste en la disolución de las viejas objeciones sobre la atracción gravitatoria a través del vacío. Leibniz había reprochado que tal atracción sería una 'cualidad oculta', un milagro perpetuo, no conforme a los principios de la filosofía mecánica; además, la atracción gravitatoria a través del vacío venía ser una inaceptable 'acción a distancia'. Ni el propio Newton llegó a aceptar tal 'acción a distancia' ni afirmó que conociera la causa primaria según la cual se producía la atracción gravitatoria. Pero sin saber el porqué, sí sabía el cómo. Y habiendo dejado para la posteridad su famosa declaración del *hypotheses non fingo* [5], a la postre ese cómo se convirtió de hecho en un equivalente del porqué.

La atracción gravitatoria se hizo, pues, propiedad esencial de la materia, con el mismo estatuto que otras propiedades clásicas (la extensión, la movilidad, la impenetrabilidad). Así lo declaraba Voltaire, o poco antes Maupertuis, al decir que la gravedad al modo descrito por Newton era una "cuestión de hecho".[6] Y así lo retuvo el futuro con la victoria newtoniana; o sea, sin que se hallara inconveniente en la consideración de la gravedad

[5] Contenida en el Escolio general a la segunda edición de los *Principia* de Newton (1713). El tema ya ha sido tratado: básicamente, en los apartados II.II.9. y II.III.4.

[6] Maupertuis lo afirma en su obra de 1732, *Discurso sobre las diferentes figuras de los astros*, y Voltaire una año después en Quinceava Carta de sus *Cartas filosóficas* (1ª ed. inglesa de 1733).

como propiedad esencial de la materia ni en su "extraño" modo de operar a distancia.

Desde el punto de vista del vacío, la eliminación de dudas sobre el estatuto de la gravedad newtoniana venía a clarificar las confusiones con el éter, o con las sustancias espirituales postuladas por Clarke al definir su concepción del vacío. Ni las dudas o intentos de Newton por definir la gravedad en términos de un éter o espíritu sutil, ni la importante declaración de Clarke sobre la presencia de sustancias inmateriales en el vacío, fueron retenidas en el futuro. El vacío de la cosmología newtoniana tendería a ser considerado en términos del vacío atomista, o sea como simple contrapunto de la materia constituida por corpúsculos, como un medio absolutamente neutro. Es decir, las antiguas referencias newtonianas al espacio (vacío) como *sensorium Dei* y como lugar activo de la cohesión universal –expresada en la atracción gravitatoria– dejaron de cumplir una función necesaria.

En tercer lugar, y en relación directa con lo anterior, la victoria newtoniana se produjo con la "infección"[7] de los conceptos de sus oponentes, o sea los conceptos de Leibniz y de Descartes. En particular, la indicación leibniziana sobre la conservación de la fuerza –hoy decimos 'conservación de la energía'– fue incorporada al sistema físico y cosmológico newtoniano, eximiendo a Dios del papel de renovador de las fuerzas del mundo –papel caricaturizado como de Dios-relojero–. De este modo, se diluyen las indicaciones de Newton sobre el espacio como *sensorium Dei*, como el lugar en que Dios, en virtud de su copresencia con la totalidad de cosas, ejerce su papel renovador de la máquina del mundo. La máquina funciona por sí misma.

En consecuencia, el vacío cósmico deja de acumular las connotaciones cohesionadoras y divinas que se hallan en Newton y en su portavoz Clarke. Como concluye Koyré, el espacio vacío de Newton "marco de la presencia y acción divinas" pasó a ser cada vez más "marco de ausencia de todo ser y, por tanto, también de la ausencia de Dios".[8] Será el vacío de los atomistas, simple intervalo entre porciones de materia, un vacío a cuyo través se ejerce la atracción gravitatoria entre los cuerpos, pero sin atribuir papel activo a

---

7 Término utilizado por Koyré, *Del mundo cerrado*, p.254

8 Koyré, *Del mundo cerrado*, p.255.

ese medio vacío, pues se supone que la propiedad de la atracción reside en los propios cuerpos.

En suma, la infección leibniziana acerca de la conservación de la fuerza, junto a la señalada consideración de la gravedad como simple "cuestión de hecho", contribuyen a remover las antiguas dificultades y objeciones sobre el vacío. Las acciones que puedan producirse a través suyo y su propia existencia no han de presentar mayores complicaciones.

La infección de Descartes consiste en aportar el marco metafísico de una distinción neta entre 'espíritu' y 'materia'. Este criterio es especialmente relevante para las ciencias físicas: se considerará que sólo compete a esas ciencias el estudio de la materia, lo cual significa el definitivo triunfo de la filosofía mecánica sin más añadidos. Tal marco conduce de hecho al Dios ocioso que tanto habían combatido los newtonianos, un Dios más emparentado al cartesiano *Ens perfectissimum* y a la leibniziana *Intelligentia supramundana* que al newtoniano *Dominus*. Ese Dios deja de intervenir en la marcha concreta del mundo y su lugar no puede ser concebido en términos espaciales. Otro argumento, pues, para descargar al espacio vacío de sus connotaciones divinas, y para acercarlo al vacío atomista de la ausencia.

Otra infección o derivación cartesiana en el sistema newtoniano triunfante es la adaptación de la idea de los torbellinos a las nuevas hipótesis cosmogónicas. El modelo de los torbellinos sirve para imaginar la creación del sistema solar y de los restantes sistemas estelares a partir de una nebulosa primitiva cuyo enfriamiento y condensación daría lugar a la formación de los cuerpos celestes separados actuales. Es la llamada 'hipótesis nebular' de Laplace, apuntada por éste en su *Exposition du système du monde* (1796), o también llamada 'hipótesis de Kant-Laplace' atendiendo al antecedente kantiano de 1755.[9] Evidentemente tal hipótesis es la que ha inspirado la visión cosmogónica y cosmológica más moderna, la que agrupa los cuerpos celestes en galaxias y ve en ellas esos procesos en clave de torbellinos.

En suma, el sistema cosmológico newtoniano pudo subsistir perfectamente pese a sufrir las infecciones de sus oponentes. Estas infecciones

---

[9] Cf. Kant, *Historia general de la naturaleza y teoría del cielo*. Sobre la hipótesis de Kant-Laplace y la conformidad de esa hipótesis cosmogónica con la tradición de la pluralidad de mundos, véase Dick, *Plurality of Worlds*, p.165-175.

simplemente lo depuraron de ciertas adherencias metafísicas y lo convirtieron en el centro y culminación de la filosofía mecánica. Y así, paradójicamente, este sistema, de ser la expresión de los límites de la pura explicación mecánica, se convirtió en su culminación. En esa transformación la aceptación del vacío no sufrió ninguna merma, al contrario.

En cuarto y último lugar, la victoria newtoniana conlleva la asunción del espacio como espacio absoluto, pero entendiéndolo más en su vertiente geométrica que en su vertiente divinizante. Como se recordará, en la elaboración del concepto newtoniano de espacio absoluto –y en sus antecedentes, por ejemplo More– habían intervenido esos dos componentes. Ahora, por efecto de las transformaciones sufridas por el sistema newtoniano en el proceso de su victoria, es lógico esperar que el énfasis se desplace sobre la vertiente geométrica. O sea, parece reducirse la cuestión del espacio a la sola hipótesis física y geométrica de una necesaria referencia fija. Esta posición ecléctica sirve para que los científicos se sustraigan a la polémica entre 'espacio absoluto' y 'espacio relativo'.

Es así que científicos como Lagrange y Laplace desarrollarán su tarea de culminación de la mecánica newtoniana tomando el espacio absoluto únicamente como una hipótesis de trabajo, y que en la *Encyclopédie* se diga que "esta cuestión oscura [la cuestión del espacio absoluto o relativo] es inútil a la geometría y a la física".[10] Es decir, la discusión profunda sobre el estatuto del espacio no se desarrolló en los medios científicos; el sistema newtoniano pudo subsistir con una visión ecléctica de este problema: como señala Jammer, el siglo XVIII y XIX no lo consideró prioritario e incluso toleró perfectamente las críticas a la concepción newtoniana de un espacio absoluto.[11]

En suma, el espacio newtoniano deviene el simple espacio geométrico al que se referencia los movimientos de los cuerpos, espacio absoluto en un sentido más matemático que ontológico, o, en último término, simple –y discutible– hipótesis de trabajo. Como tal referencia geométrica e independiente de los cuerpos, es un espacio vacío –opinión que ya aceptara

---

[10] D'Alembert, art. "Espace" en *Encyclopédie*. Cf. Jammer, *Concepts of Space*, p.139.

[11] Jammer, *Concepts of Space*, p.140-3, pone a Maxwell, Lange, Mach, como ejemplos de esa crítica al espacio absoluto. En otra línea más estrictamente filosófica hay que anotar la refutación kantiana del vacío en *Crítica de la razón pura*, A 173-175. La discusión kantiana culmina la posición de Hobbes, Locke, Hume, es decir, la remisión de la cuestión del espacio al orden del entendimiento. Véase al respecto Jammer, *Concepts of Space*, p.131-8.

Huygens–. Ahora además, la objeción de Huygens contra el vacío, que no es una objeción de principio sino sólo relativa a la explicación de la gravedad, ha desaparecido al aceptarse la explicación newtoniana de la gravedad. Por consiguiente, la concepción del espacio como vacío ya no ofrece dificultades.

En resumen, la victoria newtoniana supone sobre todo la plena afirmación del vacío cósmico: una contribución revolucionaria frente a cualquiera de las cosmologías tradicionales –incluida la atomista– y referente obligado para la imagen moderna y contemporánea del universo. Junto a este aspecto central, otros factores (la gravedad como cuestión de hecho, la conservación de la fuerza o energía, la plena geometrización del espacio) dan la medida de las transformaciones sufridas por el sistema newtoniano: de expresión de los límites del mecanicismo pasa a ser su culminación, de defensor de un Dios interventor pasa a asumir un Dios ocioso, de la confusión entre vacío y espíritu sutil pasa a la afirmación del vacío como simple ausencia de materia.

III.IV.2. *El espacio relativo: ¿la rehabilitación de Leibniz?*

De lo dicho anteriormente sobre el espacio relativo viene a apuntarse que 'espacio relativo' y 'vacío' pueden ser compatibles. De hecho, en las teorías físicas vigentes desde la revolución einsteiniana esta compatibilidad está reconocida. Lo cual ha de ofrecer una nueva luz a la polémica entre Leibniz y Clarke, pues esas nuevas teorías muestran que las correlaciones 'vacío–espacio absoluto' y 'pleno–espacio relativo' no son obligatorias. Todo ello matiza el valor de la posición de Leibniz como anticipador de las posteriores concepciones del espacio como espacio relativo.

Por ejemplo, en algunos casos se habla de la anticipación del concepto de 'campo' por parte de Leibniz.[12] Cierto que este concepto, en cuanto señala un *continuum* relacional, puede vincularse al relativismo leibniziano; pero el concepto de campo presupone la 'acción a distancia', presupuesto incompatible con el punto de vista de Leibniz. Por otra parte, el concepto de campo surge de ámbitos, como el de los fenómenos magnéticos, donde el viejo mecanicismo de la contigüidad –el mecanicismo de Descartes y de

12 Así lo dice Rada en su introducción, p.41.

Leibniz– fracasa. Por lo tanto, es muy discutible aceptar la paternidad leibniziana en el concepto de campo. Además, el concepto de campo presupone su independencia respecto al medio donde vaya a extenderse ese campo; es decir, el concepto de campo es compatible con la consideración de un medio vacío.[13]

Algo similar cabe decir respecto al problema de la energía y el vacío. Cierto que el dinamismo de Leibniz, su concepto de fuerza, viene a coincidir en gran medida con el posterior concepto de energía, y que su concepción de la conservación de la fuerza es una anticipación del principio de conservación de la energía. Pero Leibniz no concibe energías libres, o sea separadas de la materia; son siempre energías inscritas en una materia (ya sea al modo dinámico –la energía cinética de un móvil–, ya sea al modo preformacionista –el orden de desarrollo inscrito en germen–). De hecho, Leibniz se resiste al esquema dualista que impera hasta hoy mismo, el esquema 'materia / energía'. En último término, el problema reside en la fijación de Leibniz al concepto de 'materia': todo es materia (o dicho en sus términos, todo 'se substancia' en materia). ¿Por qué ese todo no podría 'substanciarse' en materia y además en energía, en vacío?[14] Es decir, la no aceptación por parte de Leibniz de componentes independientes y alternativos a la materia –la energía libre, el espacio vacío– impide que su anticipación energitista se encauce en las concepciones que hacen compatible la difusión de la energía y el vacío.

Puede objetarse que un vacío que es medio de difusión de la energía y soporte de campos no es un verdadero vacío; o también que a ese todo que se muestra diversamente es legítimo llamarlo 'materia' –desde un punto de vista parecido al de la ὕλη aristotélica–. Pero en esa definición de la 'materia' no sería admisible el atributo clásico de la 'impenetrabilidad', que es justamente uno de los admitidos por Leibniz. La materia como impenetrabilidad no puede representar la multitud de fenómenos físicos que son

---

13 Sobre la génesis y la historia del concepto de 'campo', consúltese: Berkson, *Las teorías de los campos de fuerza*; Hesse, *Forces and Fields. A study of Action at a Distance in the History of Physics*; Tonnelat, "De l'idée de milieu à la notion des champs".

14 Hoy, en los conceptos manejados por la física cuántica, se admite que el electrón aparece alternativamente como onda y como partícula. Ante esta alternancia y simultaneidad de la onda/corpúsculo, podría decirse –siguiendo la terminología leibniziana– que el electrón se 'substancia' como onda y como partícula. Cf. Tonnelat, "Corpuscules et milieux continus dans une perspective non dualiste".

expresión de esas energías libres. No es, pues, indiferente llamar 'materia' a ese todo –cuando por 'materia' se entiende 'impenetrabilidad'–: el atributo de la 'impenetrabilidad' introduce una restricción insalvable. De ahí que las anticipaciones de Leibniz acerca de la energía no puedan tomarse de modo absoluto como anticipaciones de los conceptos modernos de 'campo', de 'energía libre', de 'onda'. Como siempre, las limitaciones de Leibniz derivan de su concepto de materia.

De esta matización al valor anticipador de los conceptos leibnizianos no debería deducirse que las concepciones opuestas sean precisamente un ejemplo de coherencia o de consistencia. Ya se han visto las dudas y dificultades de Newton a propósito de la confusión entre éter y vacío –al margen de su error sobre la conservación de la fuerza–. El problema es justamente cómo entender el vacío.

Si la materia es 'impenetrabilidad', y además 'masa' y 'movilidad' (siguiendo el propio criterio de Newton), la primera respuesta es definir el vacío como el opuesto a esa materia, o sea 'penetrable', 'sin masa' e 'inmóvil'. Esta es la respuesta pragmática, la de la victoria de la cosmología newtoniana; pero no agota las dificultades. Pues, si el vacío se entiende como radical ausencia, no sólo de materia-masa, entonces sería discutible si ese opuesto a la materia-masa (llámese 'energía libre', 'campo', 'onda') es un verdadero vacío.

En realidad, junto a la victoria del vacío newtoniano, va a subsistir paralelamente la herencia del éter newtoniano –entendido éste en términos inmateriales como "espíritu sutil"–. El primer aspecto, el relativo al vacío, valdrá para los fenómenos mecánicos –y la gravedad se entenderá como parte de esa mecánica–; el segundo aspecto, el relativo al éter, valdrá para los fenómenos no-mecánicos (óptica, magnetismo, calorimetría, etc). Y de este modo se instituirá, en todo el período del reinado del sistema newtoniano, un nuevo dualismo: el esquema 'vacío (=no-materia) / éter', esquema paralelo al dualismo 'energía / masa'.

Puede concluirse que la victoria newtoniana del vacío viene matizada por dos importantes líneas críticas: una es de orden teórico, la crítica a su concepto de 'espacio absoluto', incluso al concepto de vacío; la otra es de orden empírico-científico, que es la pervivencia de la referencia a un éter como expresión de los límites de la reducción de las ciencias físicas a simple mecánica. Lo destacable para nuestro punto de vista es que en ninguna de las dos críticas señaladas es perceptible la directa influencia de Leibniz: en la cuestión del espacio, la principal influencia es la corriente que va de Locke a Hume y a Kant –la remisión al entendimiento del problema del espacio–; en la cuestión del éter, la principal herencia es la del propio Newton, junto a la de algunos de sus oponentes.[15] Pero en ningún caso es retenida la concepción de Leibniz sobre un universo constituido por un *plenum* de materia impenetrable.

Sí, en cambio, podría calificarse de rehabilitación leibniziana el reconocimiento por parte de la física post-newtoniana de su idea del universo como un todo relacionado, incluso en el concepto de 'campo' –donde una porción o un punto es expresión del conjunto y viceversa–. De hecho, en la medida que no se siga un modelo atomista estricto –y este modelo se quebró definitivamente con la desintegración teórica y práctica del átomo en este siglo–, se podrá siempre apelar a la rehabilitación leibniziana. Lo mismo cabría decir evidentemente respecto al concepto de 'espacio relativo' a partir de la revolución einsteiniana. Pero –hay que reiterarlo– el concepto y la cuantificación leibniziana de la materia señalan el límite de esa posible rehabilitación; y la constatación de la compatibilidad, hoy, entre 'vacío' y 'espacio relativo' o 'campo' confirman este diagnóstico.

Otro problema sería profundizar en dicha compatibilidad, que es como decir en la concepción del vacío a la luz de las más recientes teorías físicas.[16] Baste ahora señalar la siguiente línea de reflexión: el vacío habría de tomarse como un concepto límite; su inclusión o exclusión en nuestras categorías de pensamiento depende del valor que se dé a la 'ausencia', de hasta qué punto ese límite que es la 'ausencia' es un contrapunto oportuno para referirse a la 'presencia'. Por ejemplo, quizás el vacío de la física actual sea el límite previo a la manifestación del fenómeno alternativamente como 'onda' y como 'partícula', fenómeno que –según el principio de indeterminación de Heisenberg[17]– ya no es una presencia cerrada y estable.

[15] Entre otros, Huygens, Euler. Cf. Taton II, p.555-563.

[16] Se abordará brevemente en la parte final de Conclusiones (apartado 5).

[17] Dicho muy brevemente: el principio de indeterminación de Heisenberg señala que si el observador pretende fijar la velocidad del electrón no podrá fijar su posición (ésta aparece como una zona de probabilidad). Sobre el alcance de este principio, véase el propio Heisenberg: *La imagen de la naturaleza en la física actual.*

Como puede adivinarse, este vacío remite a la ausencia de determinaciones de la vacuidad (es lo previo a la determinación como 'partícula' o como 'onda'). Y esta vacuidad remite a la referencia oriental y a la tradición mística que entiende la divinidad en términos de vacuidad. Estas dos referencias están evidentemente ausentes en la victoria newtoniana del vacío, y sólo han sido recuperadas a la luz de las recientes concepciones de la física.

Esta falta también ha de incluirse en el balance de la victoria newtoniana. Se manifiesta en la ya comentada reducción de la cuestión del vacío a la sola dimensión físico-cosmológica, en el contraste entre esa aceptación del vacío y el rechazo de otras dimensiones (el vacío interior, la vacuidad), en la no permeabilidad al contacto con las doctrinas orientales, en la colateralidad de la cuestión del vacío con el fantasma del nihilismo.

III.IV.3. *El vacío como pesimismo. Voltaire*

Esta victoria del vacío queda circunscrita, pues, al ámbito de la física y de la cosmología, pero no se manifiesta en otros ámbitos: la vacuidad es una categoría ignorada, el vacío interior o anímico es rechazado. Para ilustrar este cuadro de la matizada victoria vacuista tras Newton, se aportan dos casos: el caso Voltaire, que en su crítica al 'principio de plenitud' y al 'optimismo' apunta al tema de la relación entre 'vacío' y 'pesimismo'; el caso Hume, que ejemplifica el rechazo del vacío en las concepciones anímicas. Empecemos por Voltaire.

De hecho, el término 'pesimismo' es posterior a Voltaire, pero no lo es el término 'optimismo', que ya se utilizó en 1737 aplicándolo a Leibniz. En Voltaire, más que de pesimismo en sentido estricto, ha de hablarse de una crítica al optimismo racionalista –por ejemplo el de Leibniz–; pero, por otra parte, ha de tenerse en cuenta que el componente pesimista, que es de variados matices, es rastreable mucho antes de la aparición del término.[18] Y en el propio Voltaire también es perceptible esa variación de matices, desde

[18] Cf. Caro Baroja, "Pesimismo: ¿aurora o crepúsculo del pensamiento?", en *Palabra, sombra equívoca*. El término 'optimismo' es aplicado por los jesuitas al dar cuenta de la *Teodicea* de Leibniz en las *Mémoires de Trévoux* (1737). El término 'pesimismo' aparece en Coleridge (1815) y en Schopenhauer (1819). Caro Baroja rastrea los antecedentes del pesimismo, desde el propio Demócrito: la actitud pesimista –con este u otro calificatico– es una cierta constante.

la segura ironía hasta el desconcertado sarcasmo en textos de su vejez. En todo caso, el pesimismo moderno arranca de la crítica al optimismo racionalista, muy particularmente al de Leibniz, y en esa crítica destaca el papel de Voltaire.

Ese optimismo puede fijarse a los principios leibnizianos de razón suficiente, de armonía universal y de plenitud. Según éstos, en virtud del requisito de la máxima riqueza óntica, la Creación en su inmensa variedad ha de incluir también las imperfecciones y los males. Este mundo no sería la perfecta bondad, lo cual es imposible –pues impondría una restricción a la actualización de todos los posibles–, pero es el mejor de los mundos posibles: "la sabiduría exige variedad", dice Leibniz.[19] Este sería, en síntesis, el núcleo del optimismo dieciochesco; y, como ha mostrado Lovejoy, la relación entre tal optimismo y el principio de plenitud es muy estrecha.[20] Es interesante comprobar, por ejemplo, el argumento de King[21] en el que se derivan los males de la simple colisión o lucha entre las partes de un mundo que ha de ser forzosamente completo y saturado: la plenitud en movimiento es el fundamento último de las limitaciones y de los conflictos (o sea, de los males).

Contra tal optimismo se alza la ácida crítica de Voltaire, así en su *Poème sur le désastre de Lisbonne* (1755) de elocuente subtítulo, *Ou examen de cet axiome: "tout est bien"*. En último término, hay en Voltaire una perplejidad ante el origen del mal, por ejemplo ese desatado en forma de terremoto; pero se niega a admitir el argumento optimista (los males particulares componen la armonía general), entendiendo que tal optimismo es un simple fatalismo. Frente a ese optimismo, se ofrece el sentimiento de la propia limitación y de la propia ignorancia –en cierto modo, un rasgo pesimista–, pero también un mensaje final de esperanza.

Tras ese pesimismo esperanzado de Voltaire hay que buscar su imagen newtoniana del mundo, un newtonismo depurado del intervencionismo divino. Es decir, frente a la conexión entre 'armonía universal' y 'principio de plenitud', propia del optimismo, el modelo físico-cosmológico de

---

[19] Cf. Leibniz, *Teodicea*, §124; Lovejoy, *La gran cadena del Ser*, p.290.

[20] Cf. Lovejoy, *La gran cadena del Ser*, capítulo VII (El principio de plenitud y el optimismo dieciochesco).

[21] Cf. Lovejoy, *La gran cadena del Ser*, p.280-1, citando el *Essay on the origin of Evil* (1732) de King.

Voltaire es el del vacuismo atomista de inspiración newtoniana, donde las leyes generales de los movimientos cósmicos no invalidan un cierto principio de desorden, desorden que se manifiesta en forma de esos males que nos dejan perplejos. Pero también ese desorden es un margen de indeterminación, una invitación a la esperanza. Esta conexión está subrayada por el propio Voltaire en nota a parte al *Poème*; no hay cadena causal rígidamente establecida porque no hay cadena de la plenitud de los seres, pues está el vacío y la discontinuidad:

> La cadena universal no es, como se ha dicho, una gradación seguida que liga a todos los seres. [...] Esa cadena de acontecimientos ha sido admitida y muy ingeniosamente defendida por el gran filósofo Leibniz; merece ser aclarada. Todos los cuerpos, todos los acontecimientos, dependen de otros cuerpos, de otros acontecimientos. Esto es cierto: pero todos los cuerpos no son necesarios para el orden y la conservación del universo, y todos los acontecimientos no son esenciales para la serie de los acontecimientos. [...] La naturaleza no está sometida a ninguna cantidad precisa, ni a ninguna forma precisa. [...] El orden general es por lo tanto de tal suerte, que los eslabones de la cadena no se alterarían por un poco más o menos de materia, por un poco más o menos de irregularidad. La cadena no está en un lleno absoluto.[22]

Así pues, del mismo modo que el principio de plenitud conduce a las nociones de cohesión, saturación y encadenamiento causal –propias del 'optimismo'–, la afirmación del vacío y de la discontinuidad conduce a la aceptación de la indeterminación, del azar y de la libertad. En Voltaire no es todavía un pesimismo explícito, pues subsiste cierto énfasis en el orden del mundo –ese que Newton puso al descubierto– y en la actividad humana capaz de esperanza; pero ciertos indicios pesimistas ya son perceptibles.

Bastará extraer ciertas consecuencias de esa concepción antioptimista, por ejemplo, destacar –como ya hiciera Maupertuis[23]– la descohesión del todo mundano, o expulsar definitivamente a Dios de la responsabilidad de la marcha del mundo (inflexión implícita en la victoria mecánico-newtoniana),

---

22 Nota al *Poème* (Voltaire, *Opúsculos satíricos y filosóficos*, nota xxxvi, p.369-370), situada tras los versos 71-75.

23 Dice Maupertuis: "La naturaleza según la vemos nosotros ahora es como un edificio, en un tiempo ordenado, al que le ha caído un rayo"; y sigue: "muestra a nuestros ojos sólo las ruinas donde ya no podemos discernir la simetría de las partes ni el plan del arquitecto." [citado por Lovejoy, *La gran cadena del Ser*, p.333].

o sumergirse en el vértigo de la indeterminación, para que los gérmenes pesimistas afloren. Zambrano ha resumido perfectamente este sentimiento:

> En cuanto ausencia, es el vacío un sentir del espacio ilimitado, de un espacio cósmico e inhumano donde el hombre aun dueño de su pensamiento se siente semejante a las cosas, rueda como cosa. Sentir que aparece visiblemente en el epicureísmo y en todas las formas de 'materialismo'. Y como tal espacio vacío difícilmente puede resistirlo el corazón humano, bien pronto se puebla de monstruos, de dioses, de pesadillas, de absurdos temores y absurdas esperanzas. Los más avisados intentan detener esta avalancha y llenar el 'vacío' con un grandioso proyecto de *ser hombre*.[24]

En resumen, vacío y átomos sugieren las nociones de incesante movimiento; el vacío es libertad. Pero ese movimiento incesante también sugiere las nociones de indeterminación, de azar, de ausencia de un plan rector, por lo tanto, de sinsentido. En esta doble inclinación se juega el pulso a la vez autoafirmativo y pesimista de los ilustrados y de sus secuelas.

Además, este vacío, cuando deja de referirse exclusivamente a la dimensión física, adquiere connotaciones más pesimistas. Es el vacío interior, la ausencia de actividad, el *ennui* y la melancolía –ya señalados por Pascal[25]–. Eso significa que el núcleo anímico no es concebible sino en términos de actividad y de plenitud; y de este modo, la metáfora del vacío se aplica a los desórdenes y malestares de ese núcleo. Para ilustrar esta temática del vacío interior, se ha escogido aquí el caso Hume.

24 Zambrano, *El hombre y lo divino*, p.299-300.

25 Véase, por ejemplo, Pascal, *Pensamientos*, fr.622 (ed. Lafuma): "Aburrimiento [*Ennui*]: Nada le es tan insoportable al hombre como estar en pleno reposo, sin pasiones, sin quehaceres, sin divertimiento, sin aplicación. Siente, entonces, su nada, su abandono, su insuficiencia, su dependencia, su impotencia, su vacío. Irresistiblemente surgirá del fondo de su alma el tedio, la maldad, la tristeza, la pesadumbre, el despecho, la desesperación."

III.IV.4. *Hume: la negación del vacío interior*

La elección de Hume[26] está justificada por un significativo contraste: por una parte, acude a un modelo de tipo atomista en sus explicaciones acerca del espíritu humano; pero, por otra parte, rechaza el vacío. Su atomismo, aplicado en este caso a la dimensión psíquica, sería un atomismo sin vacío, lo cual en principio ha de sorprendernos en la medida que el atomismo es un sistema que no concibe un fundamento –los átomos– sin el otro –el vacío–.

De hecho, esta exclusión se justifica en el sistema de Hume al entender el espíritu como flujo de impresiones e ideas y éstas como no divisibles al infinito; es un flujo o composición, pues, de indivisibles; y no cabe siquiera plantearse el vacío entre estos indivisibles pues ese vacío es la no-idea o la no-impresión, la simple ausencia. Es a esta ausencia que no merece consideración a la que nos referimos al hablar de la 'negación del vacío interior' en Hume.

Esta negación no es nueva: su historia es tan extensa y compleja como la historia de las teorías del alma en el pensamiento occidental. En esta historia, la corriente dominante es la que enfatiza un núcleo anímico rector –y podría representarse en la concepciones platónica y estoica del *logos*– y la corriente no-dominante es la que se refiere a un fondo del alma –y podría representarse en las concepciones de la tradición mística–.[27] Y la imagen del núcleo y de la plenitud ha prevalecido sobre la opuesta.

Desde el punto de vista moderno, el Yo cartesiano es evidentemente la referencia obligada en la confirmación de esa gran tendencia. Se puede calificar –como hace Subirats– a ese Yo heredado de Descartes como un Yo

---

26 Sobre el alcance de la filosofía de Hume, baste remitir a: Deleuze, *Empirismo y subjetividad. La filosofía de David Hume*; Duque, *De la libertad de la pasión a la pasión de la libertad (Ensayos sobre Hume y Kant)*; y al *Estudio preliminar* de Duque a la edición española del *A Treatise of Human Nature: Being an Attempt to Introduce the Experimental Method of Reasoning into Moral Subjects* (1740). A partir de aquí se citará el *Treatise* por esta edición: Hume, *Tratado*; y junto a esta mención se señalará la equivalenca en la edición Selby-Bigge. [Ejemplo: Hume, *Tratado*, lib.I, parte I, §1, p.87 (S-B 1); § significa 'sección'].

27 Para una visión sobre las concepciones del alma en la tradición occidental, consúltese: Onians, *The Origin of European Thought about the body, the mind, the soul, the world, time and fate*; Foucault, *Tecnologías del Yo y otros textos afines*. Sobre la concepción del alma en la tradición mística, consúltese: Reypens, art. "Ame (son fond, ses puissances et sa estructure d'après les mystiques)"; Solignac, art. "Nous et mens"; ambos en *DS*.

vacío, en cuanto es sujeto depurado, vaciado, de sus determinaciones empíricas.[28] Pero esa ausencia de determinación empírica no invalida el calificativo básico de su plenitud. La depuración ascético-espiritual o la ascesis racional, o sea los modos del recogimiento interior, serían como el tallado de un diamante bruto, proceso en el que se aísla su núcleo diamantino, puro, duro y transparente; pero tal depuración es un recogimiento que camina hacia un centro de máxima plenitud. La vacuidad, hechas estas matizaciones, está, pues, excluida. El interés de Hume consiste justamente en que sigue esta tendencia a la negación del vacío interior, pero sin seguir el esquema cartesiano. El suyo no es un sujeto sin determinaciones empíricas, sino precisamente ese conjunto de determinaciones, es un sujeto empírico.

En el sistema de Hume no hay, en realidad, una negación del vacío interior independiente de la negación del vacío en la constitución del mundo: ambas son consideraciones correlativas. Parten de la misma metodología, esto es, de la remisión al entendimiento del problema del espacio y del tiempo[29]; o sea, en la línea de Locke. Pero el resultado es opuesto: contra la opinión de Locke, niega la posibilidad –o más bien la consistencia– de formarnos una idea del vacío. El argumento parte de la imbricación entre la 'idea' y la 'cosa', pues propiamente no hay separación entre ellas. No hay, según Hume, algo dado, distinto a la colección de percepciones; lo dado es justamente esa colección, lo cual significa –como ha observado Deleuze[30]– que no se parte de un 'sujeto', de una 'Naturaleza' y luego de la conexión entre ambos. Esto aplicado al problema del espacio y del vacío implica que la idea de vacío debe remitir a las percepciones con las que eventualmente se corresponda.

Y ya puede adivinarse que, en consecuencia, podrá argumentarse que no hay percepción del vacío. Pues, además, 'espacio' y 'tiempo' son ideas no separadas, son "simplemente las correspondientes al modo u orden de existencia de los objetos".[31] Por ello, siendo relativas a esos objetos (o más

---

28 Cf. Subirats, *El alma y la muerte*. En los capítulos II y III, Subirats realiza un sugerente análisis comparativo entre Santa Teresa y Descartes, a propósito del proceso de depuración interior hacia el Yo. Y en el capítulo IV (La constitución trascendental y el Yo vacío) desarrolla esta tesis del Yo vacío.

29 La cuestión del vacío se aborda en la parte II (De las ideas de espacio y tiempo) del libro I (Del entendimiento) del *Tratado*, básicamente en su sección 5 (p.152-167; S-B 53-65).

30 Deleuze, *Empirismo y subjetividad*, p.95; y todo el capítulo V.

31 Hume , *Tratado*, lib.I, parte II, §4, p.134 (S-B 40).

precisamente, a las impresiones de esos objetos), no hay vacío de materia como no hay punto matemático ni instante puntual en el tiempo. Es así que el 'atomismo psicológico' de Hume no conduce a una filosofía natural atomista. Simplemente las ideas e impresiones fluyen en unidades reconocibles, del mismo modo que las cosas fluyen –en la extensión y en la duración– en unidades también reconocibles desde el punto de vista sensible, a modo de correlatos de aquellas unidades de la mente. En realidad no hay enunciados acerca de las cosas que sean independientes de los enunciados acerca de las ideas o impresiones.

A partir de estas consideraciones, Hume aborda tres posibles objeciones a su conclusión sobre la imposibilidad del vacío. La primera objeción es la constatación de la larga discusión sostenida desde hace siglos entre el lleno y el vacío. La segunda objeción parte de la consideración –ya clásica– acerca de la posibilidad de imaginarse la aniquilación de materia en el interior de un recipiente. Y la tercera objeción se basa en el conocido argumento sobre el movimiento y el vacío.

La respuesta de Hume se concentra en la primera objeción, y, una vez concluida la inconsistencia de la idea de vacío, ésta se aplica a la refutación de las dos restantes objeciones.[32] En síntesis, el argumento consiste en recordar la imposibilidad de una sensación del vacío; las sensaciones siempre son relativas a objetos tangibles o visibles; pero la intermitencia de la sensación da pie, por un principio de contigüidad de las ideas, a tomar lo intermitente por lo continuo; y así, se podrá confundir "la distancia que depara la idea de extensión y ese otro tipo de distancia que no está llena con ningún objeto coloreado o sólido"[33], o sea, se podrá confundir la verdadera distancia ocupada por cuerpos con la idea de una distancia sin cuerpos interpuestos –la idea de vacío–. La idea de vacío es resultado, pues, de una confusión, que se explica por el mecanismo general que opera en el proceso de formación de las ideas –y que Hume define con las relaciones de 'semejanza', 'contigüidad' y 'causalidad'–.[34]

---

32 Las tres objeciones se exponen en Hume, *Tratado*, lib.I, parte II, §5, p.152-4 (S-B 54-5). La refutación sigue en p.154-162 (S-B 55-62).

33 Hume, *Tratado*, lib.I, parte II, §5, p.159 (S-B 59).

34 Estas cuestiones se explican en el *Tratado*, lib.I, parte I (De las ideas, su origen, composición, conexión, abstracción, etc), especialmente §4 (La conexión o asociación de ideas) y §5 (De las relaciones).

Esta confusión explica que se haya dado una controversia entre el pleno y el vacío (respuesta a la primera objeción), o que se hayan imaginado experimentos ficticios como el de la aniquilación de la materia en un recipiente (respuesta a la segunda objeción). En cuanto a la tercera objeción, la cuestión del vacío y el movimiento, la respuesta de Hume consiste en renunciar a ese ámbito –el de la filosofía de la naturaleza– y en declarar su escepticismo:

> Respondo a esta objeción declarándome culpable, y confesando que nunca fue mi intención penetrar en la naturaleza de los cuerpos o explicar las causas secretas de sus operaciones.[35]

Así pues, una explícita renuncia a la filosofía de la naturaleza –en una palabra, a la ciencia– completa la argumentación de Hume contra el vacío. Sólo cabe referir un significativo añadido en el Apéndice del *Tratado*, como nota al párrafo recién citado. Esta nota[36] se hace eco del indudable éxito de la filosofía newtoniana y de su admisión del vacío. En ella, se reconoce que "no encontraría argumentos decisivos a favor o en contra", admitiendo como factibles las nociones populares del vacío, así como el vacío de la filosofía newtoniana; pero, una vez más, Hume concluye con su declaración de "un moderado escepticismo, llevado hasta cierto punto, y una honrada confesión de ignorancia en los asuntos que exceden toda capacidad humana."

En resumen, la refutación humeana del vacío se atiene al principio de que toda impresión se define por su vivacidad; su propia existencia es su presencia como vivida, y, por lo tanto, está asociada a objetos visibles o tangibles. No hay impresión posible del vacío, y sólo puede haber una idea confusa del vacío en virtud de las relaciones de semejanza y causalidad que presiden los procesos de asociación de ideas. En este caso, la remisión al entendimiento del problema del espacio y del tiempo conduce a una conclusión opuesta a la de Locke: las ideas de espacio y tiempo sólo son modos en el orden de las cosas, no son entidades independientes de los objetos.

---

[35] Hume, *Tratado*, lib.I, parte II, §5, p.164 (S-B 64).

[36] Cf. Hume *Tratado*, Apéndice, p.879-888 (S-B 623-636). Con esta nota concluye de hecho el *Tratado*.

Hay que insistir de nuevo en este punto: la negación del vacío se remite simultáneamente a la estructura del flujo de la mente y a la estructura de las cosas –ésta última, entendida siempre como serie de impresiones relativas a cosas–. Es la afirmación del sujeto empírico el que conduce a la negación del vacío interior. Este no es el resultado, como en Descartes, de la búsqueda de un núcleo de plenitud, sino de su reducción a flujo múltiple.[37] En realidad, entre Descartes y Hume media un complejo proceso: es el que va del énfasis en el sujeto reducido a núcleo estático al énfasis en un sujeto que es despliegue de actividad. Pues, en efecto, el giro introducido por Hume consiste en marcar la adhesión del sujeto –su propia constitución– a su determinación empírica, y, por lo tanto, a "proyectos, fines, intenciones, ocasiones, toda una vida práctica, una afectividad".[38] Vida práctica, o sea actividad, y afectividad son las claves de ese sujeto que es flujo y despliegue, ya no núcleo estático.

A la luz de esta inflexión, se comprende que el tema del vacío apunte hacia la imagen de la fisura. Por una parte, el vacío sería el intervalo imposible entre las unidades del flujo de la mente; por otra parte, es la idea confusa que ha perdido su objeto de referencia (los objetos verdaderos que median en la distancia de las cosas). 'Intervalo-fisura' y 'pérdida de objeto de referencia' son dos aspectos de ese vacío. Y serán dos grandes motivos que, aunque no están plenamente explicitados en Hume, vemos desarrollarse posteriormente. El estupor, o sea la suspensión del sujeto en su fisura o abismo –algo que luego se llamará angustia y recibirá una atención preferente en el pensamiento filosófico–, y la melancolía, o sea la tristeza sin objeto, son dos ejemplos de este desarrollo.

No es que Hume sea el responsable directo del desarrollo de estos dos motivos –la 'fisura', la 'pérdida del objeto'–; es sólo un síntoma, visto desde el ángulo del sujeto empírico, de la derivación del tema del vacío interior hacia su fijación como metáfora de los malestares del alma. Lo que se quiere subrayar es que el vacío acumula en negativo las connotaciones de los atributos supuestos al sujeto. Así, frente al atributo de actividad, el vacío adquiere la connotación de la inactividad, del pesar por esa inactividad: es

37 Podría decirse que el Yo cartesiano es un Uno; y que el sujeto de Hume es una Serie (de ahí el problema del Yo en Hume, o sea el problema de la identidad personal). Pero en ninguno de estos casos, el sujeto es un Cero (la reducción a vacío).

38 Deleuze, *Empirismo y subjetividad*, p.134.

el *ennui* (el aburrimiento o tedio); frente al sujeto como flujo de ideas obligatoriamente llenas de algún contenido, el vacío aparece como la ausencia de ese objeto de referencia: es el caso de la melancolía, la tristeza sin objeto; frente a la ilusión de continuidad, aparece la discontinuidad, la suspensión, el estupor, la fisura del sujeto. Estas serán, pues, las connotaciones del vacío interior.

Concluyendo y recapitulando:

Tras el clímax de la controversia vacuista, ejemplificada en la polémica Leibniz-Clarke, se da la victoria newtoniana. Esta supone la aceptación del vacío en la moderna imagen cosmológica; pero esa victoria se produce asimilando algunas de las críticas antinewtonianas. Puede decirse que, con ello, se quiebra la asociación entre vacío y divinidad que había sido destacada en Newton y en sus fuentes. Esta quiebra entre divinidad y vacío viene corroborada en dos fenómenos paralelos: por una parte, el agotamiento de la tradición mística a raíz de la crisis y derrota quietista; por otra parte, la inquietud con que se recibe en Europa las doctrinas filosóficas y religiosas de Oriente.

En cierto modo, ausente ya Dios del mundo y desplazada la atención hacia la materia, ésta heredó –como dice Koyré[39]– gran parte de los atributos de la divinidad, en particular la capacidad autónoma de actividad. Si antes (en Newton) la materia era considerada inerte y el espacio vacío era considerado como una especie de órgano divino que comunicaba la actividad al mundo, ahora (en las secuelas de la victoria newtoniana) la materia es la depositaria de ese principio de actividad y el vacío es el simple intervalo inerte del movimiento de la materia. Es la reedición del modelo atomista.

Asociadas a esta nueva imagen cosmológica están las nociones de azar, de indeterminación, de descohesión del todo mundano. Es la quiebra del principio de plenitud y del optimismo asociado a éste. Cierto desorden, cierta indeterminación, rige en la rotura del férreo encadenamiento causal y de la armonía universal proclamada por los optimistas. A modo del incesante y azaroso movimiento del átomo en el vacío, el hombre "se siente semejante a las cosas, rueda como cosa".[40] Son los atisbos del pesimismo moderno.

---

[39] Cf. Koyré, *Del mundo cerrado*, p.256.
[40] Zambrano, *El hombre y lo divino*, p.299.

En cuanto el principio de actividad ha sido sustraído al vacío, el hombre –ya sea como sujeto pensante (Descartes), ya sea como sujeto práctico (Hume)– no puede reconocerse en ningún vacío; él es átomo, individuo, y actividad. Y es así que el vacío, aunque pueda aceptarse en su dimensión físico-cosmológica, es rechazado en la dimensión anímica. Este vacío interior sólo podrá ser indicio de malestar. De este modo, el vacío se fijará definitivamente a las imágenes de esos malestares: el estupor, la melancolía, la angustia. Es la confirmación de la gran disociación entre vacío cósmico y vacío anímico.

CONCLUSIONES

1. *El horror metafísico al vacío*

Hemos visto cómo la Edad Media acuñó el principio del *horror vacui*: se afirmaba que "la naturaleza aborrece el vacío". Este lema se convirtió en principio explicativo universal, en ley física, en algo que da cuenta de cómo es y cómo se comporta la naturaleza. Este aspecto meramente físico venía ilustrado en todo un caudal de pruebas empíricas que supuestamente demostraban la verdad del aserto. Sin embargo, el principio del *horror vacui* tenía una clara vertiente metafísica: no es que la naturaleza –tal como nos viene dada– no incluya el vacío en su constitución efectiva, sino que el vacío como tal es una imposibilidad metafísica. La naturaleza, pues, no lo contiene ni podría contenerlo, simplemente porque es un concepto inconsistente.

La Edad Media interpretó esta imposibilidad como derivada de la imposibilidad de que el Creador incluyera tal imperfección en su creación. El vacío, como mengua –como falta e inconsistencia–, no podía ser atribuido a las perfecciones del Dios creador. Además, la exclusión del vacío garantizaba la relación de la parte con el todo, una jerarquía y un orden del mundo; en definitiva, venía a expresar la sujeción de la criatura al propio Dios. De ahí que el principio del *horror vacui* y la 'clausura teológica del mundo' fueran dos aspectos solidarios de la concepción medieval.

Pero esta vertiente metafísica del horror al vacío no queda en absoluto circunscrita al ámbito medieval. De hecho, es una constante en la historia del pensamiento occidental, al menos de sus corrientes dominantes. El horror metafísico al vacío, con manifestaciones diversas, con temáticas diversas, es justamente esa constante. Pues, en efecto, un nervio común recorre, por ejemplo, la trayectoria que va de la refutación aristotélica a la refutación leibniziana: es el mismo que de modo tan persistente se manifiesta en la mencionada concepción medieval o luego en filósofos tan autorizados como Kant. La refutación ha sido repetida con distintos acentos o matices, pero esa diversidad no impide reconocer un núcleo común. Y este núcleo es tan viejo, por lo menos, como la filosofía: ya fue formulado por algunos de los presocráticos y alcanzó su fundamento en la declaración de Parménides sobre la plenitud del ser. Por ejemplo, Meliso declaró que "no hay ningún vacío, porque el vacío no es nada: ¡y la nada no podría ser!"[1]; y Parménides afirmó que no habría modo de aceptar que el no-ser es y concibió ese Ser como "semejante al volumen de una esfera bien redondeada, de igual peso en todas direcciones a partir del centro".[2]

Estas tres declaraciones, que el vacío es nada, que la nada no podría ser, y que el ser es homogéneamente pleno, se han convertido en argumento muy repetido y socorrido en la refutación del vacío. Especialmente significativa es la argumentación basada en la remisión del vacío al no-ser y el recurso consecuente a la absurdidad que supone declarar que el no-ser –en este caso, como equivalente del vacío– sea. La gran mayoría de las opiniones antivacuistas beben en esta fuente, en este fundamento metafísico.

Y aunque éste no es lugar para adentrarse en una discusión en profundidad sobre el 'Ser' y la 'Nada' (sobre 'ser', 'ente', 'no ser', 'no-ser', 'no-ente', 'nada'), sí nos atrevemos a apuntar algunas reflexiones. En primer lugar, cabe recordar la propia reflexión de Heidegger sobre "el Ser como vacío y como riqueza"[3]: el Ser escapa a las determinaciones de lo ente, es previo a esas determinaciones; y, en tal sentido, es ausencia de determinación, es vacío y riqueza. En segundo lugar, quizás ese retroceder más acá de la determinación debería incluso llevar a retroceder más acá de la presencia; quizás la caracterización del Ser como 'presencia' es insuficiente, o cuando menos unilateral: ¿por qué no atender también a la 'ausencia', a la tensión entre 'ausencia' y 'presencia'? Porque si el Ser es sólo la presencia, aunque desnuda de las determinaciones de lo ente, entonces se comprende que la doble indicación sobre la vacuidad y la riqueza del Ser no haya sido seguida en nuestra tradición de pensamiento; por eso, siempre el Ser –en esta tradición de pensamiento– ha retenido las

[1] DK 30 B 7 (=BCG II 181).

[2] Del poema de Parménides, DK B 8, v.43-44.

[3] Nos referimos a un fragmento de *Der europäische Nihilismus* (1940): cf. Heidegger, "L'Être comme Vide et comme Richesse".

indicaciones de riqueza, de plenitud y de unidad, pero no las de vacuidad. Quizás más allá del 'olvido del Ser', por la caída en el ente, habría que subrayar el 'olvido de la ausencia'.

Los síntomas de esta inclinación son muchos y podría retenerse uno de ellos: el pensamiento de Occidente no ha podido sustraerse a la atracción por la Plenitud y la Unidad, no ha podido situarse más acá de la tensión entre lo Uno y lo Múltiple. Esta dificultad viene perfectamente ilustrada en la incapacidad que tuvo Occidente en "inventar" el cero. Este Cero –cuyo nombre original es *sunya*, o sea vacío– tuvo que "inventarse" a partir de otras pautas de pensamiento. Este Cero simboliza la ausencia; su inclusión en la numeración –no meramente como artificio técnico, sino como fundamento– simboliza la mencionada tensión entre la ausencia y la presencia, la tensión entre la nada, lo uno y lo múltiple. Y aquí se ha aportado el testimonio significativo de Leibniz al comentar su invención del sistema binario comparándola a los hexagramas chinos: no destaca el papel del Cero, su lugar simétrico y complementario respecto al Uno, o sea la dicha tensión entre ausencia y presencia. Leibniz, en efecto, se atiene a que el Uno basta y se atiene a la plenitud.

Este ejemplo nos recuerda, pues, que la cuestión del vacío es multidimensional. Acabamos de comentar su dimensión matemática; y también podrían destacarse otras dimensiones: la mitológica y cosmogónica, la simbólica, la estética, la psicológica, y obviamente las dimensiones física, espiritual y metafísica. Atendiendo a esta multidimensionalidad, el vacío habría de ser definido –siguiendo a Granet[4]– como 'emblema', es decir como un encadenamiento de conceptos y símbolos que se llaman entre sí, que establecen entre sí una resonancia metafórica. En nuestro caso, el *horror vacui* sugiere tal encadenamiento; sugiere las nociones de falta, inconsistencia, caída, perdición, abismo; mientras por el contrario, la plenitud es positivamente valorada porque es lo realizado, lo cumplido, la adecuación al Ser. El contraste con las tradiciones orientales de pensamiento es enorme: ahí el vacío es emblema positivo.

---

4 El concepto de emblema en Granet, *La pensée chinoise*, especialmente los capítulos II y IV del lib. II.

La siguiente consideración será esclarecedora: en la filosofía taoísta el fundamento u origen es designado como *Dao* [5], y este fondo común u origen parece que podría ser interpretado como el equivalente chino del 'Ser' de la filosofía griega. Pero justamente la diferencia entre el *Dao* y el 'Ser' –dicho esto en una rápida síntesis– es que el *Dao* se concibe en términos de vacuidad mientras el 'Ser' se concibe en términos de plenitud.

Esta diferencia ilustra esa constante del horror metafísico al vacío que aquí venimos destacando. En clave cosmogónica, por ejemplo, la concepción de la creación *ex nihilo* –y sus fuentes bíblicas– subraya esta idea de la creación como un rescate: se rescata de la nada (del vacío) lo existente; ¿cómo podría tolerarse la nada (el vacío) en esa operación? Los ejemplos podrían multiplicarse en las referencias simbólicas al abismo, los infiernos, las tinieblas, etc. El vacío es ese contrafondo sobre el que se ha creado o construido lo existente; su inclusión arruinaría toda delimitación, introduciría el caos, negaría un orden y un fundamento.

Tras el análisis histórico desplegado en esta obra, ha quedado al descubierto lo novedoso del pensamiento moderno: mientras para el pensamiento tradicional la doctrina del *horror vacui* fue un principio de aplicación general, ahora –tras la victoria newtoniana– ya no es aplicable a la dimensión física, pero subsiste en los restantes ámbitos. Con esta inflexión puede hablarse de los momentos fundacionales del moderno *horror vacui*. Éste se refiere específicamente a la consideración de la vacuidad como impensable y a la proyección interiorizada en el sujeto de tal horror. Hoy, pues, al nombrar el horror metafísico al vacío nos estaríamos refiriendo básicamente a estos dos aspectos.

En cuanto a la vacuidad como impensable, hay que subrayar obviamente la continuidad de una constante del pensamiento de Occidente,

---

5 Más conocido en otra transcripción: Tao. Uno de los textos más representativos de la filosofía taoísta es el *Daodejing* de Lao zi (en otras transcripciones: *Tao te king* de Lao Tse). Una de las ediciones españolas más autorizadas es la de Carmelo Elorduy: Lao Tse / Chuang Tzu, *Dos grandes maestros del Taoísmo*. Del *Daodejing* pueden citarse estos fragmentos:

> Su vacío es para el Tao su eficacia. Nunca se colma. (*Daodejing*, c.4)
>
> Treinta radios lleva el cubo de una rueda; lo útil para el carro es su *nada* (su hueco). Con arcilla se fabrican las vasijas; en ellas lo útil es la *nada* (de su oquedad). Se agujerean puertas y ventanas para hacer la casa, y la *nada* de ellas es lo más útil para ella. Así, pues, en lo que tiene *ser* está el interés. Pero en el *no ser* está la utilidad. (*Daodejing*, c.11)

constante que ha sido definida como de adhesión al 'principio de plenitud' y que ha sido expresada por el motivo de la 'cadena del ser'.[6] Pero más allá de esta caracterización general, lo impensable de la vacuidad se ha expresado también como un horror a la falta de fundamentos, algo que hemos llamado el 'complejo nihilista de Occidente'. En la génesis de este complejo se han destacado dos momentos que pertenecen a los momentos fundacionales del moderno *horror vacui*: uno es la recepción conflictiva de las doctrinas orientales cuando se establece un primer contacto; otro es el agotamiento de la tradición mística en virtud de la crisis quietista.

En cuanto al vacío interior, la aversión hacia tal vacío también viene ilustrado en el episodio de la crisis quietista. Las condenas pronunciadas supusieron la exclusión de la única corriente –tomándola en un sentido amplio– que había formulado una reivindicación del vacío interior. Por otra parte, esa aversión se ha ilustrado con el caso Hume. Ahí se ha visto cómo la concepción del sujeto empírico conducía a un llamado 'atomismo psicológico', pero ese atomismo no reconocía el vacío. Es decir, ni siquiera la adopción del modelo atomista permite la admisión del vacío en la dimensión anímica.

Así pues, en cualquiera de las opciones, la no admisión del vacío anímico es la regla; en la concepción cartesiana del sujeto, por ejemplo, la introspección retrocede hasta un núcleo diamantino, núcleo irreductible. Por ello, la metáfora del vacío vendrá a adherirse luego a la consideración de los desarreglos del sujeto: el vacío interior será desgarro, fisura, caída y malestar del alma. Tal es la principal connotación que hoy adquiere la vieja fórmula del *horror vacui*.

2. *Vacío, divinidad y espacio*

Se ha dicho que la corriente mística fue prácticamente la única en reivindicar el vacío interior y que el resultado de la crisis quietista comprometió globalmente la transmisión de este mensaje. La única referencia al vacío interior quedó así descartada. Pero esta dimensión interior del vacío de los místicos no puede separarse de otras dimensiones, como la teológica y la cosmológica. En cierto modo, el proceso que conduce a la admisión del vacío, el proceso de la 'divinización' del espacio vacío, le está vinculado; es

[6] Cf. Lovejoy, *La gran cadena del Ser*.

decir, la tradición mística es una de las que aporta las bases que hacen posible dignificar el vacío hasta el punto de su 'divinización' –contra la habitual tendencia a tomar el vacío como lo contrario, o sea como la pura nada, lo más alejado de la dignidad divina–.

Este proceso tiene que ver, pues, con la cuestión de la relación entre divinidad y vacío. Pues, efectivamente, en la corriente mística la reivindicación del vacío interior no es más que un recurso para alcanzar la fusión con la divinidad, divinidad que es concebida en términos parejos al de la vacuidad. El vacío de la criatura se corresponde, pues, con la vacuidad de la divinidad; es lo que en términos teológicos se llamaría la correspondencia entre la apofasis noética y la apofasis ontológica.[7] Esta aproximación entre divinidad y vacuidad es justamente uno de los rasgos más característicos de la tradición mística.

Esta corriente mística promueve, pues, una concepción de la divinidad de tipo metaontológico, un Dios vaciado de determinaciones; y entiende que el sujeto sólo alcanzará a aproximarse a Él si a su vez se desprende de sus determinaciones sensibles e inteligibles. Es la vía que se ha descrito a propósito de san Juan de la Cruz y de Molinos, es la concepción que subyace al *ungrund* de Böhme, o que tan radicalmente se expresa en Eckhart.[8] Este Dios es en cierto modo, pues, la vacuidad; está vaciado de determinaciones, no es acumulación de atributos sino negación sucesiva hasta alcanzar la mayor pureza –que es vacuidad–. Y el sujeto debe sumirse en su propia pobreza de espíritu, en su tiniebla y vacío, no para comprenderlo –al modo de las vías meditativas– sino para fundirse con Él en la vía contemplativa.

Al margen de algunas consideraciones sobre el carácter de esta vacuidad, sobre el carácter de la unión mística, sobre si ésta se concibe también en términos de plenitud, está claro que aquí hallamos una clara reivindicación de la vacuidad. Estas concepciones influyen sobre el proceso de divinización del espacio y de admisión de su vacío. Pues, en efecto, la

---

7 Cf. Balthasar, art. "Kénose" en *DS*; Gourier, art. "Néant" en *DS*.

8 Recordemos las palabras de Eckhart: "Dicen los maestros que Dios es un ser y un ser racional y conoce todas las cosas. Mas nosotros decimos: Dios no es ni ser ni racional ni conoce esto o aquello. Por eso, *Dios es libre (vaciado) de todas las cosas y por eso es (está en) todas las cosas.* [...] Por eso hace falta que el hombre aspire a no poder saber ni conocer nada de las obras divinas" (Del Sermón 'Beati pauperibus spiritu', en Eckhart, *Tratados y Sermones*, p.689; el subrayado es nuestro).

idea de Dios como "vaciado de las cosas y estando presente en todas las cosas"[9] es paralela a la del espacio como no-cuerpo y como continente de todos los cuerpos. Eso, que no es y está en todo, es Dios y es espacio. El caso de Guericke es el más ilustrativo de este tipo de influencia: su concepción del espacio y del propio Dios como Nada increada es un claro reflejo de la concepción supraontológica de la divinidad. En otros casos la influencia es menos directa: por ejemplo en Newton, aunque se haya reconocido la influencia de Böhme, su aceptación de la divinización del espacio depende menos de esta concepción supraontológica y sí, en cambio, de su concepción de Dios como creador omnipresente. Y finalmente, en ciertos casos, como el de Leibniz, la referencia supraontológica sirve justamente para desvincular a Dios de la máquina del mundo y para negar el espacio vacío.

La influencia existe pues; pero no es unívoca. Podría decirse que la tradición mística tiene la virtualidad de mantener viva una idea de la vacuidad, de resaltar la dignidad del vacío, aunque su traducción en términos físicos y cosmológicos no sea única. En cierto modo, la propia ambigüedad que esa tradición mantiene respecto a la tensión 'vacío/plenitud' en cuanto a la unión mística se proyecta en una pareja ambigüedad en cuanto a la relación entre divinidad, espacio y vacuidad: en unos casos, esa dignificación del vacío sirve para establecer la ecuación 'divinidad-espacio-vacuidad'; en otros casos, la concepción supraontológica de Dios sirve para desvincularlo del mundo –apoyándose además en la tradición de la imposibilidad metafísica del vacío–. Los casos Guericke y Leibniz son ejemplos representativos de estas dos opciones.

Sin embargo, la relación entre divinidad y vacío no se agota en el ámbito de la tradición mística. Esta relación viene mediatizada en general por la relación entre divinidad y espacio. Son los temas de la infinitud, de la ubicuidad, de la omnipresencia de Dios, los que acotan dicha relación entre divinidad y espacio. Ahí interviene una inclinación –muy persistente en las religiones monoteístas– a tomar la omnipresencia divina como un atributo con clara correlación espacial: esa omnipresencia se toma como verdadera presencia en la totalidad del espacio, hasta el punto que el espacio como lugar de las cosas pueda confundirse con el Dios en el que –y por el que– subsisten las cosas. Esta es la vía que hemos visto desplegarse de

[9] Es la expresión explícita de Eckhart, transcrita en la nota anterior.

Bradwardine hasta More, y es una de las más decisivas en el proceso de la llamada 'divinización' del espacio. Es una vía que se expresa básicamente a través de dos motivos: uno es el de la identificación del espacio extracósmico vacío con la propia extensión divina (el famoso motivo del 'espacio imaginario'); otro es la reiteración del *dictum* hermético acerca de la infinitud de Dios transfiriéndolo a la propia infinitud del espacio (la famosa afirmación de Nicolás de Cusa sobre la esfera infinita). Son concepciones que empujan hacia la consideración de un espacio independiente de las cosas, aunque justamente ese espacio dependa directamente del propio Dios.

Ahí surge la ambigüedad sobre la vacuidad de tal espacio; pues, en efecto, es vacío en cuanto es no-cuerpo, pero es pleno en cuanto expresa al Ser eminente (Dios es la riqueza superlativa). Ya lo había dicho Bradwardine: "que puede haber vacío sin cuerpo, pero no vacío sin Dios."[10] Esta doble afirmación sustenta, pues, la ambigüedad sobre la vacuidad y la plenitud del espacio. Habrá una línea de pensamiento que enfatizará la primera opción: es la que desemboca en Newton; y habrá otra línea que pondrá el acento en la plenitud. Como ya se dijo, esta interpretación en términos de plenitud divina –que fue predominante– pudo dar lugar también a la inflexión que conduciría a la afirmación de la vacuidad: es una inflexión que se produce a mediados del siglo XVII y que puede ejemplificarse en More. De este modo algo tortuoso, la relación entre divinidad y espacio llega a transformarse en relación entre divinidad y espacio vacío.

Al margen de los factores que explican esta transformación –que se reducen básicamente a la elucidación de qué es la materia, en términos de filosofía corpuscular y mecánica–, la cuestión relevante es constatar cómo esta relación entre divinidad y vacío (espacio) sigue sujeta a dificultades y a ambigüedades. Las dificultades se nutren lógicamente de la larga tradición antivacuista: por ejemplo, los argumentos sobre la divisibilidad del espacio y su proyección a una inadmisible multiplicidad de la divinidad. Las ambigüedades son variadas y persistentes: por ejemplo, la diferencia entre un vacío concebible por la razón y un vacío imposible en acto, y, sobre todo, la complicada relación entre vacío y éter –problema éste que sigue latente en el propio Newton–.

---

10 Bradwardine, *De causa Dei*, lib.I, cap.V, p.177.

Puede decirse que, pese a la victoria de la cosmología vacuista newtoniana, esta dificultad y esta ambigüedad del estatuto del vacío siguieron manifestándose. En cierto modo, fue una victoria vergonzante, al menos desde el punto de vista de una clara reivindicación de la vacuidad. Se trató más de una cuestión que aclaraba las proporciones de materia en el mundo –indicando que estas proporciones eran mínimas– y los modos de su interacción, que de una afirmación radical acerca del vacío. Así, finalmente, se quiso verlo como consecuencia de una constatación pragmática, arropada en un lenguaje positivista (el famoso *hypotheses non fingo* del Escolio a los *Principia* de Newton).

Si hurgamos más profundamente en el carácter de esta ambigüedad y en esta –en cierto modo– vergonzante reivindicación del vacío, habríamos de fijarnos en unos cuantos aspectos: en primer lugar, la sospecha panteísta que acecha sobre tal vacuismo; en segundo lugar, una pareja debilidad en la reivindicación de la vacuidad por parte de la tradición mística.

En cuanto a la sospecha de panteísmo, aunque este término se aplique primero a la denuncia del espinosismo –y ha de recordarse que Spinoza no es precisamente vacuista–, ésta se justifica en la medida que la idea de un espacio vacío consubstancial con la omnipresencia divina parece desdibujar la delimitación entre divinidad y mundo. Y es cierto que esta sospecha recae especialmente sobre la doctrina espinosista de la substancia única, pero también la vimos aplicada sobre la cuestión vacuista por Bayle –en su papel de reflejo de un estado de opinión general–. Pues, en efecto, el espacio vacío (lo opuesto a la materia) aparece como correlato de la divinidad (también concepto opuesto al de materia) en la que se sustentan las cosas del mundo. Un ejemplo significativo es el newtoniano con su famosa apelación al espacio como *sensorium Dei.*

Puede decirse que el vacuismo newtoniano ha de someterse a esta sospecha de panteísmo y que se ve impelido a desprenderse de esta carga. Y ciertamente lo consigue: no Newton directamente, pero sí sus seguidores en el proceso de la victoria newtoniana en el siglo ilustrado. Es el proceso, ya descrito, por el que el vacío deja de ser ese *sensorium Dei* y adquiere las viejas connotaciones atomistas del vacío como simple ausencia. Con ello se quiebra la original asociación entre vacío y divinidad.

A este proceso no es ajena la debilidad de la reivindicación de la vacuidad en la propia tradición mística –y éste es el segundo aspecto a que se hacía referencia respecto a la reivindicación vergonzante del vacío–. Aquí no se trata simplemente de la quiebra de la asociación entre espacio vacío y divinidad; es el propio concepto de vacuidad y la correlación entre vacuidad y divinidad los que están comprometidos. Es cierto que la tradición mística insistió en la cuestión del vacío anímico y en una concepción supraontológica de la divinidad. Pero esta vía también estuvo sometida a las sospechas, sospechas que a la postre fueron las que la conducirían, a raíz de la crisis quietista, a su callejón sin salida. La sospecha es nuevamente el panteísmo.

Y sin embargo, si se mira con atención, no hay en la tradición mística cristiana una declaración tan nítida –como suele suponerse– acerca del vacío anímico y acerca de la divinidad como vacuidad. Ya sea por efecto de las sospechas citadas, ya sea por efecto, sobre todo, de su propio marco conceptual –religioso y filosófico–, el hecho es que cabe observar una continua tensión entre vacuidad y plenitud en esa tradición mística. Se propone el vacío anímico, pero éste es como un tránsito para alcanzar una plenitud: es, como dice san Juan de la Cruz, un desprenderse de unas vestiduras para arroparse con otras; es un proceso que incluso se ha descrito con el uso explícito de la metáfora del *horror vacui*.[11] Se propone una visión supraontológica de Dios, pero difícilmente se deja de lado la concepción de Dios como completa saturación (quizás la excepción más notable es la de Eckhart). La tensión entre vacío y plenitud compromete, pues, a los dos aspectos: al vacío/plenitud del sujeto, y a la vacuidad/saturación de la divinidad.

La cuestión de la unión mística es indicativa de esta tensión: difícilmente puede compararse la unión mística de la tradición cristiana con otros modos de aproximación con lo Absoluto, al menos en el aspecto concreto del vacío. Por ejemplo, no podrá compararse con la 'iluminación súbita' (llamada *satori* en el budismo zen), ni con el *samaddhi* (última etapa en la vía del yoga): en estos casos se habla de la 'obtención de la no-obtención' y se habla de 'enstasis' –por oposición a 'ekstasis'–.[12] No hay propiamente

---

11 Recordemos las palabras explícitas de Osuna: "así como lo vacuo atrae cosa que lo ocupe, así el corazón vacío de lo mundano atrae a Dios que ocupe y supla su falta" (Osuna, *Tercer abecedario*,p.241).

12 Sobre la 'iluminación súbita' (*satori*), véase Fung Yu-lan, *Breve historia de la filosofía china*, cap.XXII. Sobre el *samaddhi*, véase Eliade, *Yoga. Inmortalidad y libertad*, especialmente cap.II.

una salida de sí para alcanzar al Otro, o sea no se trata de un 'tránsito' (tal es la traducción literal de 'ekstasis'), sino una interiorización y una disolución que no conduce a otra parte, porque propiamente no hay Otro ni hay obtención. Por eso, el emblema del vacío es más potente en estos casos que en el caso de la unión mística cristiana.

Así pues, la tradición mística cristiana no pudo sustraerse a esa tensión entre vacío y plenitud, aunque ciertamente reconozcamos su papel en la dignificación del vacío. Por eso, la idea de la vacuidad y la idea de la asociación entre divinidad y vacuidad no fueron expresadas contundentemente.

En resumen, la relación entre divinidad y vacío está sujeta a muchas dificultades. Lo está en la tradición mística, y lo está en la tradición de la afirmación de la omnipresencia divina. Ciertamente, a pesar de estas dificultades, estas tradiciones sirvieron al proceso de 'divinización' del espacio, aspecto éste clave en el proceso de admisión del vacío. Pero luego, la asociación entre divinidad y vacío se quebró. Lo hizo por la dinámica propia que adquirió la victoria newtoniana, en el sentido de un desprendimiento de sus connotaciones metafísicas; pero también como reflejo de las dudas y de las vacilaciones que siempre han caracterizado a la consideración de la vacuidad en el contexto del pensamiento de Occidente.

3. *Plenitud y vacuidad*

Hemos visto la dificultad que manifiesta el pensamiento de Occidente a expresar sus fundamentos –se diga 'Dios', o se diga 'Ser'– en términos de vacuidad. Se concibe el Ser como plenitud y se concibe a Dios con saturación de atributos; y en las corrientes marginales que escapan a este esquema, el síntoma de sus dificultades viene expresado en una persistente tensión entre el vacío y la plenitud. En una caracterización muy general, podría señalarse el contraste con la tendencia opuesta, propia de las filosofías orientales, la tendencia a expresar los fundamentos –llámese *Dao*, o llámese *sunyata*– en términos de vacuidad.

Estas inclinaciones también se reflejan en la consideración de las cosas del mundo. En un caso, parece tratarse de reducir la diversidad que se nos ofrece a la experiencia a un patrón que es el cuerpo sólido. Esta tendencia la vemos, por ejemplo, en las discusiones a propósito de la naturaleza del aire: al señalar que el aire también era cuerpo –y éste era un argumento clásico contra el vacío–, el modelo de cuerpo a que se acude es el modelo del cuerpo sólido, o sea consistente e impenetrable. Es decir, toda naturaleza –por más sutil o penetrable que se nos ofrezca a la experiencia sensible– remite al modelo del cuerpo sólido; en definitiva, prima la imagen de la materia como algo compacto y pleno. En el caso contrario –en las filosofías orientales, como el taoísmo y el budismo–, la operación es la inversa: se reduce toda naturaleza a su principio o constitución sutil; lo sólido e impenetrable se concibe únicamente como el grado extremo de la densificación de lo fluido y penetrable. En suma, prima la imagen de las materias aéreas.

Aplicada esta reflexión al tema del vacío, podría decirse que en Occidente se intenta reducir todo aparente vacío a materia (impenetrable) y que en Oriente se intenta reducir toda materia a vacío (penetrable). Esto es comprobable en el citado ejemplo del aire: se dice que lo que el habla popular entiende por vacío es, visto en rigor, aire, y éste es cuerpo, es algo consistente. En cambio, en la concepción oriental del vacío se insiste en una cierta gradación entre las apariencias más sólidas y la pura sutilidad del vacío; es una gradación que también se corresponde con otras análogas, la relativa a la polaridad 'espíritu / materia' y la relativa a la polaridad 'alma / cuerpo' –que también se conciben sin una delimitación cortante–. O dicho de otro modo, lo sólido puede concebirse como una densificación del propio vacío; concepción ésta que fue ensayada tímidamente por el propio Newton al señalar que la materia y el éter eran condensaciones del espacio; y que en cierto modo se corresponde con los conceptos más actuales de la física (el comportamiento dual onda / partícula, la masa como singularidad del campo). Es decir, la concepción oriental –y muy particularmente, la budista– resalta que tras lo aparente, incluso cuando se nos ofrece compacto y sólido, hay que buscar su inconsistencia, su vacío.

Más allá de las precisiones aportadas por los diversos sistemas filosóficos, habría que subrayar una polaridad de actitudes: a un lado, la 'dureza'; al otro, la 'blandura'.[13] En un caso, lo cortante, lo estable en su homogeneidad plena; en el otro, lo adaptable, lo permanente tras su capacidad para contener la variación. Es una diferencia de actitudes, que remite a unas pautas de pensamiento que difieren en sus propios funda-

[13] Es conveniente recordar que el término griego que significa blandura, malakiva, sugiere toda una serie de connotaciones negativas: significa también cobardía, debilidad, enfermedad; connotaciones éstas que también se han conservado modernamente.

mentos. Por ejemplo, el problema del 'ser / devenir', el 'principio de no-contradicción', el problema del 'movimiento / reposo', son cuestiones implicadas en estas diferencias de base. La tendencia hacia lo pleno es consecuencia también de esta inclinación hacia la dureza, y la tendencia al vacío lo es de la blandura. En cierto modo –siguiendo la consideración de Bachelard– se trata de distintas pautas de la imaginación, de cómo se imagina y se organiza el mundo.[14]

Por eso, aunque en la tradición oriental sea habitual hallar declaraciones sobre la identidad entre vacuidad y plenitud[15], estas declaraciones no autorizan a descartar sin más la cuestión del vacío, ni a apelar tan sólo a la plenitud. Esta es una operación fallida –como se ha visto en el caso de Leibniz–. La proclamada identidad entre vacuidad y plenitud no ha de ser obstáculo para reconocer que las pautas de pensamiento que se inclinan por la plenitud difieren mucho de las que se inclinan por la vacuidad. En todo caso, esta identidad sirve también para subrayar esa concepción que de modo gradual y fluido pasa de lo duro a lo blando, de lo compacto a lo penetrable.

Justamente la opción vacuista en la tradición de Occidente, el atomismo, tampoco escapa al esquema conceptual que le es propio; o sea, a la inclinación por la dureza y a una falta de gradación entre plenitud y vacío. En esta opción, aunque se admita el vacío, la polaridad 'dureza / blandura' y la polaridad 'plenitud / vacío' se han tensado al máximo. Pues, en efecto, la dualidad 'átomos/vacío' se corresponde exactamente a dichas polaridades llevadas a sus extremos: los átomos son –además de 'indivisibles'– duros, indeformables, plenos sin fisuras, impenetrables; mientras el vacío de los atomistas es lo blando superlativo, o sea la ausencia de consistencia y de resistencia. Entre átomos y vacío hay una delimitación completa, no hay naturaleza común. Este es el modo, prácticamente el único, en que el vacío es admitido en la tradición occidental: el modo

---

14 Cf. Bachelard, *El aire y los sueños. Ensayo sobre la imaginación del movimiento*; también de Bachelard, *La poética del espacio*.

15 Se ha citado la que refería Longobardi y retenida en el comentario de Leibniz (cf. Longobardi, *Traité sur quelques points de la religion des Chinois, par le P. Longobardi, avec des remarques de M. Leibniz*): ver apartado III.II.4. Varias de estas declaraciones sobre la identidad entre plenitud y vacuidad aparecen, por otra parte, en las *Upanishad*. Cf. Panikkar, "Sunyata et pleroma".

atomista (y su variante, el corpuscular) que separa totalmente los términos 'vacuidad' y 'plenitud'.

Esta corriente –atomista o corpuscular– se basa lógicamente en la consideración de que la divisibilidad no puede llevarse al infinito. El debate sobre el atomismo consiste, también, en esta discusión sobre los límites de la divisibilidad. Y debe anotarse que las dos opciones ('división limitada' y 'división ilimitada') conducen ambas a paradojas insalvables –como ya mostrara Zenón de Elea en sus ejercicios dialécticos sobre la multiplicidad[16]–. Además, la consideración del átomo como indivisible entra en contradicción con su característica de extenso: si es extenso, o sea si tiene magnitud, inmediatamente es imaginable como divisible. Y, por el contrario, si la divisibilidad no tiene límite se alcanzarían unos puntos inextensos, que serían indistinguibles; argumento que es aplicable a la refutación leibniziana de los átomos –refutación basada en el principio de identidad de los indiscernibles–: si se reprocha que los átomos son esos indiscernibles, con mayor razón lo son esas partes últimas puntuales fruto de la divisibilidad ilimitada.

Como mostrara Zenón, la hipótesis de la multiplicidad conduce a dos conclusiones contradictorias: que lo múltiple lo será en cantidad limitada y a la vez en cantidad ilimitada.[17] También Zenón mostró cómo subyace el problema de la unidad de cómputo: la única unidad estable es el indivisible e inextenso punto, pero la suma de puntos inextensos no podría dar la extensión.[18] En último término, estas paradojas de la divisibilidad son consecuencia y expresión de la dificultosa relación entre el mundo de la

16 Sobre Zenón de Elea, véase BCG II, p.34-39 (los argumentos contra la multiplicidad), y p.39-41 (los argumentos contra la unidad); y especialmente el fragmento DK 29 B 3 (BCG II 90)

17 Es lo que se dice explícitamente en DK 29 B 3 (BCG II 90).

18 Contra esta afirmación se tiende a suponer que esta dificultad ha sido superada por el moderno cálculo infinitesimal: se dirá que, aunque los puntos son inextensos, la infinidad de ellos permite la extensión. Pero, como bien advierte Koyré (en "Remarques sur les paradoxes de Zénon"), la introducción del concepto de límite no resuelve el problema del infinito; al contrario, la noción de límite hace intervenir doblemente la de infinito (la infinidad de puntos, el acercamiento infinito hacia el límite). En ello Koyré descubre la raíz común de las aporías de Zenón –las de la unidad/multiplicidad y las más conocidas, del movimiento–: son paradojas de la continuidad; y alcanzan a "todos los problemas y todas las concepciones fundamentales de la geometría" (p.24).

magnitud (la matemática, la geometría) y el mundo de las cosas.[19] Lo mismo cabría decir de la magnitud aplicada a la consideración del movimiento, a la pretensión de su medición, problema que conduciría a las famosas aporías de Zenón sobre el movimiento.[20]

La opción de la divisibilidad limitada (el atomismo) y la opción opuesta (el continuo) están sujetas, pues, a numerosas dificultades. El vacuismo atomista puede ser objeto, en consecuencia, de buenas refutaciones, al igual que la opción del continuo. La cuestión que nos interesa no es, sin embargo, resaltar estas dificultades, sino llamar la atención sobre el hecho que esta opción del continuo sólo se haya presentado con la connotación de la plenitud. Parece claro que la hipótesis de la divisibilidad ilimitada conduce a los puntos inextensos, y éstos son propiamente nada, o cuando menos son indistinguibles, sin magnitud y sin cualidades. La división llevada hasta el punto conduce en cierto modo al vacío, a la ausencia de determinaciones. Y es sorprendente que este argumento de la disolución de las cosas en el vacío –en la divisibilidad infinita–, argumento muy utilizado en la tradición budista por ejemplo, no tenga homólogo en la tradición de Occidente. Aquí la hipótesis del continuo sirve siempre al principio de plenitud. ¿No sería posible concebir esta consideración sobre la divisibilidad infinita como indicio de una simultánea plenitud y vacuidad? Tal es el sentido, justamente, de las habituales declaraciones sobre la identidad entre plenitud y vacuidad en la tradición de Oriente.

Esta es una vía prácticamente inexplorada en Occidente: aquí la polaridad 'plenitud/vacuidad' tiene un significado excluyente; cuando se admite el vacío –caso de la opción atomista– los términos 'vacío' y 'pleno' siguen situados en dos extremos opuestos. No hay paso fluido de uno a otro.

Quizás la excepción a este esquema haya de buscarse en la inflexión que a mediados del siglo XVII se produce con el paso de la concepción

---

19 Esta dificultad puede ejemplificarse también en el descubrimiento de la 'irracionalidad' de la hipotenusa de un triángulo rectángulo de lados igual a la unidad (la 'irracionalidad' de la raíz cuadrada de dos): ¿cómo resulta que un triángulo real, uno construido en madera por ejemplo, no sea medible con exactitud?

20 Koyré ha mostrado la coherencia interna y la sintonía de estos dos tipos de problemas, los relativos a la multiplicidad, el infinito actual, y el relativo al movimiento: "Los problemas y las dificultades son de naturaleza ontológica; resultan de la constitución del 'ser' mismo" (Koyré, "Remarques sur les paradoxes de Zénon", p.31). Todo el artículo es sumamente esclarecedor.

renacentista del *plenum* a la concepción prenewtoniana del vacío cósmico. En este caso, al vacío, como equivalente estricto de 'no-materia', se le adhieren las cualidades reservadas al principio no material que cohesiona el todo; el vacío absorbe así las propiedades asociadas al *plenum*.

Este proceso ha sido detalladamente descrito. Lo que cabe destacar es la inestabilidad de los factores que condujeron a esta inflexión: todo el clímax de la polémica, personificada en Leibniz y Clarke, da cuenta de ella. Por una parte, la distinción entre materia y vacío tuvo que tensarse al máximo (en línea con la filiación atomista): dónde había vacío no había materia, y simétricamente dónde hubiera materia no habría vacío (en todo caso, sólo como espacio coexistente con el cuerpo material). Por otra parte, la relación entre vacío y divinidad no pudo sostenerse: la victoria newtoniana tuvo que renunciar a la idea del espacio como *sensorium Dei* y concentrarse únicamente en el aspecto geométrico del espacio absoluto; renunció también al porqué de la interacción material a través del vacío y se contentó en un descriptivo cómo. De este modo, los pocos atisbos sobre la identidad entre vacuidad y plenitud se diluyeron. Por ejemplo, las indicaciones de Newton sobre el éter y la materia como condensaciones de espacio (vacío) fueron prácticamente olvidadas. La imagen cosmológica triunfante entronizó la ya tradicional delimitación entre vacío y plenitud, bajo los nombres de 'vacío' y 'materia'.

En resumen, plenitud y vacuidad no tendrían porqué ser términos contradictorios, pero lo han sido en nuestra tradición de pensamiento. Asumida esta delimitación, está claro que la tradición occidental ha optado mayoritariamente por la plenitud mientras la oriental lo hace por la vacuidad. Justamente esta delimitación puede tomarse como un buen criterio de diferenciación. Estas diferencias van más allá de los estrictos conceptos filosóficos o científicos; son reflejos de pautas y de actitudes generales del pensar y del imaginar. Aquí se ha ilustrado esta confrontación de emblemas con la consideración de la polaridad 'dureza/blandura': la fijación occidental al polo de lo duro explica su inclinación por la plenitud y, en todo caso, la opción por una neta diferenciación entre plenitud y vacuidad; por el contrario, el apego al polo de lo blando explica la preferencia por la vacuidad y la tendencia a asumir transiciones entre la vacuidad y la plenitud.

El caso del atomismo, aún siendo vacuista, ejemplifica perfectamente esta tendencia –propia de Occidente– a oponer radicalmente plenitud y vacuidad y a inclinarse por los modelos de la dureza. Por otra parte, el atomismo invita a considerar la cuestión de la divisibilidad: ésta, en cualquiera de sus opciones (limitada o ilimitada) conduce a paradojas, particularmente a las paradojas del continuo. Lo sorprendente es que la hipótesis del continuo, de la divisibilidad infinita, en el caso de Occidente vaya asociada casi indisolublemente al principio de plenitud. La divisibilidad llevada hasta el punto inextenso podría haber sugerido la inconsistencia de lo divisible, su vacío; podría haber sugerido la identidad entre vacuidad y plenitud. Pero esta vía no fue explorada.

La identidad entre plenitud y vacuidad sólo aparece como un aspecto de la inflexión del XVII que conduce a la admisión del vacío cósmico, aspecto tortuoso dado el papel intermediario de la divinidad en esa identidad. Los apuntes en esta línea se diluyeron ante la fuerza de la tradicional distinción entre plenitud y vacuidad; su reflejo en la victoria newtoniana es la oposición entre materia y vacío.

4. *La materia y el vacío*

La victoria del vacío –sólo en el aspecto físico y cosmológico, en virtud de la victoria newtoniana– se produce, pues, sobre la base de una neta distinción entre vacuidad y plenitud. Es la distinción entre vacío y materia; el vacío es por definición la ausencia de materia.

La elucidación acerca del vacío está, pues, lógicamente comprometida con el proceso de elucidación acerca de la materia. El vacío como ausencia de materia, ¿es sólo ausencia de extensión?, ¿es también ausencia de masa o peso? Y se comprende que, según cuál sea la definición de materia, va a derivarse una u otra respuesta respecto al vacío. Por ejemplo, si la materia equivale simplemente a extensión (la opción cartesiana) no cabe siquiera considerar el vacío; en cambio, si la materia, además de su carácter extenso, es ponderable, entonces el vacío se define básicamente como ausencia de materia ponderable, o sea como ausencia de masa.

Ya se ha visto que la discusión sobre la masa –o la llamada 'cantidad de materia'– fue un punto especialmente sensible en la polémica vacuista entre Leibniz y los newtonianos; y también que la maduración del concepto moderno de masa es un proceso lento que incluye la cuestión de la inercia y la cuestión de la correlación entre masa y peso. El hecho es que Newton condujo a su conclusión más elaborada las indicaciones tradicionales sobre la consistencia, la impenetrabilidad y la resistencia de la materia: la cuantificación de estas propiedades la llamamos 'masa', y ésta se traduce en 'peso' –que es el modo en que se nos ofrece a la experiencia–. Contra esta conclusión puede oponerse la concepción cartesiana o leibniziana, que hace equivalente la 'cantidad de materia' y el volumen ocupado, solución que se enfrenta a la variedad empírica de consistencias y pesos: decir que hay igual cantidad de materia en un litro de agua que en un litro de mercurio parece contravenir la simple evidencia, simplemente porque pesan distintamente. Cierto que esta postura tiene su propia coherencia, pero este tipo de soluciones tienen el defecto de desatender un aspecto clave en el pensamiento científico, la cuantificación mecánica.

La materia podría ser el substrato común de lo mundano, sin otra referencia a sus propiedades –impenetrabilidad, consistencia, peso–; entonces, por definición, todo sería materia y no cabría hablar siquiera de vacío. Pero la concepción científica moderna quiere retener un concepto de su cuantificación que no sea puramente geométrico, que cuantifique tal consistencia. Es cuando 'materia' viene a ser sinónimo de 'masa'. Y por eso, como se vio oportunamente, el punto débil de la postura de Leibniz se da en el momento que retiene la propiedad de la impenetrabilidad de la materia y se obliga a considerar la 'cantidad de materia': entonces, su 'principio de plenitud' se convierte en un 'principio de máxima riqueza óntica', en la afirmación de un máximo de materia. De ahí provienen la mayoría de las dificultades de Leibniz en su polémica con Clarke.

Si la materia es 'masa', el vacío es la 'ausencia de masa'. Y no hay inconveniente en aceptar tal posibilidad, pues la experiencia nos presenta cuerpos de densidades decrecientes o medios con resistencias variables. El vacío sería, pues, el caso límite de esas densidades y resistencias tendiendo a anularse; además el modelo atomista o corpuscular aporta el soporte teórico: el vacío es la ausencia de átomo. Por eso es verosímil el argumento de Pascal de la prueba invertida: no es que haya de probarse el vacío en los experimentos barométricos, sino que los plenistas vienen obligados a demostrar que ahí hay materia ponderable.

El vacío es, pues, 'ausencia de materia', y más concretamente 'ausencia de masa'. No hay obstáculo en principio a la admisión de estos términos, que son prácticamente los términos del atomismo. El problema surge al considerar las interacciones entre cuerpos, entre porciones de materia, interacciones que son a través del vacío. Y tal es el programa que se propone Newton, dar cuenta de las interacciones de la materia; y ahí no basta el modelo atomista. El problema puede nombrarse de muchos modos: el problema de la atracción gravitatoria a través del vacío, el problema de las sustancias inmateriales extensas, el problema del éter, el problema de la fuerza. Y gravitando sobre todos ellos el problema del espacio absoluto y vacío.

Todas estas cuestiones las hemos visto desplegarse en la polémica Leibniz-Clarke. Baste ahora retener el núcleo de todas ellas: Newton va más allá del modelo mecánico de la contigüidad y del choque, describe interacciones mecánicas a través del vacío, pero su concepción ha de ser presentada como una ampliación del reduccionismo mecanicista; por el contrario, Leibniz, aunque manejando un lenguaje que desborda el puro mecanicismo, se ve obligado –para desmentir el vacío– a apelar a los términos de la concepción mecánica de la contigüidad y del choque. Ahí está inscrita la paradoja de la victoria newtoniana: va a presentarse como una culminación de la filosofía mecánica cuando en realidad, en sus orígenes, se presenta como una ampliación del punto de vista mecánico. Y el punto débil de Leibniz va a consistir en esa manifiesta contradicción entre su defensa del punto de vista mecánico y una concepción de la materia (de la 'cantidad de materia') que no es consecuente con tal punto de vista.

Por eso, el vacío de Newton no puede ser únicamente el equivalente de la ausencia de masa o materia. Lo es, pero además tiene que ser soporte de la atracción gravitatoria (Newton ni siquiera lo reconoce en estos términos explícitos), ha de ser espacio absoluto, ha de ser soporte de la cohesión mundana e incluso órgano por el que Dios comunica su permanente vivificación de la máquina del mundo. Es lo que viene expresado en la indicación newtoniana del espacio como *sensorium Dei*. Por eso, Clarke en una de sus respuestas a Leibniz admitía que el vacío es ausencia de cuerpo, pero que no es la pura ausencia. Así lo formulaba:

> El espacio vacío no es un atributo sin sujeto, porque no entendemos nunca por espacio vacío el espacio vacío de toda cosa, sino solamente el vacío de cuerpo. Dios ciertamente, y posiblemente muchas otras sustancias que no son materia, están presentes en todo espacio vacío, no siendo ni tangibles ni objetos de ninguno de nuestros sentidos.[21]

La presencia de Dios en el vacío, e incluso de esas otras sustancias intangibles e insensibles que no son materia, confirma pues que este vacío, definido como no-cuerpo o no-materia, acumula otras connotaciones. Son las que ya se han comentado a propósito de la divinización del espacio. Además, estas otras sustancias presentes en el vacío sugieren evidentemente la cuestión del éter. Esta cuestión gravita en la obra de Newton, particularmente en la ya comentada oposición entre lo que se dice en los *Principia* (en términos de vacío) y lo que se dice en la *Optica* (en términos de éter).

Uno de los problemas que se plantean es, pues, éste de las sustancias que no son materia, o sea el problema de si la oposición 'vacío / materia' basta o no. Evidentemente, para los que no admiten el vacío no hay tal problema; es el caso de Leibniz, que afirma que la materia no es propiamente una substancia pero que todo 'se substancia' en materia; no hay, pues, ni tercero ni segundo término que se oponga al de materia. Pero para Newton y sus seguidores el problema queda abierto. Y ciertamente lo seguirá estando, a pesar de su victoria. La cuestión del éter es ese problema no resuelto, y sus ecos son reconocibles en otras cuestiones más recientes, así en el concepto de 'campo'.

La cuestión es si, admitiendo el vacío, éste es sólo ausencia de materia o también ausencia a secas. La victoria newtoniana enmascaró y dejó en suspenso tal interrogante. Al tomarse la gravedad como simple cuestión de hecho, en realidad como una cualidad "innata, inherente y esencial a la materia, por la cual un cuerpo pueda actuar sobre otro a distancia a través de

---

21 Respuesta 4ª de Clarke, §9 (Robinet, p.110; Rada, p.91), fragmento ya citado en apartado III.III.3.

un vacío" –contra el criterio explícito de Newton[22]–; al prevalecer la vertiente geométrica del espacio sobre la vertiente divinizante; al infectarse la victoria newtoniana con las ideas de sus oponentes sobre la conservación de la fuerza; todo eso descargó al vacío de Newton de sus connotaciones y dificultades metafísicas. El espacio vacío, como ha dicho Koyré, dejó de ser "marco de la presencia y acción divinas" y pasó a ser "marco de ausencia de todo ser y, por tanto, también de la ausencia de Dios".[23] El tercero en discordia –llámese 'espíritu sutil' o 'éter'– pareció desvanecerse: la distinción entre materia y no-materia (equivalente del vacío) estaría bien fundamentada.

En resumen, la radical oposición entre vacuidad y plenitud –propia del pensamiento de Occidente– se vería confirmada. Esta oposición se expresa especialmente a través de la paridad 'vacío / materia'. La definición del vacío depende lógicamente de la definición de la materia. A las propiedades de extensión e impenetrabilidad se le sumaría como cualidad primaria la de consistencia y más precisamente la de masa. La revolución científica moderna incorpora y clarifica este concepto de masa, clarifica el significado de lo que tradicionalmente se llamaba 'cantidad de materia'. La aportación de Newton es decisiva en este aspecto. Frente a ella, las indecisiones de los plenistas (Descartes, Leibniz) sobre esta cuantificación de la materia aportan el punto más débil de su posición. De tal debilidad resulta también la inconsistencia, por ejemplo en Leibniz, de su rechazo del vacío.

En otros aspectos, la argumentación contra el vacío es más potente: por ejemplo en toda la discusión sobre el espacio absoluto. Las dificultades no se agotan ahí; el propio concepto newtoniano de vacío acumula ambigüedades, como son las relativas a otras sustancias inmateriales presentes en el vacío o la propia presencia divina en el espacio. Estas ambigüedades son indicios de la insuficiencia de la paridad 'materia / vacío'. Y plantean este interrogante: el vacío, ¿es radical ausencia o sólo es ausencia de materia?

---

22 El pasaje está tomado de la carta de Newton a Bentley del 17 enero 1693 (citada por Escohotado en la edición de Newton, *Principios matemáticos*, p.139, n.2). Son los términos rechazados por Newton; pero son los admitidos de hecho por el newtonismo triunfante.

23 Koyré, *Del mundo cerrado*, p.255.

5. *Aparente disolución del problema*

Los problemas que ya estaban inscritos en el clímax de la polémica vacuista del XVII-XVIII –problemas apuntados ya en el apartado anterior– parecieron desvanecerse. La visión retrospectiva del episodio se arropó con el lenguaje positivista de una supuesta constatación empírica incontestable del vacío. Tal fue el carácter de la victoria newtoniana. El vacío experimental alcanzado por Torricelli, Boyle y Guericke fue tomado efectivamente como una comprobación empírica absolutamente neutra; y el vacío cósmico proclamado por Newton –aunque no sujeto a comprobación empírica directa– se interpretó como realidad *de facto*, en cuanto pieza inexcusable de un edificio sistemático que sí podía acudir a observaciones y al aval de predicciones exitosas.

Pero ya vimos que la vertiente experimental estuvo sujeta a muchas irregularidades y a las consecuentes discusiones. Y si hay que ser rigurosos con los experimentos barométricos de esta época, habrá de reconocerse que el "vacío" alcanzado en ellos es bastante rudimentario: en ese vacío los instrumentos modernos encontrarían vapores de mercurio, vapor de agua y aire, aunque en cantidades pequeñas. Por eso, hoy se habla de 'grados de vacío', medidos en unidades de presión; el límite que se alcanza actualmente con los instrumentos más sofisticados estaría en torno a presiones de 10^{-12} torr. En estos recipientes vaciados hay, pues, una porción de materia, por pequeña que sea. A efectos prácticos son buenas aproximaciones al vacío; y a efectos teóricos, tal vacío es admisible en la medida que se parte de una teoría corpuscular de la materia: el contenido de estos recipientes se repartirá entre los corpúsculos (se llamen átomos o moléculas) y el vacío restante.

Por lo tanto, el sucesivo perfeccionamiento del instrumental científico del siglo XVIII en adelante no tiene porqué poner en cuestión la tesis vacuista. Admitida la teoría corpuscular, el vacío es su consecuencia lógica; y los vacíos alcanzados empíricamente son aproximaciones a un límite, el vacío perfecto, concepto límite que no plantea mayores problemas. Lo mismo cabe decir respecto al vacío cósmico. Admitida la atracción gravitatoria con independencia del medio interpuesto, admitido el principio de inercia, en fin, admitida la teoría newtoniana, el vacío de los inmensos espacios es una teoría aceptable que puede tomarse por una realidad probada. La cuestión siempre remite a la admisión de ciertas características de la materia y a la admisión de que esta materia pueda estar ausente. Además, en el caso del sistema newtoniano, esta ausencia ya no sólo es una posibilidad admisible sino una realidad imprescindible en la configuración del cosmos.

Tal es el cariz que toma la cuestión vacuista a partir del siglo XVIII: aparentemente la cuestión del vacío deja de ser problema, las negativas antiguas aparecen como prejuicios superados. Supuestamente una teoría y unas observaciones empíricas avalan este giro.

Sin embargo, esta visión tan optimista, tan coherente, es en gran medida un espejismo. Puede ser cierta desde el punto de vista de la culminación del edificio de la mecánica racional a finales del siglo XVIII; pero ya no lo es cuando entran en escena los fenómenos no mecánicos (óptica, calorimetría, magnetismo, electricidad, etc). La dificultad ya la había acusado el propio Newton al enfrentarse a las diferencias de registro entre lo dicho en sus *Principia* y lo dicho en su *Optica*. El nombre de esa dificultad es 'éter'. Pero Newton, al definirlo como "espíritu sutil", parecía esquivar las perversas consecuencias de tal discrepancia: al no definirse en términos de materia, podía mantenerse la paridad 'materia / ausencia de materia (=vacío)'; el vacío se definía en estrictos términos de ausencia de materia ponderable y la referencia a un éter-espíritu sutil no tenía por qué interferir aquella paridad.

De un modo pragmático, este esquema dual ('materia/vacío', por una parte; 'éter', por otra) ha venido a presidir la física de los siglos XVIII y XIX. El equilibrio pragmático se mantuvo, aunque precariamente. Algunos aspectos teóricos nuevos ya lo habían puesto en entredicho; luego la revolución teórica a inicios del siglo XX acabó con él. De esta vasta temática, aquí sólo se puede aportar unas pocas referencias, concretamente las que sirvan para aclarar los dos interrogantes que nos interesan: el interrogante acerca del vacío como radical ausencia o simple ausencia de materia, y el interrogante acerca de las relaciones entre vacuidad y plenitud.

La primera referencia a tener en cuenta es la incidencia del concepto de fuerza, y luego del concepto de energía. Ya vimos que la cuestión de la conservación de la fuerza fue tema polémico en el siglo XVII, y muy particularmente entre Leibniz, Descartes y Newton. La posición newtoniana era contraria a esta conservación, defendiendo justamente la concepción del

Dios-relojero sobre la base de la necesidad de una permanente comunicación del impulso divino a la máquina del mundo; Leibniz, al contrario, insistía en esa conservación, lo cual era un modo de eximir a la divinidad de esta tarea. Al margen de los detalles sobre la medida de esa cantidad, lo cierto es que la concepción leibniziana era correcta, y la victoria newtoniana tuvo que "infectarse" con ella. La idea dinamicista leibniziana prefigura la idea más moderna de energía: especie de principio de actividad que rige las transformaciones de un estado a otro. Esa energía rige y dirige, transformándose pero conservándose. Así se llega a la formulación del principio de conservación de la energía, principio tan general y elemental como el homólogo referido a la conservación de la masa o materia.

Así pues, junto a la 'materia-masa' aparece otra categoría básica en las ciencias físicas, la 'energía', categoría que puede comprometer la exclusividad de la paridad 'materia/vacío'. En principio, para Leibniz, esta fuerza o energía es indisoluble de la propia materia, está inscrita en ella; es decir, se viene a decir que el principio de actividad reside en la propia materia, conceptualización ésta tan importante en el moderno materialismo. Esta concepción tuvo que ser recuperada por la victoria newtoniana; sólo que, a diferencia del antivacuista Leibniz, los newtonianos la hicieron compatible con la paridad 'materia/vacío'. Leibniz no creía en energías libres, energías al margen de la materia; pero este postulado ya no es obligatorio para los vacuistas.

El segundo frente a considerar es el que parte de las teorías ondulatorias. El modelo ondulatorio, cuya característica básica consiste en describir la transmisión de efectos sin el recurso al simple modelo mecánico del choque, fue aplicado a los fenómenos no mecánicos, por ejemplo la luz.[24] Luego al electromagnetismo. La culminación teórica de esta línea de investigación se da en los trabajos de Maxwell.[25] El problema ya queda planteado en la cuestión de la luz: no parece ser un fenómeno material y, sin embargo, transporta o contiene energía. Estamos, pues, ante el caso de las energías libres, energías al margen de la materia; la propia transmisión de la

---

24 Es conocida la famosa polémica entre Newton y Huygens sobre la naturaleza de la luz. Cf. Taton II, p.342-365. A la postre, ni siquiera el prestigio de Newton pudo destronar el modelo ondulatorio de Huygens.

25 Maxwell (1831-1879) desarrolla la teoría del campo electromagnético. Cf. Taton III, p. 271-285. Sobre el proceso que conduce a Maxwell, consúltese: Berkson, *Las teorías de los campos de fuerza. Desde Faraday hasta Einstein.*

luz a través de los espacios 'vacíos' avala este carácter libre. La exclusividad de la paridad 'materia/vacío' está en entredicho.

El modelo ondulatorio aplicado a los fenómenos 'inmateriales' (luz, electromagnetismo) fue como una generalización de la descripción ondulatoria aplicada a los fenómenos materiales (el sonido, el movimiento marino); sólo que sin referencia al medio material (aire, agua) que en estos casos la sustentaba. La luz, el electromagnetismo, serían vibraciones de un medio especial, medio no material: el socorrido 'éter'. Lógicamente esta nueva apelación al éter puede suponer una crítica al vacuismo. Visto rigurosamente lo es, pero se prefirió admitir la dualidad de registros: en términos de masa (o sea gravitatorios) el vacío existe, es la ausencia de masa-materia; en términos de energía, existe un éter no ponderable que es el medio donde se difunden tales energías. Esta solución pragmática pervivió hasta entrado el siglo XX.

El tercer frente está muy vinculado al anterior; es el concepto de 'campo', concepto extraído básicamente del ámbito de los fenómenos magnéticos y luego generalizado hasta incluirse en los modelos gravitatorios. La noción de 'campo' como zona de influencia –influencia que se ejerce sin aparente intervención de un agente intermediario– es en cierto modo una reedición del viejo problema de la 'acción a distancia'. En la concepción mecánica estricta –incluso según las declaraciones explícitas de Newton– tal 'acción a distancia' no es admisible. Lo cierto es que la versión victoriosa de la teoría newtoniana la admite de hecho: es la atracción que se ejerce a distancia entre dos masas sin intervención de medio material interpuesto. Y análogamente, la teoría del campo aplicada al magnetismo, al electromagnetismo, es una admisión de hecho de la vieja acción a distancia. Ciertamente también podría interpretarse el concepto de campo como una superación del viejo dilema entre 'contigüidad' y 'acción a distancia', en la medida que el campo señala un continuo relacional, no sólo entre puntos distantes sino entre puntos contiguos.[26] En cualquier caso, el concepto de campo compromete la noción del vacío como radical ausencia; pues eso que llamamos 'vacío' –porque no contiene materia–

---

[26] Tal es, por ejemplo, la opinión de Rada, p.41. Pero nos inclinamos más bien por la opinión de Koyré, *Etudes newtoniennes*, p.202: el concepto de campo viene a disimular la vieja idea de la acción a distancia, por una vía que es la de presentarlo como resultado de una constatación empírica.

parece, sin embargo, contener una líneas de fuerza, un principio organizativo, que no podría confundirse con el puro, neutro y homogéneo vacío.

Efectivamente, al contener el campo unas direcciones privilegiadas, éste ya no sería como el vacío concebido a partir del puro espacio geométrico. Pero esta nueva precisión no puede tomarse como una especie de confirmación de la postura leibniziana, ni obviamente de su modo de oponerse al vacío. La recuperación de la concepción del 'espacio relativo' –por obra de Einstein– no se ha producido al coste de afirmar que todo estuviera ocupado por materia –como pretendía Leibniz–; y además tal 'espacio relativo' es compatible con el vacío. Y lo es de un modo más radical a cómo lo fue en los siglos XVIII y XIX, pues ha de recordarse que Einstein llevó a cabo la crítica despiadada del éter, de ese éter que durante dos siglos fue el problemático complemento del vacío cósmico.[27] La adopción del concepto de campo en la física relativista no supone, pues, la negación del vacío y sí en cambio la del éter. Más aún: las concepciones físicas del siglo XX llevaron a un nuevo límite la proporción del vacío en la constitución del mundo, pues el mismo átomo ya no sería aquella antigua partícula densa e impenetrable. La estructura del átomo, descrita como la conjunción de un pequeño núcleo rodeado por electrones a unas distancias relativas enormes, venía a ser una copia del sistema solar; o sea, que el átomo estaría constituido en su inmensa parte por vacío.[28]

Esta indicación nos conduce al cuarto hito a tener en cuenta, que es el relativo al concepto de materia. Las cualidades que le eran asociadas (masa, impenetrabilidad, estructura corpuscular, etc) han sido trastocadas: el átomo deja de ser 'indivisible', ya no es compacto; la masa ya no es un compartimento estanco frente a la energía (la una puede transformarse en la otra, según se afirma en la famosa fórmula $E=mc^2$); partícula y onda aparecen como dos modos complementarios; la partícula es como una singularidad inscrita en el campo. Y del mismo modo que el concepto de materia ha sufrido estas intensas mutaciones, también lo ha hecho el de espacio: el espacio relativista ya no es un espacio geométrico conceptualmente vacío.

Todas estas novedades –y otras más recientes y aún más "paradójicas"– comprometen evidentemente el concepto de vacío. Podría decirse que la

---

27 Una rápida y brillante síntesis del significado de la revolución relativista se hallará en: Einstein-Infeld, *La evolución de la física*, especialmente capítulo 3 (Campo y relatividad).

28 Esta imagen tan familiar del átomo se debe al modelo de Rutherford (1910).

concepción de la física actual representa un cierto compromiso entre lo pleno y lo vacío. Pero todavía más: es el concepto mismo de materia el que se ha diluido en cierto modo, la materia se ha diluido en su vacío (pues el átomo se ha diluido en sus partículas más elementales y éstas en una paridad 'onda/partícula' que se rige por un principio de indeterminación[29] que no permite distinguirlas claramente). Ya se dijo que la gran dificultad que tuvo Occidente, al discutir conceptos como el de *li* y *qi*, fue su pretensión de homologarlos a los términos familiares de 'espíritu' y 'materia', cuando en realidad no eran equivalentes; no hay propiamente en ese contexto un concepto de 'materia', y esta disolución de la materia en los conceptos actuales de la física parece una confirmación.

Todo ello nos conduce a una recapitulación sobre la polaridad 'vacuidad/plenitud', sobre la pretensión de una neta distinción entre vacío y materia. Por ejemplo, al decir que la física actual representa un cierto compromiso entre el pleno y el vacío, quizás habría que añadir que ese compromiso es indicio de la crisis de la tradicional concepción sobre la tajante distinción 'plenitud/vacuidad'. El compromiso sugiere, más que una confusión, una nueva concepción de estos polos: lo pleno y lo vacío no sólo serían conceptos que se aproximan entre sí, sino además conceptos que pueden llegar a identificarse. De hecho, la definición más reciente del vacío entiende que el vacío es una fluctuación de campo de pares de partículas-antipartículas, fluctuación de media nula; pero esa fluctuación explica la "paradoja" de que tal vacío pueda emitir partículas (por ejemplo, en la emisión de partículas de los agujeros negros).[30] Vacío y partícula serían dos caras de una misma moneda.

Más allá de las precisiones que las teorías físicas puedan aportarnos en el futuro, todas estas indicaciones bastan para hacerse una idea de la nueva problemática que incide en la cuestión vacuista. Una primera conclusión

---

29 El principio de indeterminación, formulado en 1927 por Heisenberg (1901-1976) se inscribe en otro de los pilares de la física postnewtoniana, la física cuántica. Dicho muy brevemente: el principio de indeterminación de Heisenberg señala que si el observador pretende fijar la velocidad del electrón no podrá fijar su posición (ésta aparece como una zona de probabilidad). Sobre el alcance de este principio, véase Heisenberg, *La imagen de la naturaleza en la física actual*.

30 La definición y el ejemplo están tomados de Hawking, *Historia del tiempo*, p.146-7. Recuérdese que un agujero negro es una concentración gravitatoria de tal intensidad que no permite escapar de sí ni a la propia luz. La emisión de partículas de un agujero negro ha de realizarse paradójicamente por parte del espacio vacío circundante.

sería afirmar que la relación entre lo presente y lo ausente es profunda; es como si las cosas –que se nos presentan compactas o bien delimitadas– fueran en último término simples emisiones o fluctuaciones del vacío, como si lo real se diluyera en la nada. Y esta constatación ha dado lugar –con peor o mejor fortuna– a toda una corriente de reflexión que enfatiza las coincidencias entre los nuevos conceptos de la física y las viejas ideas de los místicos o de las doctrinas orientales.[31] Una segunda conclusión tiene que dejar abierta la respuesta sobre el problema de la definición del vacío como radical ausencia; respuesta abierta porque propiamente decir que el vacío –entendido como radical ausencia– existe es tan contradictorio como decir que lo ausente es. Pero esta contradicción debería ser examinada; y para ello debería reexaminarse la diferencia ontológica entre Ser y ente, en una dirección que hiciera retroceder el interrogante más acá del Ser, más acá de la presencia.

El vacío, o más precisamente la vacuidad, es el límite u horizonte de este interrogante. Su consideración no puede reducirse al ámbito de las ciencias físicas, por muy sugerentes que sean sus recientes aportaciones. La escisión moderna entre cierta admisión del vacío físico y su negación en otros ámbitos (el vacío del sujeto, la vacuidad) es el síntoma de esta insuficiencia.

[31] Cf. Talbot, *Misticismo y física moderna*; Beckett, "A partir du Rien (Vide et Physique contemporaine)".

BIBLIOGRAFÍA

1. *Fuentes primarias*

APIANO, Pedro. *Cosmographia seu descriptio totius orbis.* Amberes, 1539 (1ª ed. 1524).

ARISTÓTELES. *Physique.* Ed. H. Carteron, 2 vols., París : Collection des Universités de France, 1931.

ARNIM, Ioannes ab (ed.). Stoicorum Veterum Fragmenta. 4 vols., Leipzig/ Stuttgart, 1903-1924 (reimpr. facs. Stuttgart : Teubner, 1964).

ARQUÍMEDES. *Archimedis opera omnia cum commentariis Eutocii.* 3 vols., ed. J.L. Heiberg, Leipzig, 1910-1915.

BAEMKER, Clemens (ed.). *Das pseudo-hermetische 'Buch der vierundzwanzig Meister'* [Libro de los XXIV filósofos]. Beiträge zur Geschichte der Philosophie des Mittelalters, fasc. XXV, Münster : Aschendorff, 1928.

BAILLET, Adrien. *La Vie de Monsieur Descartes.* 2 vols., París : Hortemels, 1691 (reimpr. París : La Table Ronde, 1946).

BARUZI, Jean. *Leibniz et l'Organisation religieuse de la Terre, d'après des documents inédits.* París : Alcan, 1907.

——— *Leibniz, avec de nombreux textes inédits.* París : Bloud, 1909.

BAYLE, Pierre. *Dictionnaire historique et critique.* 16 tomos, París, 1820-1824 (reimp. Ginebra : Slatkine reprints, 1969). [incluye los añadidos de la 2ª ed. de 1702; la 1ª ed. Rotterdam, 1697].

BEECKMAN, Isaac. *Journal tenu par Isaac Beeckman de 1604 à 1634.* Comp. Y ed. por Cornelis De Waard, 4 vols., La Haya : Martinus Nijhoft, 1939-1953.

BENTLEY, Richard. *A Confutation of atheism from the origin and frame of the world* [corresponde a los sermones VI a VIII de *Eight sermons preach'd at the Honourable Robert Boyle lecture in the first year MDCXII*, de las Boyle Lectures, Londres 1693]. Londres, 1693 [reed. en R. Bentley, *The Works*].

——— *The Works of Richard Bentley*. Collected and edited by Rev. A. Dyce, Londres, 1836-1838.

BOREL, Pierre. *Discours nouveau prouvant la pluralité des mondes.* Ginebra, 1657. [ed. inglesa, Londres, 1658].

BOYLE, Robert. *A Continuation of New Experiments Physico-Mechanical, Touching the Spring and Weight of the Air, and their Effects* [1669]; en R. Boyle, *The Works*, vol. III, p.175-276.

——— *New Experiments Physico-Mechanical, Touching the Spring of the Air and its Effects* [1660]; en R. Boyle, *The Works*, vol. I, p.1-117.

——— *Some Considerations touching the Usefulness of Experimental Natural Philosophy* [1663]; en R. Boyle, *The Works*, vol. II, p.1-201.

——— *The Works of the Honourable Robert Boyle*. 5 vols., Londres, 1744; reed., 6 vols., Londres : J. & F. Rivington, 1772 (reimp. facs. Hildesheim, 1965-66).

BRADWARDINE, Thomas. *De causa Dei contra Pelagium et de Virtute causarum ad suos Mertonenses Libri tres...* [1344] *opera et studio Dr. Henrici Savili, Collegii Mertonensis in Academia Oxoniensis custodis, ex scriptis codicibus nunc primum editi*. Londres : apud Ioannem Billium, 1618 (reimp. facs. Frankfurt : Minerva, 1964).

BRICKMAN, Benjamin. "On Physical Space, Francesco Patrizzi", en *Journal of the History of Ideas*, 4 (1943), p.224-245. [incluye la trad. de *De spacio Physico - De spacio mathematico* de Patrizzi].

BRUNO, Giordano. *Sobre el infinito universo y los mundos*. Ed. de Angel J. Cappelletti, Buenos Aires : Aguilar, 1981 (reimp. Barcelona : Orbis, 1984). [ed. orig. *De l'infinito universo e mondi*, Venecia [Londres], 1584 (reed. en G. Bruno, *Dialoghi italiani*, ed. G. Gentile - G. Aquilechia, 3ª ed., Florencia, 1958)].

ČAPEK, Milic (ed.). *The Concepts of Space and Time. Their structure and thei Development*. Boston Studies in the Philosophy of Science, vol. XXI Dordrecht/Boston : Reidel, 1976.

CHARLETON, Walter. *Physiologia Epicuro - Gassendo - Charletoniana*. Londres, 1654.

CLARKE, Samuel. *A Demonstration of the Being and Attributes of God: more particularly in Answer to Mr. Hobbs, Spinoza and their Followers* [serie de ocho sermones de las Boyle Lectures, Londres 1705];

——— *A Discourse concerning the Unchangeable obligations of natural Religion, and the Truth and Certainty of the Christian Revelation* [continuación de sermones de las Boyle Lectures, Londres 1706]. Reimpr. facs. Stuttgart-Bad Cannstatt: Frommann, 1964.

COLLINS, Anthony. *A Discourse of Free-Thinking*. Ed. Günther Gawlick, Stuttgart - Bad Cannstatt : Frommann, 1965 (es reimpr. facs de la ed. de Londres, 1713, incluyendo una trad. alemana).

CONFUCIO. *Los Cuatro Libros Clásicos*. Ed. a cargo de Mª Montserrat Martí Brugueras, Barcelona : Bruguera, s. d.

CONFUCIO - MENCIO. *Los Cuatro Libros*. Ed. a cargo de Joaquín Pérez Royo, Madrid : Alfaguara, 1981.

COPÉRNICO, Nicolás. *Des révolutions des orbes célestes - De revolutionibus orbium coelestium [lib. I]* [1543]. Ed. bilingüe latina-francesa, introducción y notas de A. Koyré, París : F. Alcan, 1934 (reed. París : Blanchard, 1970).

COUPLET, Philippe [et al.]. *Confucius Sinarum Philosophus, sive Scientia sinensis latine exposita*. París : Horthemels, 1687.

COUTURAT, Louis. *La logique de Leibniz, d'après des documents inédits*. París : Alcan, 1901 (reimpr. Hildesheim : Olms, 1961).

CUSA, Nicolás de. *La docta ignorancia*. Buenos Aires : Aguilar, 1957. [tít. orig. *De docta ignorantia*, 1440].

DENIFLE, Heinrich - CHATELAIN, Emil (eds.). *Chartularium Universitatis Parisiensis*. 4 vols., I (1889)... IV (1897), París : Fratrum Delalain.

DERHAM, William. *Physico-Theology: or, a Demonstration of the Being and Attributes of God* [serie de 16 sermones de las Boyle Lectures, Londres 1711-12]. Londres, 1712.

DESCARTES, René. *Œuvres*. 13 vols., ed. Charles Adam - Paul Tannery, París, 1897-1913 (reed. con nueva presentación, 11 vols., Vrin, 1964-1974).

——— *Principia Philosophiae* [1644]; en *Œuvres*, ed. C.Adam-P.Tannery, vol. VIII.

DIELS, H. - KRANZ, W. (eds.). *Die Fragmente der Vorsokratiker*. 3 vols., Berlín, 1934-1937 (5ª ed.). [1ª ed. de Diels, 1903].

ECKHART. *Obras alemanas. Tratados y sermones*. Ed. de Ilse M. de Brugger, Barcelona : Edhasa, 1983. [*Meister Eckhart, Predigten und Traktate*. Ed. J. Quint, Munich : Hanser, 1964].

——— *Obres escollides*. Ed. Josep Batalla, Barcelona : Laia/Textos filosòfics, 1983.

ELORDUY, Carmelo (ed.). *Chuang-Tzu: Literato, filósofo y místico taoísta*. Trad. y ed. bilingüe de C. Elorduy, Caracas : Monte Avila, 1972.

——— *El libro de los* cambios [I Ching]. Madrid : Editora Nacional, 1983.

Encyclopédie ou dictionnaire raisonné des sciences, des arts et des métiers, par une société de gens de lettres [1751-1772]. 28 vols. (17 vols. de texto + 11 vols. de planchas). Hay dos reimpresiones modernas: Stuttgart- Bad Cannstatt : Frommann, 1966 ; París : Pergamon, 1984. También son útiles las selecciones, por ejemplo: ed. A. Soboul - P. Goujard, París, 1984 ; ed. A. Pons, París : Flammarion / CNRS, 1986.

EPICUR. *Lletres*. Texto griego y trad. cat., ed. de Montserrat Jufresa. Barcelona : Fundació Bernat Metge, 1975.

FILÓN de Bizancio. [*Pneumatica*] *Le livre des appareils pneumatiques et des machines hydrauliques, par Philon de Byzance, ed. de Carra de Vaux*; en *Notices et extraits des manuscrits de la Bibliothèque Nationale et Autres Bibliothèques*, 38, París : L'Académie des Inscriptions et Belles Lettres, 1903, p.27-235 (texto árabe y trad. francesa).

FLUDD, Robert. *Tractatus Apologeticus Integritatem Societatis de Rosae Cruce*. Leyden : Godfrey Basson, 1617.

——— *Utriusque* Cosmi *Historia (I: De Macrocosmi historia; II: De Microcosmi historia)*. 2 tomos, Oppenheim : J.T. de Bry, 1617-1619.

FONTENELLE, Bernard le Bouvier de. *Entretiens sur la pluralité des mondes*. Ed. Alexandre Calame, París, 1966. [hay trad.: *Conversaciones sobre la pluralidad de los mundos*, ed. de Antonio Beltrán, Madrid : Editora Nacional, 1982]. [ed. orig. París, 1686-1687].

GALILEO Galilei. *Le Opere di Galileo Galilei. Edizione Nazionale*. Ed. Antonio Favaro, 23 vols., Florencia, 1891-1909.

GASSENDI, Pierre. *Synthagma Philosophicum, Physica*; en *Opera Omnia*, vol. 1, Lyon: apud Guillelmun Barbier, 1658 (reimp. facs., Stutgart – Bad Cannstatt : F. Frommann, 1964).

GILBERT, William. *De magnete, magnetisque corporibus et de magno magnete tellure physiologia nova*. Londres, 1600 [reed. en inglés por S. P. Thomson, Nueva York : Dover, 1958].

GUERICKE, Otto von. *Experimenta nova (ut vocantur) Magdeburgica de vacuo spatio*. Amsterdam, 1672 (reimp. facs. Aalen : Otto Zeller, 1962). [traducciones alemanas: *Otto von Guericke's Neue (sogenannte) Magdeburger Versuche über den leeren Raum*. Ed. Hans Schimank, Düsseldorf : VDI, 1968; *Otto von Guericke's Neue Magdeburgische Versuche über den leeren Raum*. Ed. F. Daunemann, Leipzig : Engelmann, 1894].

HERÓN de Alejandría. *Pneumatica*; en *The Pneumatics of Hero of Alexandria*, ed. Bennet Woodcroft, Londres : Taylor, 1851 (reed. facs. Con introducción de Marie Boas Hall, Londres-Nueva York : Macdonald-American Elsevier, 1971). [también en vol.1, *Heronis Alexandrinis Opera quae supersunt omnia*, 5 vols., Leipzig, 1899-1914].

HOBBES, Thomas. *De Corpore*; en *Opera philosophica quae Latine scripsit omnia*, vol. I, p.1-431; trad. inglesa en *English Works*, vol. I. [tít. orig. *Elementorum philosophiae sectio prima de corpore*].

——— *Dialogus Physicus de natura aeris...* (1661); en *Opera philosophica quae Latine scripsit omnia*, vol.4; trad. inglesa incluida en S. Shapin-S. Schaffer, *Leviathan and the air-pump*, p.345-391.

——— *The English Works of Thomas Hobbes of Malmesbury*. Ed. Sir William Molesworth, 11 vols., Londres : John Bohn, 1839-1845.

——— *Thomae Hobbes Malmesburensis Opera philosophica quae Latine scripsit omnia*. Ed. Sir William Molesworth, 5 vols., Londres : John Bohn, 1839-1845.

HUME, David. *Tratado de la naturaleza humana.* 3 vols., ed. de Félix Duque con un estudio preliminar, Madrid : Ed. Nacional, 1981 (reimpr. Barcelona : Orbis, 1984). [tít. orig. *A Treatise of Human Nature: Being an Attempt to Introduce the Experimental Method of Reasoning into Moral Subjects* (1740); ed. de referencia de L.A. Selby-Bigge, Oxford : Clarendon Press, 1888 (reimp. 1967)].

JUAN de la CRUZ, San. *Obra completa.* 2 vols., ed. de Luce López-Baralt y Eulogio Pacho, Madrid : Alianza, 1991.

——— *Vida y Obras de San Juan de la Cruz.* Ed. Crisógono de Jesús et al., Madrid : BAC, 1964 (5ª ed.).

KANT, Immanuel. *Crítica de la razón pura.* Ed. Pedro Ribas, Madrid : Alfaguara, 1978. [tít. orig. *Kritik der reinen Vernunft*, 1781 (2ª ed. 1787)].

——— *Historia general de la naturaleza y teoría del cielo.* Buenos Aires : Juárez Editor, 1969. [tít. orig. *Allgemeine Naturgeschichte und Theorie des Himmels* (1755)].

——— *Opus postumum.* 2 vols., ed. A. Buchenau, Berlín/Leipzig, 1936-38.

KIRCHER, Athanasius. *China monumentis illustrata.* Amsterdam : Jansson, 1667.

——— *Magnes, sive de arte magnetica.* Roma, 1641 (2ª ed. Colonia, 1643).

LA BRUYÈRE. *Dialogues sur le quiétisme*; en *Œuvres complètes*, ed. Julien Benda, París : Gallimard, 1951 (reimpr. 1978). [ed. orig. *Dialogues posthumes du Sieur de La Bruyère sur le quiétisme*, París : Charles Osmont, 1699].

LA FAYE, Jacques de. *Defensio religionis... contra duas dissertationes Joh. Tolandi.* Utrecht: Broedelet, 1719 (1ª ed. 1709).

LAO TSE [LAO ZI]. *Libro del Tao.* Trad. y ed. bilingüe por Juan Ignacio Preciado, Madrid: Alfaguara, 1978.

LAO TSE [LAO ZI] - CHUANG TZU [ZHUANG ZI]. *Dos grandes maestros del Taoísmo.* Ed. preparada por Carmelo Elorduy, Madrid : Editora Nacional, s. d. [1977].

LE GOBIEN, Charles. *Histoire de l'édit de l'empereur de Chine en faveur de la religion chrétienne, avec un éclaircissement sur les honneurs que les Chinois rendent à Confucius et aux morts.* París : Anisson, 1698 (reed. en Le Comte, *Nouveaux mémoires sur l'état présent de la Chine*, 1700).

LE GRAND, Antoine. *An Entire Body of Philosophy according to the Principles of the famous Renate Descartes*. Londres, 1694.

LEIBNIZ, G.W. *Die Mathematischen Schriften von Gottfried Wilhelm Leibniz*. 7 vols., C. I. Gerhardt, Berlín-Halle, 1849-1863 (reimpr., Hildesheim : Olms, 1971).

——— *Die Philosophischen Schriften von Gottfried Wilhelm Leibniz*. 7 vols., ed. C. I. Gerhardt, Berlín, 1875-1890 (reimp. Hildesheim : Olms, 1978).

——— *Essais de Théodicée, Discours de la Conformité de la Foi avec la Raison*. Amsterdam, 1710 (reed. en Die Philosophischen Schriften, ed. C. I. Gerhardt, vol. VI).

——— *Gothofredi Guillelmi Leibnitii Opera omnia*. 7 vols., ed. Ludovicus Dutens, Ginebra : Tournes, 1768.

——— *Monadología [1714]*. Ed. de M. Fuentes Benot, Buenos Aires : Aguilar (reimpr. Barcelona : Orbis, 1983). [tít. orig. *La Monadologie (Les principes de la Philosophie par M. Leibniz*); 1° ed. trad. al alemán, 1720; ed. en el francés original en *Opera philosophica*, ed. J.E. Erdmann, 1840].

——— *Système Nouveau de la nature et de la Communication des Substances* (1695); en Die Philosophischen Schriften, ed. C. I. Gerhardt, vol.4, p.471ss. [ed. orig. en Journal des Savans, 1695].

——— *Tentamen de motuum coelestium* causis (1689); en Die Mathematischen Schriften, ed. C. I. Gerhardt, vol.6, p.148ss y p.162ss. [ed. orig. En Acta Eruditorum, Leipzig, 1689].

——— *Viri Illustris Godofredi Guil. Leibnitii Epistolae ad Diversos...* 2 vols., ed. C. Kortholt, Leipzig : Breitkopf, 1735.

LIE ZI. *El libro de la perfecta vacuidad*. Ed. a cargo de de Iñaki Preciado, Barcelona : Kairós, 1987 .

LOCKE, John. *Ensayo sobre el entendimiento humano*. México : FCE, 1956. [tít. orig. *An Essay concerning human Understanding* (1690); ed. crítica de Peter H. Nidditch, Oxford : Clarendon Press, 1975].

LONGOBARDI, Niccolò [LEIBNIZ, G. W. (ed.)]. *Traité sur quelques points de la religion des Chinois, par le P. Longobardi, avec des remarques de M. Leibniz*; en Leibniz, *Opera omnia*, ed. L. Dutens, vol.IV/1, p.89-144.

LOOSEN, R. - VONESSEN, F. *Leibniz. Zwei Briefe über das binäre Zahlensystem und die Chinesische Philosophie.* Stuttgart : Belser, 1968.

Los filósofos presocráticos. 3 vols., col. Biblioteca Clásica Gredos, Madrid: Gredos, 1979-1980.

LUCRECIO. *De la naturaleza de las cosas.* Ed. de Agustín García Calvo, Barcelona : Orbis, 1984 [reimp. de Madrid : Cátedra, 1983]. [tít. orig. *De Rerum Natura*].

MAIGNAN, Emanuel. *Cursus philosophicus concinnatus ex notissimis cuique principiis, ac praesertim quod res physicas instauratas ex lege Naturae sensatis experimentis passim comprobata.* Toulouse, 1653 (reed. Lyon, 1673).

MAIMÓNIDES. *Guía de perplejos.* Ed. D. Gonzalo, Madrid : Editora Nacional, 1983.

MALAVAL, François. *Pratique facile pou élever l'âme à la contemplation.* París, 1670 (1ª ed. más reducida sin indicación de autor, 1664).

MALEBRANCHE, Nicole. *Entretien d'un philosophe chrétien et d'un philosophe chinois sur l'existence et la nature de Dieu*; en tomo XV de *Œuvres Complètes de Malebranche*, ed. André Robinet, París : Vrin/CNRS, 1970 (1ª ed. 1958).

MANDONNET, Pierre F. *Siger de Brabant et l'Averroïsme latin au XIIIe siècle (I. Textes; II. Études critiques).* Lovaina, 1911 (2ª ed.) [1ª ed. 1908].

MAUPERTUIS, P.L. Moreau de. *El orden verosímil del cosmos.* Ed. A. Lafuente - J.L. Peset, Madrid : Alianza, 1985.

MERSENNE, Marin. *Correspondance du P. Marin Mersenne religieux minime.* Ed. C. De Waard et al., 15 vols., París : Beauchesne / PUF, 1932- 1983.

——— *L'impieté des déistes.* París, 1624.

MOLINOS, Miguel de. *Defensa de la contemplación.* Ed. a cargo de Francisco Trinidad Solano, Madrid : Editora Nacional, 1983 [incluye en Apéndices "Las 263 proposiciones iniciales", "Las 68 proposiciones condenadas"].

——— *Guía espiritual (seguida de* [fragmentos de] *Defensa de la contemplación).* Ed. de José Angel Valente, que incluye su *Ensayo sobre Miguel de Molinos*, Barcelona : Barral, 1974.

MORE, Henry. *A Collection of Several Philosophical Writings*. Londres : J. Flesher / W. Morden, 1662 (2ª ed. corregida y aumentada).

——— *Philosophical Writings of Henry More*. Ed. a cargo de Flora I. MacKinnon, Nueva York : AMS, 1969 (1ª ed. 1925).

NEWTON, Isaac. *Isaac Newton's Philosophiae Naturalis Principia Mathematica*. Ed. crítica a cargo de Alexandre Koyré y I. Bernard Cohen, 2 vols., Cambridge : Harvard Univ. Press, 1971-1972.

——— *Optica o tratado de las reflexiones, refracciones, inflexiones y colores de la luz*. Ed. de Carlos Solís, Madrid : Alfaguara, 1977 (basada en la 4ª ed. inglesa de *Opticks*, Londres, 1730, y su reed., Nueva York, 1952, comparándose con las primeras ediciones, en particular la 2ª, latina, a cargo de Samuel Clarke, 1706).

——— *Principios matemáticos de la filosofía natural*. Ed. a cargo de Antonio Escohotado, Madrid : Editora Nacional, 1982 [trad. y ed. basada en la ed. crítica de A. Koyré-I.B. Cohen (1971-1972) y en la ed. Inglesa de Motte-Cajori (1934)].

——— *Sir Isaac Newton's Mathematical Principles of Natural Philosophy and His System of the World*. Trad. inglesa de Andrew Motte, 1729, reed. crítica de Florian Cajori (= ed. Motte-Cajori), Berkeley: University of California Press, 1934 (1947, reed.).

NOCK, A.D. - FESTUGIÈRE, A.-J. (eds.). *Corpus Hermeticum*. 4 vols., París : Les Belles Lettres, 1945 y 1954.

NOËL, Etienne. *Le plein du vide*. París, 1647 (una ed. revisada, en latín, 1648).

OSUNA, Francisco de. *Tercer abecedario espiritual*. Estudio histórico y edición crítica por Melquiades Andrés, Madrid : BAC, 1972.

PAPIN, Denis. *Nouvelles expériences du vuide*. París, 1674 (reed. en Huygens, *Œuvres complètes*, La Haya, 1937, vol. 19).

PASCAL, Blaise. *Œuvres de Blaise Pascal*. 3 tomos, ed. de L. Brunschvicg- T. Boutroux, París: Hachette, 1908.

——— *Pensamientos*. Ed. J. Llansó, *Madrid* : *Alianza*, 1981 [siguiendo la ed. Lafuma de *Pensées*, en *Œuvres complètes*, París : Seuil, 1963]. [tít. orig. *Pensées de M. Pascal sur la religion et sur quelques autres sujets qui on esté trouvés aprés sa mort parmy ses papiers*, 1° ed. (póstuma) de E. Perier, París, 1669].

——— *Tratados de pneumática* [incluye en Apéndice la correspondencia Torricelli-Ricci]. Ed. de Alberto Elena, Madrid : Alianza, 1984.

PATRIZZI, Francesco. *Nova de Universis Philosophia*. Ferrara : apud Benedictum Mammarellum, 1591; Venecia, 1593

PETIT, Pierre. *Observation touchant le vuide faite pour la première fois en France* [1646]; en Pascal, *Œuvres*, ed. de L. Brunschvicg - T. Boutroux, tomo I, París: Hachette, 1908, p.325-345. [ed. orig. París, 1647].

PTOLOMEO. [*Almagesto*]; en *Claudii Ptolomei Opera quae exstant omnia*, I (=*Syntaxis mathematica*), ed. J.L. Heiberg, Leipzig, 1898-1903.

——— [*Hipótesis de los planetas*]; en *Claudii Ptolomei Opera quae exstant omnia*, I (=*Opera astronomica minora*), ed. J.L. Heiberg, Leipzig, 1898-1903.

RADA, Eloy (ed.). *La polémica Leibniz-Clarke*. Madrid : Taurus, 1980.

ROBERVAL, Gilles Personne de. *Première Narration de Roberval sur le Vide* (1647); en *Œuvres de Blaise Pascal*, ed. de L. Brunschvicg - T. Boutroux, vol. II, París: Hachette, 1908, p.21-36. [tít. orig. *De Vacuo Narratio Æi Pi de Roberval ad nobilissimum virum D. De Noyers*].

——— *Seconde Narration de Roberval sur le Vide* (1648); en *Œuvres de Blaise Pascal*, ed. de L. Brunschvicg - T. Boutroux, vol. II, París: Hachette, 1908, p.310-340.

ROBINET, André (ed.). *Correspondance Leibniz-Clarke présentée d'après les manuscrits originaux des bibliothèques de Hanovre et de Londres*. París : PUF, 1957.

ROHAULT, Jacques. *Traité de physique*. París, 1671.

SCHOTT, Gaspar. *Mechanica hydraulico-pneumatica*. Würzburg: Henricus Pigrin, 1657.

——— *Technica curiosa sive mirabilia artis*. Würzburg : Henricus Pigrin, 1664.

SCOTT, Walter (ed.). *Hermetica*. 4 vols., Oxford, 1924-1936.

SPINOZA. *Correspondencia*. Ed. de Atilano Domínguez, Madrid: Alianza, 1988. [incluye la concordancia con la ed. de C. Gebhardt, Spinoza, *Opera*, Heidelberg, 1925; concretamente del vol. IV: *Epistolae*].

——— *Principia Philosophia Cartesianae* (1663). [*Les principes de la philosophie de Descartes*; en *Œuvres*, vol.1, ed. Ch. Appuhn, París: Garnier, 1904 (reed. Flammarion, 1964)].

SPRAT, Thomas. *The History of the Royal Society of London, for the Improving of Natural Knowledge*. Londres, 1667 (reed. facs. 1966).

SUÁREZ, Francisco. *Disputaciones metafísicas*. Ed. bilingüe, 7 vols., Madrid : Gredos, 1960-1966.

TELESIO, Bernardino. *De rerum natura iuxta propia principia*. 3 vols., ed. V. Spampanato, Modena : Formiggini, 1910-1923. [1ª ed. Nápoles, 1565 (3ª ed. aumentada, 1586)].

TOLAND, John. *Socianism truly Stated... recommended by a Pantheist to an orthodox friend*. Londres, 1704.

VAUGHAN, Thomas [bajo el pseudónimo "Eugenius Philalethes"]. *The Fame and Confession of the Fraternity of R. C. Commonly of the Rosie Cross*. Ed. inglesa de los manifiestos rosacruces *Fama* y *Confessio*, Londres, 1652 (reimp. facsímil, Societas Rosicruciana in Anglia, 1923).

VÁZQUEZ, Gabriel. *Disputationes Metaphysicae desumptae ex variis locis suorum operum*. Amberes : apud Ioannem Keerbergium, 1618.

VOLTAIRE (François-Marie Arouet). *Lettres philosophiques*. 2 vols., ed. Crítica por G. Lanson, París : Cornely, 1909 (3ª ed. 1924). [1ª ed. en inglés: *Letters Concerning the English Nation*, Londres, 1733; 1ª ed. En francés: *Lettres philosophiques par M.. de Voltaire*, Amsterdam/Rouen : Jore, 1734; ed. española de F. Savater: Voltaire, *Cartas filosóficas*, Madrid : Alianza, 1988].

——— *Opúsculos satíricos y filosóficos*. Ed C. Pujol - C. R. de Dampierre, Madrid : Alfaguara, 1978.

——— *Poème sur le désastre de Lisbonne* [1755]; texto y trad. en *Opúsculos satíricos y filosóficos*, Madrid : Alfaguara, 1978.

WILHELM, Richard (ed.). *I Ching. El libro de las mutaciones*. Trad. de D.J. Vogelman, Buenos Aires : Sudamericana, 1976.

2. *Fuentes secundarias*

AITON, E.J. "Celestial Spheres and Circles", en *History of Science*, 19 (1981), p.75-114.

——— *Leibniz: A Biography*. Bristol/Boston : Adam Hilger, 1985.

______ *The vortex theory of planetary motion*. Londres / Nueva York : Macdonald, 1972.

AITON, E.J. - SHIMAO, E. "Gorai Kinzo's study of Leibniz and the I Ching hexagrams", en *Annals of Science*, 38 (1981), p.71-92.

ANDRADE, E.N. da C. "The History of the Vacuum Pump", en Th.E. Madey- W.C. Brown (eds.), *History of Vacuum Science...*, p.77-83.

ANDRÉS MARTÍN, Melquiades. *Los Recogidos. Nueva visión de la mística española (1500-1700)*. Madrid : FUE, 1975.

ARNOLD, Paul. *Histoire des Rose-Croix et les origines de la franc-maçonnerie*. París : Mercure de France, 1955.

BACHELARD, Gaston. *El aire y los sueños. Ensayo sobre la imaginación del movimiento*. México : FCE, 1958. [ed. orig. *L'air et les songes. Essai sur l'imagination du mouvement*. París : José Corti, 1943].

——— *La poética del espacio*. México : FCE, 1965. [ed. orig. *La poétique de l'espace*. París : PUF, 1957].

BAHM, A.J. "Three zeros. A comparative philosophy of voids", en *Comparative Philosophy: Western, Indian and Chinese Philosophies Compared*, New Delhi: Vikas, 1977.

BALTHASAR, Hans Urs von. "Kénose", en *DS*.

BECKETT, L.C. "A partir du Rien (Vide et Physique contemporaine)", en *Le Vide, expérience spirituelle en Occident et en Orient*. Monográfico, *Hermès. Nouvelle série*, 2 (1989), p.316-327.

BENVENISTE, Émile. "Catégories de pensée et catégories de langue", en *Études philosophiques*, IV, 1958 (reed. en *Problèmes de linguistique générale*, París : Gallimard, 1966).

BERKSON, William. *Las teorías de los campos de fuerza. Desde Faraday hasta Einstein*. Madrid : Alianza, 1981. [ed. orig. *Fields of Force. The Development of a World View from Faraday to Einstein*. Londres : Routledge and Kegan Paul, 1974].

BERNARD-MAÎTRE, Henri. "Chine", en *DHGE*.

——— "Chinois (Rites)", en *DHGE*.

BLUMENBERG, Hans. *Die Genesis der Kopernikanischen Welt*. 3 vols., Frankfurt : Suhrkamp, 1975.

BOAS [HALL], Marie. "Hero's Pneumatica: A Study of its Transmisión and Influence", en *Isis*, 40 (1949).

——— "The establishment of the mechanical philosophy", en *Osiris*, 10 (1952), p.412-541.

BRÉHIER, Émile. *La théorie des incorporels dans l'ancien stoïcisme*. París: Vrin, 1928 (8ª ed., 1989).

BRUCKER, J. "Chinois (Rites)", en *DThC*.

BRUNET, Pierre. *L'introduction des théories de Newton en France au XVIIIe siècle*. París: Blanchard, 1926.

BURTT, Edwin Arthur. *Los fundamentos metafísicos de la ciencia moderna. Ensayo histórico y crítico*. Buenos Aires: Sudamericana, 1960. [ed. orig. *The metaphysical foundations of modern physical science*. Londres : Kegan Paul, 1925; 2ª ed. rev., Londres: Routledge & Kegan Paul, 1932].

CARO BAROJA, Julio. *Palabra, sombra equívoca*. Barcelona : Tusquets, 1989.

CASINI, Paolo. *El Universo máquina. Orígenes de la filosofía newtoniana*. Barcelona : Martínez Roca, 1971. [ed. orig. *L'Universo-macchina*. Bari : Laterza, 1969].

COHEN, I. Bernard. *La revolución newtoniana y la transformación de las ideas científicas*. Madrid: Alianza, 1983. [ed. orig. *The Newtonian Revolution*. Cambridge University Press, 1980].

——— "Quantum in se est: Newton's Concept of Inertia in Relation to Descartes and Lucretius", en *Notes and records of the Royal Society*, XIX, 1964.

COOK, Daniel J. – ROSEMONT, Henry, Jr.) (eds.). *G. W. Leiniz. Writings on China*. Chicago : Open Court, 1994.

COOMERASWAMY, Ananda K. "Kha y otras palabras que significan cero", en Coomeraswamy, *El tiempo y la eternidad*. Madrid : Taurus, 1980 (es trad. de *Time and Eternity*, 1947). [ed. orig. "Kha and other Words denoting 'Zero' in connection with the Metaphysics of Space", en *Bulletin of the School of Oriental Studies*, Londres, 1934].

DAMPIER, William Cecil. *Historia de la ciencia y sus relaciones con la filosofía y la religión*. Madrid : Tecnos, 1972 (reimp. 1986). [ed. orig. *A History of Science and its relation to Philosophy and Religion*. Cambridge University Press, 4ª ed. revisada (1ª ed. 1929).

DE MORA CHARLES, M. Sol. *Ciencia y apocalipsis (Breve introducción a la escatología)*. México/ Madrid/Buenos Aires : FCE, 1989.

DE WAARD, Cornelis. *L'expérience barométrique, ses antécédents et ses explications. Étude historique*. Thouars : Imprimerie Nouvelle, 1936.

DELEUZE, Gilles. *El pliegue. Leibniz y el barroco*. Barcelona : Paidós, 1989. [ed. orig. *Le pli. Leibniz et le Baroque*. París : Minuit, 1988].

——— *Empirismo y subjetividad. La filosofía de David Hume*. Barcelona : Gedisa, 1977. [ed. orig. *Empirisme et Subjectivité*. París : PUF, 1953].

DEMIÉVILLE, Paul. "Premiers contacts philosophiques entre Chine et l'Europe", en *Diogène*, LVIII, Montreal, 1967, p.81-110. *Der Mensch und die Mysthische Welt*. Monográfico, *Eranos*, 17 (1949).

DICK, Steven J. *Plurality of Worlds. The Origins of Extraterrestial Life Debate from Democritus to Kant*. Cambridge Univ. Press, 1982. *Dictionary of Scientific Biography*. 16 vols., ed. Charles C. Gillispie, Nueva York : Scribner's, 1970-1980. *Dictionary of the History of Ideas*. 5 vols, ed. Philip P. Wiener, Nueva York : Scribner's, 1968-1974.

Dictionnaire d'Histoire et de Géographie Ecclésiastiques. Ed. A. Baudrillart - A. Vogt - U. Rouziès - R. Aubert, París : Letouzey et Ané, 1912- 1990 ... [han aparecido 23 vols.].

Dictionnaire de Spiritualité. 16 vols., ed. M. Viller - A. Solignac et al. París: Beauchesne, 1937-1994.

Dictionnaire de Théologie Catholique. 15 vols., ed. A. Vacant - E. Mangenot - E. Amann, París : Letouzey et Ané, 1909-1950; 1960-1967 (3 vols. de índices).

DIELS, H. *Antike Technik*. 3ª ed., Leipzig : Teubner, 1924 (1ª ed. 1893).

DIJKSTERHUIS, E.J. *Il meccanicismo e l'imagine del mondo, dai presocratici a Newton.* Milán : Feltrinelli, 1971 (2ª ed. 1980). [ed. orig. *De Mechanisering van het Wereldbeeld.* Amsterdam : Meulenhoff, 1950].

DOBBS, B.J.T. *The foundation of Newton's alchemy: the hunting of the greene lyon.* Cambridge University Press, 1975.

DOHAHUE, William H. *The dissolution of the Celestial Spheres 1595-1650.* Nueva York : Arno, 1981.

DORN, Harold. "Newcomen, Thomas", en *DSB.*

DROIT, Roger-Pol. *L'oubli de l'Inde. Une amnésie philosophique.* París : PUF, 1989.

DUBARLE, D. "Sur la notion cartésienne de quantité de mouvement", en *Mélanges Alexandre Koyré*, II, p.118ss, París : Hermann, 1964.

DUDON, Paul. *Le quiétiste espagnol Michel Molinos (1628-1696).* París : Beauchesne, 1921.

DUGAS, René. *Histoire de la mécanique.* Neuchâtel : Griffon, 1950 (París: Dunod, 1950).

——— *La mécanique au XVIIe siècle.* Neuchâtel : Griffon, 1954 (París : Dunod, 1954).

DUHEM, Pierre. *Études sur Léonard de Vinci: Ceux qu'il a lus et ceux qui l'ont lu.* 3 vols., París : Hermann, 1906-1913.

——— *Le système du monde: Histoire des doctrines cosmologiques de Platon à Copernic.* 10 vols., París : Hermann, 1913-1917 (5 vols.) y 1954- 1960 (5 vols.).

DUPUY, Michel. "Jansénisme", en *DS.*

EINSTEIN, Albert - INFELD, Leopold. *La evolución de la física.* Barcelona : Salvat, 1986. [ed. orig. *The evolution of Physics.* Nueva York : Simon and Schuster, 1938].

ELIADE, Mircea. *Yoga. Inmortalidad y libertad.* Buenos Aires : La Pléyade, 1977. [ed. orig. *Le Yoga. Inmortalité et liberté.* París, 1954 (ed. ampliada y revisada de la original de 1936)].

ELIADE, Mircea (dir.). *The Encyclopedia of Religions.* Nueva York : Macmillan, 1987.

Encyclopedia Judaica. 16 vols., ed. Cecil Roth - Geoffrey Wigoder, Jerusalén : Keter, s.d. [1965-1971].

ETIEMBLE. "Les concepts de LI et de K'I dans la pensée européenne au XVIIIe siècle", en *Mélanges Alexandre Koyré*, II, p.144-159, París: Hermann, 1964.

——— *Les jésuites en Chine (1552-1773). La querelle des rites*. París : Julliard, 1966.

FAIVRE, Antoine. "El esoterismo cristiano de los siglos XVI al XX", en *Historia de las religiones 'Siglo XXI'*, vol.8 (Las religiones constituidas en Occidente y sus contracorrientes, II), Madrid/ México : Siglo XXI, 1981. [ed. orig. *Histoire des Religions 2. Encyclopédie de la Pléiade*. París : Gallimard].

FARRINGTON, Benjamin. *Ciencia griega*. Barcelona : Icaria, 1979. [tít. orig. *Greek Science*. 3ª ed. revisada, Hardmondsworth : Penguin, 1969].

FIERZ, Marcus. "Ueber den Ursprung und die Bedeutung der Lehre Isaac Newtons vom absoluten Raum", en *Gesnerus*, vol. XI, fasc. 3/4, 1954, p.62-120.

FOUCAULT, Michel. *Tecnologías del Yo y otros textos afines*. Ed. Miguel Morey, Barcelona : Paidós / ICE-UAB, 1990. [ed. orig. *Omnes et singulatim* (University of Utah Press, 1981); *Technologies of the Self*... (University of Massachusetts, 1988)].

FUNG YU-LAN. *A History of Chinese Philosophy*. Trad. del chino, de la ed. de 1937, por Derk Bodde; 2 vols., Princeton University Press, 1952-1953 (reimp, 1959-1960) [reed. Delhi: Motilal Barnarsidass, 1994].

——— *Breve historia de la filosofía china*. México : FCE, 1987. (trad. de la ed. en inglés *A Short History of Chinese Philosophy*. Nueva York : Macmillan, 1948).

GARGANI, Aldo G. *Hobbes e la scienza*. Turín : Einaudi, 1971.

GARIN, Eugenio. *Descartes*. Barcelona : Crítica, 1989. [ed. orig. *Vita e opere di Cartesio*. Roma : Gius. Laterza & Figli, 1984].

GERNET, Jacques. *Primeras reacciones chinas al cristianismo*. México : FCE, 1989. [ed. orig. *Chine et christianisme. Action et réaction*. París : Gallimard, 1982].

GEYMONAT, Ludovico. *Galileo Galilei*. Turín : Einaudi, 1957.

GILSON, Étienne. *La Philosophie au Moyen Age*. París : Payot, 1944 (3ª ed.). [hay trad. *La filosofía en la Edad Media*, Madrid : Gredos].

GLORIEUX, P. "Tempier (Étienne)", en *DThC*.

GRANET, Marcel. *La pensée chinoise*. París : La Renaissance du Livre, 1934 (reed. París : Albin Michel, 1968).

GRANT, Edward. "Celestial Orbs in the Latin Middle Ages", en *Isis*, 78 (1987), p.153-173.

——— "Medieval and seventeenth-century conceptions of an infinite Void Space beyond the Cosmos", en *Isis*, 60 (1969), p.39-60.

——— "Medieval Explanation and Interpretations of the Dictum that 'Nature Abhors a Vacuum'", en *Traditio*, 29 (1973), p.327-355.

——— "Motion in the Void and the Principle of Inertia in the Middle Ages", en *Isis*, 55 (1964), p.265-292.

——— *Much Ado about Nothing. Theories of space and vacuum from the Middle Ages to the Scientific Revolution*. Cambridge University Press, 1981.

——— *Planets, stars, and orbs : the medieval cosmos, 1200-1687*. Cambridge University Press, 1994.

GUERLAC, Henry. "Francis Hauksbee: expérimentateur au profit de Newton", en *Archives Internationales de l'Histoire des Sciences*, 16 (1963), p.113-128.

——— "Hauksbee, Francis", en *DSB*.

——— *Newton on the Continent*. Ithaca : Cornell University Press, 1981.

GUEROULT, Martial. *Dynamique et métaphysique leibniziennes, suivi d'une note sur le principe de moindre action chez Maupertuis*. París: Les Belles Lettres, 1934.

GUHRAUER, G.E. *Leibniz: eine Biographie*. 2 vols., Breslau, 1846 (reimpr. con un apéndice, Hildesheim : Olms, 1966).

GUITEL, Geneviève. *Histoire comparée des numérations écrites*. París : Flammarion, 1975.

HABLANIAN, M.H. "Comments on the history of vacuum pumps", en Th.E. Madey- W.C. Brown (eds.), *History of Vacuum Science*, 1983, p.17-23.

HADZITZ, G.D. *Lucretius and his influence*. Nueva York, 1935.

HAHN, Roger. *The Anatomy of a Scientific Institution: The Paris Academy of Sciences, 1666-1803*. Berkeley : University of California Press, 1971.

HALL, A. Rupert. *La revolución científica 1500-1750*. Barcelona : Crítica, 1985. [ed. orig. *The Revolution in Science 1500-1750*. Londres : Longman, 1983].

HARA, Kokiti. "Roberval, Gilles Personne de", en *DSB*.

HARRIES, Karsten. "The Infinite Sphere: Comments on the History of a Metaphor", en *Journal of the History of Ideas*, 13 (1975).

HAWKING, Stephen W. *Historia del tiempo. Del big bang a los agujeros negros*. Madrid : Alianza, 1990. [ed. orig. *A Brief History of Time. From the Big Bang to Black Holes*. Nueva York : Bantam Books, 1988].

HEIDEGGER, Martin. "Die Zeit des Weltbildes" [1938], en *Holzwege*, 1950. [trad. "La época de la imagen del mundo" en *Sendas perdidas*, Buenos Aires : Losada, 1960].

——— *El Ser y el Tiempo*. Trad. José Gaos, México : FCE, 1951 (reimp. 1987). [ed. orig. *Sein und Zeit*, 1927].

——— L'Être comme Vide et comme Richesse", en *Le Vide, expérience spirituelle en Occident et en Orient*. Monográfico, *Hermès. Nouvelle série*, 2 (1989), p.328-336. [traduce frag. de "Der europäische Nihilismus" (1940), incluido en *Nietzsche* (1961), II, p.246-256].

HEISENBERG, Werner. *Encuentros y conversaciones con Einstein y otros ensayos*. Madrid : Alianza, 1979 (ed. orig. *Tradition in der Wissenschaft*. Munich : R. Piper, 1977).

——— *La imagen de la naturaleza en la física actual*. Barcelona : Ariel, 1976.

HELLMAN, C. Doris. "The gradual abandonment of the Aristotelian universe", en *Mélanges Alexandre Koyré*, I, p.283-293, París : Hermann, 1964.

HESSE, Mary B. *Forces and Fields. A study of Action at a Distance in the History of Physics*. Londres : Adams, 1961.

HIEBERT, Erwin N. *Historical Roots of the Principle of Conservation of Energy*. Madison: State Historical Society of Wisconsin, 1962.

HOBHOUSE, Stephen. "Isaac Newton and Jacob Boehme", en *Philosophia*, 2 (1937).

HUNTER, Michael. *The Royal Society and its* Fellows *1660-1700: The morphology of an early Scientific Institution*. Chalfont St. Giles : British Society for the History of Science, 1982.

HUTCHINSON, Keith. "What happened to Occult Qualities in the Scientific Revolution?", en *Isis*, 73 (1982), p.233-253.

JAMMER, Max. *Concepts of Space: the History of Theories of Space in Physics*. 2ª ed. rev., con prólogo de Albert Einstein, Cambridge : Harvard Univ. Press, 1969 [1ª ed. 1954].

——— *Storia del concetto di forza. Studio sulle fondazioni della dinamica*. Milán : Feltrinelli, 1971. [ed. orig. *Concepts of force. A study in the foundations of dynamics*. Harvard College, 1957].

——— *Storia del concetto di massa nella fisica classica e moderna*. Milán: Feltrinelli, 1974. [ed. orig. *Concepts of Mass in classical and modern physics*. Cambridge : Harvard Univ. Press, 1954].

JARDINE, Nicholas. "The Significance of the Copernican Orbs", en *Journal for the History of Astronomy*, 13 (1982), p.168-194.

JOHNSON, F. – LARKEY, S. "Thomas Digges, The Copernican System and the Idea of the Infinity of Universe in 1576", en *Huntington Library Bulletin* (1935).

JOURDAIN, Philip E.B. "Newton's Hypotheses of Ether and Gravitation", en *The Monist*, 25 (1915).

KANGRO, Hans. "Kircher, Athanasius", en *DSB*.

KAUFFELDT, Alfons.*Otto von Guericke: Philosophisches über den leeren Raum*. Berlín : Akademie, 1968.

KOESTLER, Arthur. *Kepler*. Barcelona : Salvat, 1987. [ed. orig. *The Sleepwalkers*. Londres : Hutchinson, 1959].

KOUZNETSOV, B. "La notion cartésienne de l'inertie et la science moderne", en *Mélanges Alexandre Koyré*, I, p.361-366, París : Hermann, 1964.

KOYRÉ, Alexandre. "De l'influence des conceptions philosophiques sur l'évolution des théories scientifiques", reed. en *Études d'histoire de la pensée philosophique*, p.253-269. [trad. en A. Koyré, *Pensar laciencia*, ed. Carlos Solís, Barcelona : Paidós/ ICE / UAB, 1994].[ed. orig. "Influence of philosophical trends on the formulation of scientific theories", en *The Scientific Monthly*, 80 (1955)].

——— *De la mystique à la science. Cours, conférences et documents 1922-1962*. Ed. por Pietro Redondi, París : EEHESS, 1986.

——— *Del mundo cerrado al universo infinito*. Madrid : Siglo XXI, 1979. [ed. orig. *From the closed world to the infinite universe*. Baltimore: Johns Hopkins Press, 1957].

——— *Études d'histoire de la pensée philosophique*. París : Gallimard, 1971 [1ª ed. París : Armand Colin, 1961].

——— *Études d'histoire de la pensée scientifique*. París : Gallimard, 1973 [1ª ed. París : PUF, 1966]. [hay trad.: *Estudios de historia del pensamiento científico*, Madrid: Siglo XXI, 1977].

——— *Études galiléennes. I: A l'aube de la science classique* [1935]; - *II: La loi de la chute des corps. Descartes et Galilée* [1937]; - *III: Galilée et la loi d'inertie* [1939]. París : Hermann, 1940 (reed. 1966). [hay trad.: *Estudios galileanos*, Madrid: Siglo XXI, 1978].

——— *Études newtoniennes*. París : Gallimard, 1968. [ed. orig. *Newtonian Studies*. Ed. por I.B. Cohen, Cambridge : Harvard Univ. Press, 1965].

——— "Études newtoniennes. II: Les Queries de l'Optique", en *Archives Internationales d'Histoire des Sciences*, 13 (1960), p.15-29.

——— "Galilée et Platon", reed. en *Études d'histoire de la pensée scientifique*, p.166-195. [ed. orig. "Galileo and Plato", en *Journal of the History of Ideas*, 1943, p.400-428].

——— "Gassendi et la science de son temps", reed. en *Études d'histoire de la pensée scientifique*, p.320-333. [ed. orig. en *Actes du Congrés du Tricentenaire de Pierre Gassendi* (1955), ed. París : PUF, 1957].

——— "Jean-Baptiste Benedetti, critique d'Aristote", reed. en *Études d'histoire de la pensée scientifique*, p.140-165. [ed. orig. en *Mélanges Étienne Gilson*, París : Vrin, 1959].

——— "L'apport scientifique de la Renaissance", reed. en *Études d'histoire de la pensée scientifique*, p.50-60. [ed. orig. en *Quinzième Semaine de Synthèse*, París : Albin Michel, 1951].

——— *La philosophie de Jacob Boehme. Études sur les origines de la métaphysique allemande*. París, 1929 (reed., París : Vrin, 1971).

——— *La révolution astronomique. Copernic, Kepler, Borelli*. París : Hermann, 1961 [reimp. 1973].

——— "Le 'De motu gravium' de Galilée: de l'expérience imaginaire et de son abus", reed. en *Études d'histoire de la pensée scientifique*, p.224-271. [ed. orig. en *Revue d'Histoire des Sciences*, 13, París : PUF, 1960].

——— "Le vide et l'espace infini au XIVe siècle", reed. en *Études d'histoire de la pensée philosophique*, p.37-92. [ed. orig. en *Archives d'Histoire littéraire et doctrinal du Moyen Age*, vol.XVII (1949)].

——— "Les origines de la science moderne: une interprétation nouvelle", reed. en *Études d'histoire de la pensée scientifique*, p.61-86. [ed. orig. en *Diogène*, 16 (1956)].

——— "Les philosophes et la machine", reed. en *Études d'histoire de la pensée philosophique*, p.305-339. [trad. en A. Koyré, *Pensar la ciencia*, ed. Carlos Solís, Barcelona : Paidós ICE / UAB, 1994]. [ed. orig. en *Critique*, 23 y 26, 1948].

——— *Místicos, espirituales y alquimistas del siglo XVI alemán*. Madrid : Akal, 1981. [ed. orig. *Mystiques, spirituels, alchimistes du XVIe siècle allemand*. París : Armand Colin, 1955].

——— "Pascal savant", reed. en *Études d'histoire de la pensée scientifique*, p.362-389. [ed. orig. en *Blaise Pascal, l'homme et l'oeuvre*, París : Minuit, 1956].

——— "Remarques sur les paradoxes de Zénon", reed. en *Études d'histoire de la pensée philosophique*, p.9-35. [ed. orig. "Bemerkungen zu den Zenonischen Paradoxen", en *Jahrbuch für Philosophie und Phänomenologische Forschung*, vol. V (1922)].

KOYRÉ, Alexandre - COHEN, I. Bernard. "The case of the missing Tanquam: Leibniz, Newton & Clarke", en *Isis*, 52 (1961), p.555-566.

KRAFFT, Fritz. "Guericke (Gericke), Otto von", en *DSB*.

——— *Otto von Guericke*. Darmstadt: Wissenschaftliche Buchgesellschaft, 1978.

KRISTELLER, Paul Oskar. *El pensamiento renacentista y sus fuentes*. Comp. Michael Mooney, México/Madrid : FCE, 1982 (reimp. 1993). [ed. orig. *Renaissance Thought and its Sources*. New York: Columbia University Press, 1979].

——— *Ocho filósofos del Renacimiento italiano*. México : FCE, 1970 (reimp. 1985). [ed. orig. *Eight Philosophers of the Italian Renaissance*. Stanford Univ. Press, 1964].

KUHN, Thomas S. *La revolución copernicana*. Barcelona : Ariel, 1978 (reimp. Barcelona : Orbis, 1984). [ed. orig. *The Copernican Revolution. Planetary Astronomy in the Development of Western Thought*. Harvard College, 1957].

LANDAU, E. *Die dem Raum entnommenen Synonyma für Gott*. Zurich, 1888.

LAURENTIN, René. *Chine et Christianisme. Après les occasions manquées*. París : Desclée de Brouwer, 1977.

LE BRUN, Jacques."Quiétisme.– II. France", en *DS*.

Le Vide, expérience spirituelle en Occident et en Orient . Monográfico, *Hermès* (Recherches sur l'expérience spirituelle) 6 (1969), París : Editions des Deux Océans, 1969 [reed.: *Hermès. Nouvelle série*, 2 (1989)].

LENOBLE, Robert. *Mersenne ou la naissance du mécanisme*. París : Vrin, 1943 (2ª ed., 1971).

LÓPEZ PIÑERO, José María [et al.]. *Diccionario Histórico de la Ciencia Moderna en España*. 2 vols., Barcelona : Península, 1983.

——— *Materiales para la historia de las ciencias en España: s.XVI-XVII*. Valencia : Pre-Textos, 1976.

LOVEJOY, Arthur O. *La gran cadena del Ser. Historia de una idea*. Barcelona : Icaria, 1983. [ed. orig. *The Great Chain of Being. A study of the History of an Idea*. Cambridge : Harvard Univ. Press, 1936 (2ª ed., Nueva York, 1960)].

LUBAC, Henri de. *La rencontre du bouddhisme et de l'Occident*. París : Aubier, 1952.

MacLACHLAN, Patricia P. "Papin, Denis", en *DSB*.

MADEY, Theodore E. "Early applications of vacuum, from Aristotle to Langmuir", en Th.E. Madey- W.C. Brown (eds.), *History of Vacuum Science...*, p.9-16.

MADEY, Theodore E. - BROWN, William C. (eds.). *History of Vacuum Science and Technology. A Special Volume Commemorating the 30th Anniversary of the American Vacuum Society, 1953-1983*. American Vacuum Society/American Institute of Physics, 1983.

MAHNKE, Dietrich. *Unendliche Sphaere und Allmittelpunkt*. Halle / Saale, 1937.

MAIER, Annaliese. *Ausgehendes Mittelalter*. 3 vols., Roma : Edizioni di Storia e Letteratura, 1964-1977.

MANUEL, Frank E. *The Religion of Isaac Newton*. Oxford : Clarendon Press, 1974.

MASPERO, Henri. *Le Taoïsme et les religions chinoises*. París : Gallimard, 1971.

McGUIRE, J.E. "Neoplatonism and active principles: Newton and the Corpus Hermeticum", en Westman, R.S. - McGuire, J.E. (eds.), *Hermeticism and the Scientific Revolution*, Los Angeles, 1977.

McKEON, Robert M. "Auzout, Adrien", en *DSB*.

______ "Le récit d'Auzout au sujet des expériences sur le vide", en *Actes du XIème Congrés International d'Histoire des Sciences* (1965), Varsovia/ Cracovia: Ossolineum, 1968.

MIDDLETON, W.E. Knowles. *History of the Barometer*. Baltimore : Johns Hopkins Press, 1964 .

——— "The place of Torricelli in the History of the Barometer", en *Isis*, 54 (1963), p.11-28.

MILLÀS VALLICROSA, Josep M. *Assaig d'història de les idees físiques i matemàtiques a la Catalunya medieval*. Barcelona : Estudis Universitaris Catalans, 1931 (reimpr. Barcelona : Edicions científiques catalanes, 1983).

——— "La crítica de la Física de Aristóteles por Hasday Crescas", en p.427-441 de *Estudios sobre historia de la ciencia española*. Barcelona : Instituto Luis Vives de Filosofía (CSIC), 1949.

MORENO RODRÍGUEZ, Pilar. *El pensamiento de Miguel de Molinos*. Pról. de J. Ignacio Tellechea Idígoras, Madrid : FUE / Univ. Pontificia de Salamanca, 1992.

MUNGELLO, David. *Leibniz and Confucianism: the Search for Accord*. Honolulu: Univ. Press of Hawaii, 1977.

NAKAMURA, Hajime. *Ways of thinking of Eastern Peoples: India-China-Tibet-Japan*. Honolulu : East-West Center/ The University Press of Hawaii, 1964 (reimp. 1978).

NAVARRO BROTÓNS, Víctor. *La obra astronómica de Jerónimo Muñoz* [se refiere al 'Libro del nuevo cometa' de 1573]. Valencia : Hispaniae Scientia, 1981.

NEEDHAM, Joseph. *La gran titulación. Ciencia y sociedad en Oriente y Occidente*. Madrid: Alianza, 1977. [ed. orig. *The Grand Titration. Science and Society in East and West*. Londres : Allen & Unwin, 1969].

——— *Science and Civilisation in China*. 6 vols. en 13 tomos, Cambridge University Press, 1956-1984. [ver esp. *II: History of scientific thought*, 1956; *III: Mathematics and the science of the heavens and the earth*, 1959].

O'DONNELL, J. Reginald. "Nicholas of Autrecourt" [incluyendo la edición del *Exigit ordo executionis* de Nicolás de Autrecourt], en *Mediaeval Studies*, 1 (1939).

ONIANS, Richard B. *The Origin of European Thought about the body, the mind, the soul, the world, time and fate*. Cambridge University Press, 1951 (reimpr. Nueva York : Arno, 1973).

ORCIBAL, Jean. *La Rencontre du carmel théresien avec les mystiques du Nord*. París : PUF, 1959.

——— *Saint Jean de la Croix et les Mystiques Rhéno-flamands*. París : Desclée de Brouwer, 1966.

PACHO, Eulogio [de la Virgen del Carmen]. "El quietismo frente al magisterio sanjuanista sobre la contemplación", en *Ephemerides Carmeliticae*, 13 (1962), p.353-426.

PANIKKAR, Raimon. "El cero", en *Papeles de la India*, 1975.

——— "Sunyata et pleroma: la réponse bouddhique et chrétienne à la situation humaine", en Panikkar, *Le dialogue intrareligieux*, París: Aubier Montaigne, 1985. [ed. orig. "Sunyata and Pleroma: The Buddhist and Christian Response to the Human Predicament", en *Religion and the Humanizing of man*, J.M. Robinson (ed.), Waterloo, Canada : Council on the Study of Religion, 1972].

PANOVSKY, Erwin. *La perspectiva como forma simbólica*. Barcelona : Tusquets, 1973. [ed. orig. *Die Perspektive als "Symbolische Form"*. Vorträge der Bibliothek Wasburg, hgr. von Fritz Saxl. Vorträge 1924-1925. Leipzig-Berlín : Teubner, 1927].

PAYEN, Jacques. "Huygens et Papin: moteur thermique et machine à vapeur", en *Huygens et la France*, ed. René Taton, p.197-208, París : Vrin, 1982.

PINES, Salomon. *Beiträge zur Islamischen Atomenlehre*. Berlín: Heine, 1936.

PINOT, Virgile. *La Chine et la formation de l'esprit philosophique en France (1640-1740)*. París : Paul Geuthner, 1932.

POPP, Karl Robert. *Jacob Böhme und Isaac Newton*. Leipzig : Gerhardt, 1935.

PRÉCLIN, E. - JARRY, E. (eds.). *Le lotte politiche e dottrinali nei secoli XVII e XVIII*; vol. XIX/1 de la *Storia della Chiesa*, ed. ital. de L. Mezzadri, Turín : SAIE, 1976. [ed. orig. *Les luttes politques et doctrinales aux XVIIe et XVIIIe siècles*; vol. XIX/1 de *Histoire de l'Église*, París : Bloud et Gay].

QUINCEY, Thomas de. *Historico-Critical Inquiry into the origins of the Rosicrucians and the Freemasons*; en vol. 13, p.384-448, *Collected Writings*, ed. David Masson, Edimburgo, 1890. [ed. orig. En *London Magazine*, 1824].

RATTANSI, P.M. "Newton alchemical Studies", en A. G. Debus (ed.), *Science, Medicine and Society in the Renaissance*, Londres / Nueva York : Science History Publications, 1972, vol. II, p.167-182.

RÉTAT, Pierre. *Le Dictionnaire de Bayle et la lutte philosophique au XVIIIe siècle*. París : Les Belles Lettres, 1971.

REYPENS, L. "Ame (son fond, ses puissances et sa estructure d'après les mystiques)", en *DS*.

RIGHINI BONELLI, M. L. - SHEA, W.R. (eds.). *Reason, experiment and mysticism in the Scientific Revolution*. Nueva York : Science History Publications,1975.

ROBINET, André. *Malebranche et Leibniz. Relations personnelles*. París : Vrin, 1955.

ROCHOT, Bernard. "Comment Gassendi interprétait l'expérience du Puy de Dôme ", en *Revue d'Histoire des Sciences*, 16 (1963), p.53-76.

——— *Les travaux de Gassendi sur Epicure et sur l'atomisme 1619-1658*. París : Vrin, 1944.

ROMÁN de la INMACULADA. "¿Es quietista la contemplación enseñada por san Juan de la Cruz?", en *Revista de Espiritualidad*, 8 (1949), p.127-155.

ROSEN, Edward. "The dissolution of the solid celestial spheres", en *Journal of History of Ideas*, 46 (1985), p.13-31.

ROSSI, Paolo. *Clavis Universalis. El arte de la memoria y la lógica combinaroria de Lulio a Leibniz*. México : FCE, 1989. [ed. orig. *Clavis Universalis. Arti della memoria e logica combinatoria da Lullo a Leibniz*. Bolonia : Il Mulino, 1983].

——— "Hermeticism, rationality and the Scientific Revolution", en M.L. Righini Bonelli- W.R. Shea (eds.), *Reason, experiment and mysticism in the Scientific Revolution*, Nueva York : Science History Publications, 1975, p.247-273.

——— *La rivoluzione scientifica da Copernico a Newton*. Turín : Loescher, 1973.

SAMBURSKY, Samuel. *Physics of the Stoics*. Londres : Routledge & Kegan Paul, 1959 (reed. Londres : Hutchinson, 1971).

SAUNDERS, Simon – BROWN, Harvey R. (eds.). *Philosophy of Vacuum*. Oxford: Vlarendon Press, 1991.

SCHMITT, Charles B. "Experimental Evidence for and against Void: The Sixteenth-Century Arguments", en *Isis*, 58 (1967), p.352-366.

SCHOLEM, Gershom G. "Kabbalah", en *Encyclopedia Judaica*.

——— *Les grands courants de la mystique juive*. París : Payot, 1977 [es trad. de la ed. ingl. *Major Trends in Jewish Mysticism*, Nueva York, 1946; orig. Jerusalén, 1941].

SCHUHL, Pierre-Maxime. *Machinisme et philosophie*. París : PUF, 1938 [2ª ed. 1947].

SHAPIN, Steven & SCHAFFER, Simon. *Leviathan and the air-pump. Hobbes, Boyle, and the experimental life*: including a translation of Thomas Hobbes, *Dialogus Physicus de Natura Aeris*, by Simon Schaffer. Princeton University Press, 1985.

SHAPIRO, Sheldon. "The Origin of the Suction Pump", en *Technology and Culture*, 5 (1964).

SNOW, A.J. *Matter and gravity in Newton's philosophy*. Londres : Oxford University Press, 1926.

SOLIGNAC, Aimé. "'Nous' et 'mens'", en *DS*.

SPEISER, D. "The distance of the fixed stars and the riddle of the sun's radiation", en *Mélanges Alexandre Koyré*, I, p.541-551, París : Hermann, 1964.

STCHERBATSKY, Th. *Buddhist Logic*. 2 vols., Delhi : Motilal Barnasidass, 1993. [es reimpr. de la ed. Nueva York : Dover, 1962 (que es ed. corregida de la original rusa, Leningrado, 1930)].

STRONG, E.W. "Newton and God", en *Journal of the History of Ideas*, 13 (1952), p.147-167.

STROUP, Alice. "Christiaan Huygens & the Development of the Air Pump", en *Janus*, 68 (1981), p.129-158.

SUBIRATS, Eduardo. *El alma y la muerte*. Barcelona : Anthropos, 1983.

TALBOT, Michael. *Misticismo y física moderna*. Barcelona : Kairós, 1986. [tít. orig. *Mysticism and the new physics*].

TATON, René (dir.). *Historia general de las ciencias*. 4 vols., Barcelona : Destino, 1971-1975 [reimp. Barcelona : Orbis, 1988]. [ed. orig. *Histoire générale des sciences*. París : PUF, 1957-1959].

TILLYARD, E.M.W. *La cosmovisión isabelina*. México : FCE, 1984. [ed. orig. *The Elizabethan World Picture*. Londres : Chatto & Windus, 1943].

TOLA, Fernando - DRAGONETTI, Carmen. *Nihilismo budista. La doctrina de la vaciedad* [incluyendo textos de Nagarjuna y Aryadeva]. México : Premià, 1990.

TONNELAT, Marie-Antoinette. "Corpuscules et milieux continus dans une perspective non dualiste", en *Mélanges Alexandre Koyré*, I, p.565-577, París : Hermann, 1964.

——— "De l'idée de milieu à la notion des champs", en *Archives Internationales d'Histoire des Sciences*, 12 (1959), p.337-356.

VALENTE, José Angel. *Ensayo sobre Miguel de Molinos*; en Molinos, *Guía espiritual ...*, ed. de José Angel Valente, Barcelona : Barral, 1974.

VAN HELDEN, Albert. *Measuring the Universe: Cosmic Dimensions from Aristarchus to Halley*. Chicago : University of Chicago Press, 1985.

VERNANT, Jean-Pierre - GERNET, Jacques. "Historia social y evolución de las ideas en China y Grecia de los siglos VI al II a.c.", en Jean-Pierre Vernant, *Mito y sociedad en la Grecia antigua*, p.69-86. [ed. orig. en *Bulletin de l'Association Guillaume Budé*, París, 3 (1964)].

VIATTE, Auguste. *Les sources occultes du romantisme. Illuminisme - Théosophie (1770-1820)*. 2 tomos, París : Librairie Ancienne Honoré Champion, 1928.

VICKERS, Brian (comp.). *Mentalidades ocultas y científicas en el Renacimiento*. Madrid: Alianza, 1990. [ed. orig. *Occult and Scientific Mentalities in the Renaissance*. Cambridge Univ. Press, 1984].

WEBSTER, Charles. *De Paracelso a Newton: la magia en la creación de la ciencia moderna.* México : FCE, 1988. [ed. orig. *From Paracelsus to Newton. Magic and the Making of Modern Science.* Cambridge Univ. Press, 1982].

WEBSTER, Charles (ed.). *The Intellectual Revolution of the Seventeenth Century.* Londres: Routledge & Kegan, 1974.

WESTFALL, Richard S. *Force in Newton's Physics. The science of Dynamics in the seventeenth century.* Londres / Nueva York: Macdonald - American Elsevier, 1971.

——— "Newton and the hermetic tradition", en A. G. Debus (ed.), *Science, Medicine and Society in the Renaissance*, Londres / Nueva York : Science History Publications, 1972, vol. I, p.183-198.

——— "Newton y la alquimia", en Brian Vickers (comp.), *Mentalidades ocultas y científicas en el Renacimiento*, p.255-279.

______ "The role of the alchemy in Newton's career", en M.L. Righini Bonelli- W.R. Shea (eds.), *Reason, experiment and mysticism in the Scientific Revolution.* Nueva York : Science History Publications, 1975, p.189-232.

WHITTAKER, Edmund T. *History of the theories of aether and electricity* (esp. vol. I: *The classical theories*). 2ª ed. aumentada y revisada, 2 vols., Londres/Edimburgo : Th. Nelson & Sons, 1951-53.

WILHELM, Hellmut. *El significado del I Ching.* Barcelona : Paidós, 1980. [ed. orig. *Sinn des I Ging.* Duseldorf-Colonia : Eugen Diederichs, 1972].

WOLFSON, Harry A. *Crescas's Critique of Aristotle. Problems of Aristotle's Physics in Jewish and Arabic Philosophy* [incluyendo ed. crítica de la obra *Or Adonay* de Hasday Cresques]. Cambridge: Harvard Univeristy Press, 1929.

——— *The Philosophy of the Kalam.* Cambridge : Harvard University Press, 1976.

YATES, Frances A. *El iluminismo rosacruz.* México : FCE, 1981. [ed. orig. *The Rosicrucian Enlightenment.* Londres : Routledge & Kegan Paul, 1972].

——— *Giordano Bruno y la tradición hermética.* Barcelona : Ariel, 1983. [ed. orig. *Giordano Bruno and the Hermetic tradition.* Londres : Routledge & Kegan Paul, 1964].

——— *La filosofía oculta en la época isabelina*. México : FCE, 1982. [ed. orig. *The Occult Philosophy in the Elizadethan Age*. Londres : Routledge & Kegan Paul, 1979].

——— "The Hermetic Tradition in Renaissance Science", en *Art, Science and History in the Renaissance*, ed. de Charles S. Singleton, Baltimore : John Hopkins Press, 1968.

ZACHER, H.J. *Die Hauptschriften zur Dyadik von G. W. Leibniz*. Frankfurt: Klostermann, 1973.

ZAMBRANO, María. *El hombre y lo divino*. México : FCE, 1955 (2ª ed. aumentada, 1973).

——— "Molinos recuperado", en *Ínsula*, octubre 1974.

______ "San Juan de la Cruz (de la 'noche oscura' a la más clara mística)", en *Senderos*, Barcelona : Anthropos, 1986, p.184-198. [ed. orig. en *Sur*, de Buenos Aires, 63 (1939)].

Índice onomástico

Índice de ilustraciones

ÍNDICE

SEGUNDA PARTE: VACUISMO Y ANTIVACUISMO EN LA REVOLUCIÓN CIENTÍFICA

TERCERA PARTE: EL CLÍMAX DE LA POLÉMICA.
INFLUJOS ORIENTALES

CONCLUSIONES

Bibliografía

www.ingramcontent.com/pod-product-compliance
Lightning Source LLC
LaVergne TN
LVHW010649051026
849532LV00001B/230
* 9 7 9 1 3 9 9 1 6 6 4 0 8 *